KB043075

테라 오스트랄리스

테라 오스트랄리스
상상, 모험 그리고 지도

초판 1쇄 발행 2020년 12월 7일
초판 2쇄 발행 2021년 7월 19일

지은이   정인철

펴낸이   김선기
펴낸곳   (주)푸른길
출판등록 1996년 4월 12일 제16-1292호
주소   (08377) 서울특별시 구로구 디지털로 33길 48 대륭포스트타워 7차 1008호
전화   02-523-2907, 6942-9570~2
팩스   02-523-2951
이메일   purungilbook@naver.com
홈페이지 www.purungil.co.kr

ISBN   978-89-6291-885-4 93980

이 저서는 2016년 정부(교육부)의 재원으로 한국연구재단의 지원을 받아 수행된 연구임 (NRF-2016S1A6A4A01017840)

테라
오스트랄리스

상상, 모험 그리고 지도

푸른길

머리말

　지도는 세계관의 표현이다. 따라서 고지도를 연구하면 역사의 단면들을 층층이 살펴볼 수 있다. 고대부터 20세기에 이르기까지의 세계관의 변화를 가장 잘 나타내어 주는 지도가 미지의 남방 대륙인 '테라 오스트랄리스(테라 아우스트랄리스, Terra Australis)'의 지도이다.

　테라 오스트랄리스란 라틴어로 남쪽에 있는 땅이란 의미이다. 그런데 단순히 남쪽에 위치한 땅이 아니라, 적도 이남에 위치한 남반구의 땅을 의미한다. 현대인들은 고대와 중세의 사람들이 남반구에 땅이 존재했다는 사실을 알고 있었다고 생각하지만, 당시의 세계관으로는 남반구의 존재를 인정하는 것은 불가능했다.

　고대와 중세에는 지구를 구나 원반으로 생각하는 사람들도 있었지만, 대다수의 사람은 별다른 생각 없이 일상의 삶을 살았다. 오히려 네모난 형상으로 생각하는 사람들이 더 많았다고 볼 수 있다. 특히 동양에서는 천원지방(天圓地方), 즉 '하늘은 둥글고 땅은 모나다.'라고 생각했다. 이는 마테오 리치가 중국에 지구 구형설(地球球形說)을 전파하기 이전까지 움직일 수 없는 진리로 자리 잡고 있었다. 그래서 당시 중국인들은 서양 역법의 정밀함을 인정하면서도 마테오 리치에 의해 전파된 지구 구형설을 쉽게 인정하지 않았다. 특히 가장 이해하기 어려운 것이 지구 아래에 사람이 산다는 사실이었다. 18세기 실학자 이익은 『성호사설』 천지문(天地門) 편에서 지구 아래와 위에 사람이 살고 있다는 말을 서양(西洋) 사람들에 의하여 비로소 자세히 알게 되었다고 말했다. 그리고 이 책에는 당시 조선의 지식인들이 지구가 둥글다는 사실을 거부하는 내용이 언급되어 있다.

유럽에서는 지구의 형체에 대한 명확한 암시는 없지만, 땅은 구형 아니면 원반형이라는 인식이 고대 그리스 시대 이후 자리 잡고 있었다. 균형을 중시한 고대 그리스 철학자들은 남반구에 북반구의 면적과 유사한 크기의 대륙이 존재한다고 생각했다. 그 땅의 이름이 지도에는 테라 오스트랄리스로 표기되었다. 그 땅은 지구의 중심점을 기준으로 할 때 북반구 대륙의 대척지였다.

고대에는 테라 오스트랄리스가 북반구의 앤티포드(대척지)의 개념에서 비롯된 상상의 대륙에 지나지 않았다. 그러나 2000년에 걸친 지리적 지식의 확장으로 인해 20세기 초에 와서는 지도 속에서 완전한 형태를 가지게 되었다. 상상의 대륙이 어떻게 오스트레일리아, 뉴질랜드, 남태평양 국가, 남극 대륙으로 분화되어 지도 속에 표현되어 왔는지를 살펴보면 탐험의 역사뿐만 아니라 이곳에 사는 사람들에 대한 유럽인의 다양한 인식도 엿볼 수 있다.

흥미로운 것은 지도가 탐험의 도구 및 결과를 표현하는 수단을 넘어서, 새로운 미지의 대륙을 찾고자 하는 욕망을 자극했다는 것이다. 지도 제작자가 누군가의 말을 듣거나, 아니면 자의적으로 그린 땅의 모습이 탐험대를 파견하는 근거자료가 되었고, 또 이로 인해 많은 사람들이 목숨을 잃었다. 그리고 이들이 새로운 땅을 발견했기 때문에 오스트레일리아와 남태평양의 많은 섬들이 식민지화되었다. 물론 '발견'이란 말은 어폐가 있다. 그래서 해방철학자인 엔리케 두셀은 '발견' 대신 '은닉(coverup)'이란 용어를 사용한다. 그는 유럽인들이 원주민을 타자화하면서 그들의 문명을 '은닉'했다고 주장했다. 그러나 테라 오스트랄리스의 경우는 완전히 '은닉'이라고 말할 수는 없다. 남극 대륙과 같은 테라 널리스(Terra Nullius), 즉 어떠한 인간도 거주하지 않았던 비어 있는 땅이 포함되어 있기 때문이다. 그리고 남극 대륙은 지금도 어떤 국가의 주권도 미치지 않는 땅으로 남아 있다.

∞∞

유럽인들은 테라 오스트랄리스에서 유토피아를 상상했고, 이것이 유토피아 문학의 소재가 되기도 했다. 또한 대니얼 디포의『로빈슨 크루소』와 조너선 스위프트의『걸리버 여행기』, 그리고 에드거 앨런 포의『아더 고든 핌의 모험』, 허먼 멜빌의『모비딕』으로 대표되는 모험 문학 역시 이 지역을 탐사한 모험가들에게서 영감을 받은 것이다.

오스트레일리아나 남태평양, 남극 탐사에 대한 모험가들의 이야기는 전기 및 역사 소설 등으로 널리 알려져 있다. 그러나 이들 이야기는 아쉽게도 모두 탐험가 개인의 영웅적 업적에 대해서만 언급할 따름이다. 또한 이들의 탐험 경로를 지도로 보충하여 설명하기도 하지만, 지도는 이들의 행적을 보완하는 자료에 지나지 않는다. 어떤 지도가 이들의 탐험을 유인하는 도구가 되었고 또 공간이 어떻게 채워져 나갔는지를 지리와 역사적 관점에서 통찰하지 않는다. 이러한 상황으로 인해 테라 오스트랄리스를 찾기 위한 모험은 인문학의 모티브로 활용되고 있지만, 잘못 분석하고 해석하는 일이 많다. 소설 속에 수록된 가상의 지도를 진짜 지도로 착각하여 분석하기도 하고, 탐사자의 일지에 기록된 원주민에 대한 묘사를 지나치게 인문학적으로 해석하여 탐사자를 인종 차별론자로 만들어 버리기도 한다. 6장에서 소개할 영국의 윌리엄 댐피어의 기록에 대한 해석이 전형적이다. 그는 오스트레일리아 원주민을 지구상에서 만난 어느 종족보다도 못생겼다고 주장했다. 물론 그의 외모에 대한 주관적 판단을 비난할 수는 있다. 그러나 그가 오스트레일리아 원주민의 얼굴에 달라붙은 파리를 자세하게 기술한 내용을 보고 일부 학자들은 파리의 서식 환경의 비위생성, 파리가 악마로 묘사된 전설, 천장에 거꾸로 붙어 다닐 수 있는 능력을 근거로 남반구에 대한 인상을 판단하였다. 댐피어는 그저 자신이 본 것을 충실하게 기록했을 따름이다. 그리고 그러한 섬세한 기록에 근거하여 당시로서는 가장 뛰어난 해류와 동식물에 대한 연구업적을 남겼다.

고대부터 20세기에 이르기까지 테라 오스트랄리스를 그린 수많은 지도와 여행기, 그리고 모험 소설들이 출간되었다. 그러나 가장 중요한 것은 그 시대의 세계관이며, 또 탐험가들의 동기이다. 이 책에서는 세계관의 변화를 지도의 변화와 함께 살펴보고, 또 탐험의 동기 변화를 정치적·사회적 관점에서 고찰해 보고자 한다. 그리고 동시대의 테라 오스트랄리스를 배경으로 하는 문학 작품의 내용 역시 소개하려고 한다.

이 책에서는 테라 오스트랄리스와 관련된 전반적인 내용을 지리학, 지도, 탐험, 모험의 관점에서 다룬다. 일부 내용은 기존에 알려진 것이지만, 상당수의 내용은 국내에 전혀 소개되지 않은 것들이다. 지도 역시 한 번도 국내에 소개되지 않은 것들을 중심으로 수록하여 독자들에게 새로운 콘텐츠를 제공하고자 한다. 또한 내용의 전개상 꼭 필요한 부분이더라도 국내의 다른 서적에서 쉽게 접할 수 있는 내용은 최소한의 내용만 소개할 것이다.

이 책에서 필자는 다음과 같은 순서로 이야기를 이끌어 갈 예정이다.

먼저 1장에서는 고대와 중세의 테라 오스트랄리스 개념과 지도, 그리고 문학 작품을 살펴본다. 고대 철학자 피타고라스, 플라톤, 아리스토텔레스는 지구의 모습을 구로 생각하면서, 지구의 균형을 유지하는 남반구의 땅을 테라 오스트랄리스라 불렀다. 실제로 아리스토텔레스가 지구를 구라고 생각했다는 중세 문헌의 그림을 제시했다. 기원후 150년에 활약한 그리스 지리학자 프톨레마이오스는 테라 오스트랄리스라고 생각될 수 있는 땅을 인도양 남쪽에 위치한 아프리카에서 아시아를 잇는 대륙으로 그렸다. 그렇지만 동시대에 지구상에 위치한 대륙의 모습을 가장 정확하게 묘사한 사람은 말로스의 크라테스이다. 그는 지구를 네 개의 대륙으로 나누었는데 대략적으로 오늘날의 지도와 모습이 유사하다. 단 그의 정확함은 순수한 사변적 생각에 의한 것이지

과학에 바탕을 둔 것은 아니었다.

이어서 중세 신학자들의 앤티포드 지리관을 살펴볼 것이다. 초기 교부들은 삼위일체 교리와 같은 기독교 교리의 정립에 관심이 집중되어, 앤티포드에 대한 관심이 상대적으로 적었다. 더욱이 어거스틴(아우구스티누스)이 『신국론』에서 대척지와 대척지에 거주하는 대척 인간의 존재가 기독교 교리에 위배된다고 주장한 이후, 대척지의 존재는 공식적으로는 부인되었다. 그럼에도 불구하고 대척지의 존재와 대척 인간의 존재를 인정하면서도 어거스틴의 주장을 반영하는 방법을 취한 자료들이 나타났다.

중세의 가장 전형적인 대척지 표현 지도는 마크로비우스의 지도이다. 마크로비우스는 키케로의 『국가론』에 수록된 스키피오의 꿈(Somnium Scipionis)을 자신의 관점에서 주석한 『스키피오의 꿈 주석』을 430년 출간했다. 마크로비우스는 키케로의 지리관을 시각 이미지로 표현 가능하도록 매우 상세하게 기술했다. 그리고 그는 지구를 다섯 개의 기후대로 나누었다. 더불어 마크로비우스는 남반구의 온대 지역에 대한 자신의 생각을 기술했는데, 그의 남반구 지리학과 이후 그의 지리학에 반대한 신학자들의 의견도 소개할 예정이다. 그리고 대척지와 대척 인간에 대한 성찰과 확장에 대한 부분에서는 대척 인간이 존재할 가능성과 이들과의 교류에 대한 당시 사람들의 의견, 그리고 이에 대한 문학 작품의 내용을 소개할 것이다. 타자에 대해서 이야기한다는 것은 결국 타자의 모습에서 나 자신의 모습을 읽어 내고자 하는 바람의 표출이다. 대척 인간에 대한 기록은 부정확한 정보와 왜곡된 편견을 통해 투사된 허상이지만, 당시의 유럽인들이 반대편에 거주하는 사람들에게 가지는 인식과 이미지를 알 수 있는 귀중한 자료를 제공한다.

⚜

2장은 거대한 자바와 테라 오스트랄리스에 관한 이야기이다. 거대한 자바는 16세기 프랑스 노르망디의 지도 제작자들이 그린 지도에 등장하며, 현재의 인도네시아 자바 근처에 표시된 땅이다. 그런데 이 장에서의 자바는 인도네시아가 아니라, 오스트레일리아와 남극 대륙을 모두 포함하는 상상의 대륙이다. 거대한 자바 이야기는 16세기 초반부의 독일 지리학자들의 남아메리카 지리에 등장하는 '아래 브라질' 또는 '남쪽의 브라질'에 기반을 둔다. 그리고 인도 동쪽의 파탈리스 지역과도 관련이 있다. 아메리카를 아시아와 동일한 대륙으로 생각하던 학자들이 존재하던 당시의 유산이다. 그리고 노르망디 디에프의 지도 제작자들은 이 땅을 오스트레일리아 근처까지 연결하여 그렸다. 이 장에서는 지도의 역사를 소개하는 어떤 다른 교양 서적에서도 발견할 수 없는 16세기 프랑스 노르망디 지역의 지도 제작자들이 그린 지도를 독자들이 접할 수 있다.

거대한 자바의 실체에 대한 논쟁은 19세기와 20세기에 걸쳐 활발하게 이루어졌다. 논쟁의 핵심은 '거대한 자바가 오스트레일리아인가?', '만일 오스트레일리아라면 누가 발견했는가?'이다. 그리고 '포르투갈이 발견했다면 어떤 경로를 통해 디에프 학파의 지도에 그려졌는가?'이다. 이 가운데 가장 중요한 논점은 포르투갈이 오스트레일리아를 발견했다는 의견과 그에 대한 반론인데, 이에 대해서도 기술하려고 한다.

❧

3장은 스페인의 테라 오스트랄리스 인식에 대한 내용이다. 파타고니아 남쪽에 있는 티에라펠푸에고를 남방 대륙의 입구로 생각한 당시 마젤란이 지나치면서 본 파타고니아의 거인은 남방 대륙의 이미지를 예고한다. 파타고니아의 거인은 르네상스 시대의 민속지적 관점에서 중요한 의미를 가지고 있다. 셰익스피어 역시 그의 희곡에서 이에 대해 소개한 비 있다. 여기서는 솔로몬의 보화가 유래한 것으로 알려진 오빌(Ophir)의 땅을 찾기 위한 퀴로스의 탐사를 살펴볼 것이다. 그리고 스페인의 태평양 지도로 본 공간 이미지는 동시대의 지도와 '스페인의 호수(Spanish lake)' 개념을 인용해서 기술할 것이다. 스페인의 호수의 성립과 쇠퇴는 마닐라 갈레온선과 관련해 4개의 시기로 구분해서 설명할 예정이다. 그리고 국내에는 소개되지 않은 말라스피나 탐사대의 내용을 통해 스페인의 호수가 사라진 이유를 살펴볼 것이다.

말라스피나는 프랑스나 영국과 동일한 방식으로 태평양을 탐사할 의도가 없었다. 금과 은의 섬이나 전설의 남방 대륙을 찾는 대신 말라스피나는 영국과 프랑스, 그리고 러시아로부터 스페인의 식민지를 안전하게 지키기 위해 수로 조사와 해도를 제작하기로 했다. 그의 조사 대상 지역은 아메리카의 연안 지역과 필리핀과 마리아나 제도였다, 이것은 마닐라 갈레온을 통한 아메리카와 아시아를 연결하는 선이 단절되는 것을 원치 않는 바람이기도 했다. 말라스피나는 프랑스 대혁명이 발발한 1789년 항해를 시작했다. 그는 스페인이 경쟁 국가로부터 아메리카를 지키기 위해서는 '검은 전설'의 이미지를 탈피해야 한다고 주장하고 과학적 탐사를 수행하고, 새로운 식민지와 본국과의 관계 개선 모형도 제안했는데, 이에 대해서도 살펴보기로 한다.

4장은 네덜란드의 테라 오스트랄리스인 뉴홀랜드 이야기이다. 최초로 오스트레일리아를 발견한 나라는 네덜란드인인데, 이들은 금과 은의 섬을 찾기 위해 동해와 남태평양에 탐사대를 보냈다. 그리고 동인도 회사의 향료 독점에 대항하기 위해 동인도 회사에 소속되지 않은 상인들이 새로운 항로를 찾기 위해 노력하는 과정에서 남쪽의 새로운 땅들을 발견하고 지도를 그렸다. 이들은 남태평양에서 유토피아를 발견하기도 했다. 그리고 남태평양의 섬들과 오스트레일리아의 해안선의 모습을 하나씩 지도 속에 그려 넣었다.

또한 '포효하는 40도'로 불리는 해상 고속도로를 발견하기도 했다. 그렇지만 빠른 속도는 참사를 야기했다. 가장 비극적인 참사가 바타비아호의 비극이었다. 네덜란드인의 신앙심과 자존심을 파괴한 이 사건은 이후 장미 십자가 형제단의 전설과 같은 비이성적인 사회적 불안감을 야기했다. 바타비아의 관리자들은 당시 배의 선장에게 책임을 물었지만, 네덜란드 정부는 '국가 만들기'에 충실했다. 네덜란드의 출판업자들은 바타비아호의 항해기를 출간하면서 이 사건을 잘 포장하여 문제해결 능력이 탁월한 네덜란드의 국가 이미지를 강화했다. 이 장에서는 네덜란드가 남방 대륙을 찾아가는 과정을 소개할 것이다. 그리고 '왜 남방 대륙 탐사의 선두 주자인 네덜란드가 오스트레일리아를 먼저 차지하지 못했을까?'에 대해서도 논의할 예정이다.

ൔൟൠ

5장은 프랑스의 테라 오스트랄리스 탐사 이야기이다. 16세기 초반에 회자된 곤느빌의 이야기가 어떻게 실제 테라 오스트랄리스 탐사로 이어지고 새로운 땅의 발견으로 이어지는가에 대한 이야기를 기술할 것이다. 프랑스의 탐사 목적은 스페인이나 포르투갈과 달리 종교적인 목적이 강했다. 이들은 제1세계인 유럽·아시아·아프리카, 제2세계인 아메리카가 아닌, 남반구에 있는 새로운 대륙, 즉 제3세계를 찾아 이곳을 선교하려 했다. 그리고 이 과정에는 모슬렘 세력과의 선교 경쟁 역시 작용했다. 프랑스의 탐사는 실패했으나, 그럼에도 불구하고 대중의 열망에 의해 지도에는 허구의 땅인 '곤느빌의 땅'이 표기될 수밖에 없었다. 이와 같이 엄연히 존재하지도 않는 땅임을 알면서도 지도를 그리는 경우 지도 제작자는 공간 정보를 수집하여 편찬하는 역할을 넘어서 공간을 창조하는 '지도 창조자(map-creator)'가 된다. 이 장에서 소개하는 '곤느빌의 땅'은 당시의 지도가 사회적 구성의 산물이라는 것을 확인해 준다. 또한 거짓 지도로 탐사를 부추긴 정치인과 모험 문학에 대해 개략적으로 살펴볼 것이다. 그리고 프랑스가 자신들이 생각했던 테라 오스트랄리스에서 유형지를 건설하는 내용과 타히티에서의 유토피아 발견 역시 소개할 것이다.

　남방 대륙을 배경으로 한 프랑스의 문학 작품 또한 살펴보고자 하는데 이 가운데는 매우 시대를 앞선 작품이 있다. 어슐러 르 귄(Ursula K. Le Guin)의 1968년 『어둠의 왼손』의 "왕은 임신했다."라는 문장이 영문학사에서 가장 위대한 문장 중 하나라고 칭송을 받을 정도로 혁명적이라고 문학평론가들은 평가하고 있는데, 그 이유는 성과 젠더에 대한 기존 관념에 대해 급진적인 의문부호를 달았기 때문이다. 그러나 이미 1676년에 출간된 가브리엘 드 프와그니(Gabriel de Froigny)의 『알려진 남방지역(La Terre australe connue)』의 주인공 역시 자웅동체이고 표류하다 도착한 남방 대륙에서 자웅 동체의 나라를 발견한다. 따라서 프와그니는 300년이나 앞서 성 정체성과 젠더에 대해 의문을 제기했다고 볼 수 있다. 르 귄이 자웅 동체의 나라를 게센(Gethen)행성에 만들었지만, 프와그니는 남방 대륙에 이 나라를 건설했다. 이 외에도 남방 대륙을 주제로 한 작품들의 내용을 간략하게 소개할 예정이다.

୧୦୪୨

　6장은 영국의 테라 오스트랄리스인 오스트레일리아 이야기이다. 실제 발음도 유사하지만 오스트레일리아 대륙의 명칭은 이 테라 오스트랄리스에서 나온 것이다. 여기에서는 영국의 탐사 내용을 주로 언급하는데, 오세아니아 대륙의 탄생에 초점을 두고 기술할 예정이다. 또한 영국과 프랑스가 오스트레일리아 지도를 먼저 완성하기 위해 치열하게, 때론 치사하게 경쟁한 이야기를 소개할 예정이다. '그레이트 게임'은 중앙아시아의 패권을 차지하기 위한 대영 제국과 러시아 제국 간의 전략적 경쟁이자 냉전을 총칭하는 의미이다. 이 게임은 1813년의 러시아-페르시아 조약부터 시작하여 1907년의 영러 협상으로 끝을 맺는다. 그런데 오스트레일리아 지도를 서로 먼저 제작하기 위한 영국과 프랑스의 경쟁을 소설가 데이비드 힐(Davis Hill)은 '그레이트 레이스'라 부른다. 사실 하나의 대륙을 먼저 차지하는 전쟁이었기 때문에, '그레이트 게임'보다 치열한 경쟁이라고 볼 수 있다. 지도는 전쟁이나 개척의 도구로 사용되지만, 이 지도를 사용하는 사람은 인간이다. 프랑스는 영국보다 먼저 오스트레일리아 지도를 출간했지만, 국력의 차이로 인해 오스트레일리아는 영국의 식민지가 되었다. 프랑스는 레이스에서는 이겼지만, 게임에서는 지고 말았다.

오스트레일리아는 처음에 축복의 땅으로 간주되었다. 그러나 현실은 엄청나게 달랐다. 이 현실과 기대의 괴리를 이곳에서 소개할 것이다. 이곳에서도 솔로몬의 오빌을 찾기 위한 시도들이 있었는데, 실제 부분적으로 성공하여 오빌이라는 도시가 뉴사우스웨일스에 만들어지기도 했다. 그리고 테라 오스트랄리스를 배경으로 한 영국의 문학 작품 역시 소개할 예정이다. 남방 대륙 탐사자들의 항해기에 기반을 둔 모험 이야기와 유토피아가 디스토피아로 변하는 전형적인 이야기가 다수이지만, 정반대에 위치한 대척지라는 지리적 위치가 인간의 생활양식을 정반대로 바꾼다는 장소 결정론에 기반을 둔 소설들은 일반적인 소설과는 확연히 구분된다.

☙❧

7장은 마지막 남은 테라 오스트랄리스인 남극 대륙 이야기이다. 남극 대륙의 발견과 남극점에 도달하기 위한 모험가들의 이야기를 수록한 책은 많지만, 남극 탐사를 가능하게 한 국제 지리학 대회를 언급한 서적은 찾기가 어렵다. 1895년의 런던 지리학 대회와 1899년에 개최된 베를린 지리학 대회의 가장 중심 주제는 남극 탐사였다. 당시 남극 탐사는 영국과 독일의 경쟁의식으로 인해 급속하게 진척되었다. 이들 국가는 식민지 경쟁과 국가의 영광을 위해 남극 탐사를 주도했고, 이 과정에서 국가의 후원을 받아 과학 발전도 이루어졌다. 또한 지리학자와 과학자들은 남극점 도달과 같은 가시적 목적과 과학의 전반적 발전이라는 두 개의 목표를 조화롭게 이루는 방안을 모색하기도 했다. 이후 아문센이나 스콧이 주도하는 영웅들의 시대가 시작되었다. 그리고 기존의 남극 탐사 모험가들의 이야기에서는 언급되지 않지만, 아문센이 남극점에 도착한 다음 해인 1912년 남극 대륙을 탐사한 일본인 남극 탐사가 시라세 노부(白瀬矗)의 이야기를 소개할 것이다. 또한 남극 영유권을 주장하는 국가들의 논거를 살펴볼 것인데, 이들은 지리적 근접성 이론, 산맥의 연속성, 부채꼴 이론 등 남극 지역에만 적용되는 다양하고 기발한 이론을 제시한다. 일부 국가는 탈식민주의, 탈제국주의를 주장하면서도 자신들은 발견과 점유의 논리에 근거해 남극의 영유권을 주장하기도 한다.

　또한 남극을 배경으로 한 문학 작품을 소개할 것인데, 잃어버린 종족이 거주하는 장소, 죽은 사람들이 여전히 활동하는 장소, 거꾸로 된 세계, 부가 넘치며 모두가 건강한 유토피아가 존재하는 곳, 지하 세계의 통로로서의 남극에 대해 소개할 것이다. 흥미로운 것은 에드거 앨런 포가 지구 공동설을 자신의 소설에 도입했고, 남극점을 지구 내부로 들어가는 입구로 묘사했다는 것이다. 그리고 남극을 배경으로 한 문학 작품의 상당수는 전반적으로 '숭고함'을 강조하고 있는데, 이에 대해서도 살펴볼 것이다.

2020년 12월

정인철

제1장

고대와 중세의
테라 오스트랄리스

1. 고대와 중세 사람들의 대척지 인식

테라 오스트랄리스 즉 남방 대륙은 북반구에 위치한 인간이 거주하는 땅의 대척지이다. 그런데 반구라는 개념이 성립하기 위해서는 지구가 둥글다는 것을 전제한다. 물론 원반형의 지구를 전제하고 지구를 남북으로 구분하여 대척지로 표기한 문헌도 존재한다. 그렇지만 대척지 개념 자체는 지구 구체설과 함께 등장했다.

우리는 흔히 고대와 중세인들은 지구가 평평하다고 믿었으며, 지구가 둥글다는 것은 지리상의 대발견 이후에야 인지하기 시작했다고 생각한다. 그렇게 생각하게 된 이유 중 하나는 워싱턴 어빙(Washington Irving)이 1828년 발표한 『크리스토퍼 콜럼버스의 항해와 일생 이야기』 때문이다. 이 책에서는 콜럼버스가 항해를 시작하기 이전에 스페인의 학문 중심지인 살라망카에서 열린 그의 항해계획 제안을 논의하는 회의에서 왕실 학자들이 콜럼비스를 조롱하는 장면이 현장감 있게 묘사되어 있다. 여기서 이들 학자들은 지구가 평평하다라고 해석될 여지가 있는 성경 구절과 교부들의 주장을 인용하며 콜럼버스를 힐난한다.[1] 당시 이 책이 워낙 많은 인기를 끌었기 때문에 오늘날 우리는 중세학자들이 지구가 평평하다고 믿었다고 생각하게 된 것이다.[2]

또 다른 이유는 진화론 옹호론자들이 진화론에 반대하는 교회를 비판하기 위해, 기독교가 지구는 평평하다고 생각할 정도로 무지한 종교라고 매도한 영향이다. 19세기 세속 사상가들은 진화론에 반대하는 교회를 비판하기 위해, 평평한 지구라는 개념을 주장한 교부가 소수임에도 불구하고, 기독교 주류 철학인 교부 철학과 스콜라 철학의 탓으로 돌렸다. 지구가 둥글다는 것에 대해 교회의 견해가 틀렸으니, 『종의 기원』에 대한 교회의 생각도 틀릴 수 있음을 보여 주려는 것이었다.[3]

지구 구체설은 기원전 5세기~6세기 고대 그리스에서 처음 등장했다. 피타고라스가 '물체의 가장 완전한 형태는 구'라는 생각에 의해 신의 작품이자 인류의 터전인 지구는 완전한 구라고 생각한 것이 최초의 지구 구체설로 간주되고 있다.[4]

플라톤과 아리스토텔레스 역시 지구 구체설을 주장했다. 플라톤의 저서 『파이돈』에는 소크라테스가 제자 심미아스와 지구의 형태에 대해 의견을 나누는 내용이 언급되어 있는데, 소크라테스는 지구가 둥글고 하늘 복판에 균형을 유지하면서 정지하고 있다고 주장했다.[5]

그리고 아리스토텔레스 역시 지구가 구체임을 논증했다. 그는 『하늘에 관하여』에서 월식 때 달에 생기는 그림자의 외각이 항상 곡선인 것을 근거로 지구가 둥글다고 주장했다.[6] 그리고 우주에서 위와 아래가 없듯이 지표상에서도 인간의 발과 발을 맞대고 설 정도로 걸어갈 수 있다고 했다.[7]

그림 1-1은 중세가 저물어 가던 1377년 철학자 니콜 오레스메(Nicole Oresme, c.1320~1382)가 1377년 출간한 『하늘과 세계의 책(Livre du ciel et du monde)』에 수록된 삽화로 아리스토텔레스가 혼천의[8] 앞에 앉아 있는 모습을 그린 것이다. 그림에서 혼천의의 중심에 위치한 지구의 모습은 구형을 하고 있다.[9]

지구가 둥근 공의 형태라면 지구의 중심에 대하여 한 장소의 반대편 지점인 대척지가 존재한다. 대척지란 단어를 처음 사용한 사람이 누구인지는 알려져 있지 않지만, 플라톤은 『티마이오스』에서 소크라테스가 대척지에 대해 이야기한 내용을 기록했다. 소크라테스는 누군가 우주의 둘레를 빙빙 돈다면 자신의 이전 위치의 대척점에 서게 되어 같은 지점을 위라고도 하고 아래라고

테라 오스트랄리스

그림 1-1. 혼천의 앞에 앉아 있는 아리스토텔레스의 모습
프랑스 파리 국립도서관 소장

도 한다고 말했다.[10]

엄밀한 의미에서 대척지는 상대되는 지구 표면의 두 장소가 위도의 절대 값은 같으나 북위와 남위가 다르고, 경도는 서로 180도가 다른 땅을 지칭한다. 그렇지만 고대와 중세에서는 대체적으로 경도의 차이는 상관없이 남반구와 북반구에 대칭적으로 존재하는 땅을 대척지라고 불렀다. 그렇지만 동서로 반대되는 위치에 있는 땅을 대척지로 부르는 경우도 있었다. 예를 들어 그리스 지리학자 스트라보(Strabo 또는 Strabon, 기원전 64~기원후 24)는 『지리학』에서 이베리아반도에 거주하는 사람과 인도에 거주하는 사람이 각각 극서와 극동에 위치하기 때문에 이들은 서로 대척지인(antipodes)이라고 기술했다.[11] 따라서 스트라보는 반드시 남반구와 북반구가 아닌 같은 북반구 내에서의 반대되는 위치도 대척지로 간주했다.

그렇지만 이렇게 단순한 위도 상의 위치에 근거한 지역이 아니라, 보다 구체적으로 어떤 지역을 대척지로 부르는 경우도 있었다. 기원전 2세기 스토아 학파에 속하는 말로스의 크라테스(Crates of Mallus)는 플라톤과 아리스토텔레스의 우주론에 영향을 받았는데, 대륙에 해당할 정도로 큰 지역의 명칭으로 대척지를 사용했다. 크라테스는 인류 최초로 지구의를 만든 사람으로 알려졌는데, 기원전 150년경에 터키의 페르가몬(Pergamon)에서 그가 만든 지구의를 전시한 기록이 존재한다. 페르가몬은 「요한계시록」에서는 버가모로 기록되어 있는데, 소아시아의 7개 교회 중 한 곳이 위치한 장소로 언급되어 있다. 당시 페르가몬 도서관은 이집트 프톨레마이오스 왕조의 알렉산드리아 도서관과 어깨를 나란히 했다. 기원전 150년경 설립된 이 도서관의 운영을 책임진 사람이 바로 당대의 지리학자이며 번역가인 말로스의 크라테스였다.

그는 네 개의 대륙이 남반구와 북반구에 각각 두 개씩 존재한다고 생각했다. 그림 1-2는 크라테스의 대륙 개념을 표시한 것인데, 시도에서 보듯이 북반구에 두 개, 그리고 남반구에 두 개의 대륙을 위치시켰다. 비록 완전히 연역

그림 1-2. 크라테스의 지구
출처: Nansen, 1911

적 상상에 의해 지도를 그렸지만, 결과적으로 보면 북반구의 두 대륙은 아프리카 북부 지역을 포함하는 유라시아 대륙과 북아메리카, 남반구의 두 대륙은 아프리카 중부 및 남부, 남아메리카와 남극 대륙에 해당한다고 볼 수 있기 때문에, 전혀 틀린 상상은 아니라고 할 수 있다. 그리고 크라테스는 이 네 개의 대륙은 바다에 가로막혀 상호 방문은 불가능하다고 기록했다.

그는 네 개의 대륙을 각각 외쿠메네(Oikumene), 페리오키(Perioeci), 앤티포드(Antipodes)와 안토에시키(Antoeci)로 불렀다. 외쿠메네는 현재 지구상에서 인간이 장기적으로 거주할 수 있는 지역을 말하지만, 크라테스는 북반구의 유럽과 아시아 지역으로 생각했다. 당시 그리스인들은 지구의 크기를 가늠하고 있었다. 기원전 3세기의 그리스 지리학자 에라스토테네스(Eratosthenes)는 이미 지구의 둘레를 25만 스타디아(46,250km) 정도로 추정하고 있었다. 당시 스타디아의 길이를 현재 정확하게 알 수 없기 때문에 그 정확성을 판단하는 것은 불가능하지만, 지구의 둘레가 실제로 4만 km 정도라는 것을 염두에 둘 때, 오류는 크지 않다. 그런데 당시의 외쿠메네 하나로는 지구에 텅 빈 공간이 너무 많이 생기게 된다. 따라서 기하학적 대칭을 중요시했던 그리스인들의 사고로는 외쿠메네 하나만 지구에 존재하는 것은 불가능했다. 크라테스는 나머지 세 개의 대륙을 지도에 그려서 지구의 균형을 유지했다. 여기에서 대척지의 개념과 이에 해당하는 거대한 남방 대륙인 테라 오스트랄리스의 개념이 생성되기 시작한 것이다.

적도 주변에 넓은 바다가 존재한다고 생각한 것은 스토아적 사고의 영향이다. 당시의 스토아 철학자들은 적도 부근에 엄청나게 많은 물이 있어서, 그 수증기가 증발해 태양에 의해 가열되고, 이로 인해 고온이 유지될 수 있다고 보았다.[12] 따라서 스토아학파인 크라테스 역시 적도 주변의 열대 지역에 대양이 존재한다고 말했다.

그런데 북반구에 두 개의 대륙, 남반구에 두 개의 대륙이 존재한다는 크라테스의 지리학은 이후 다른 학자들에게 영향력을 주지는 못했다. 그렇지만 남반구에 있는 대륙의 이름인 앤티포드는 남반구의 온대 지역을 지칭하는 용어로 사용되기 시작했다.

남반구와 북반구에 온대 지역이 있다는 것은 지구를 기후대별로 구분했다는 것을 의미한다. 현재는 식생 분포의 경계와 일치하는 기온과 강수량을 구분 기준으로 하여 세계를 11개의 기후구로 구분한 쾨펜(W. Köppen)의 분류를 주로 사용하고 있지만, 그리스 시대 철학자들은 위도에 근거하여 지구의 기후대를 5개로 구분했다. 스트라보는『지리학』에서 포세이도니우스(Poseido-nius, 기원전 135~51)를 인용해서 엘레아의 파르메니데스(Parmenides of Elea, 기원전 515~?)가 최초로 지구를 5개의 지역으로 구분했다고 기록했다.[13] 즉 위도를 기준으로 적도 주변의 열대 지역과 남반구와 북반구의 온대 지역, 그리고 남반구와 북반구의 한대지역의 5개의 기후대로 구분했다. 이러한 구분을 아리스토텔레스의 문헌에서도 찾을 수 있는데 이는 철저히 위도에 근거한 것이다. 따라서 쾨펜의 분류와는 차이가 있다. 쾨펜의 분류에 의하면 부산은 온대 기후이지만, 서울은 냉대 기후 지역에 속한다. 아리스트텔레스는『기상학(Meteorologica)』에서 지구에는 두 지역에 인간이 거주할 수 있다고 적었다. 그는 기하학적으로 북극과 남극에서 적도로 선을 그으면 부채꼴 모양이 생기는데, 그 부채꼴의 중간 부분인 작은 북의 형태에 인간이 살 수 있다고 했다. 이를 이해하기 위해서는 아이스크림콘을 상상하면 된다. 아이스크림콘의 중간 부분을 잘라내면 작은 북의 형태를 가지는데 이곳이 인간이 거주할 수 있는 지역이다. 그리고 적도와 극지는 인간이 살 수 없다고 했다.[14] 비록 거주할 수 있는 지역의 범위를 정확하게 명시하지는 않았지만, 오늘날의 기준에서는 온대 지역(최한월 평균 기온 −3~18도)과 냉대 지역(최난월 10도 이상, 최한월 −3도 미만)일 것이다. 다만 당시에는 이 지역 전체를 온대 지역으로 불렀다. 온대 지역의 위도 범위는 언급하지 않았지만, 대략적으로 추운 한대 지역(frigide zone)과 더운 열대 지역(torrid zone) 사이의 지역을 지칭했다. 그렇지만 그리스 철학자들도 이에 대해서 통일된 의견을 가진 것은 아니었다. 예를 들어 온대 지역과 열대 지역의 범위에 대해 파르메니데스와 아리스토텔레스가 다른 견해를 가지고 있었다는 내용과 5개가 아닌 7개의 기후대로 구분한 학자도 있었다는 내용이 스트라보의 『지리학』 1권 2장에 수록되어 있기 때문이다.[15]

로마의 정치가 키케로(Marcus Tullius Cicero, 기원전 106~43)는 『국가론(De republica)』에서 기후대와 대척지를 연관시켜 이야기한다. 이 이야기는 아에밀라누스 스키피오가 꿈에서 하늘에 올라가 할아버지 아프리카누스 스키피오를 만나 우주와 지구에 대해 설명을 듣는 이야기로 일명 '스키피오의 꿈'으로 불린다. 이 이야기에서 아프리카누스는 이 땅에서 살아가는 것이 얼마나 허무한지를 설명하며 손자에게 자신의 지리적 지식을 다음과 같이 가르쳤다.

인간이 거주하는 지역은 기후대로 구분되는데, 북극과 남극에 가까운 기후대 지역은 한대 기후라서 인간의 거주가 불가능하고, 적도 부근의 열대 기후대는 태양의 열기에 의해서 거주가 불가능하다. 그렇지만 남반구와 북반구의 온대 지역은 인간 거주가 가능하다. 단 남반구의 온대 지역과 북반구의 온대 지역은 열대 지역의 통과가 불가능하기 때문에 상호 이동이 불가능하다. 그리고 남반구의 온대 지역에 거주하는 사람들은 북반구의 사람들과 반대 방향으로 땅을 밟는다.[16]

키케로는 남반구와 북반구의 온대 지역 사람들이 반대 방향으로 발을 밟는다는 말을 했는데, 이는 이 두 지역이 대척지라는 의미이다. 이와 유사한 대척지에 대한 언급은 기원전 1세기에 활약한 로마의 국가 서사시 「아이네이스」의 저자인 베르길리우스(Publius Vergilius Maro, 기원전 70~19)의 『농경시(Geogica)』에도 등장한다. 베르길리우스는 유럽의 시성으로 추앙받는 시인으로 단테의 『신곡』에서는 저승의 안내자로 등장한다. 베르길리우스는 단테가 숨 막히는 지옥의 고통 속에서 좌절할 때마다 용기를 북돋워 주고 희망의 끈을 놓치지 않도록 격려해 준 멘토였다. 그는 『농경시』에서 지구에 대해 다음과 같이 기술했다.

지구에는 다섯 개의 지역이 존재한다. 하나는 불타는 태양에 의해 항상 밝고 뜨겁다. 지구의 남과 북 양쪽에는 춥고 어두운 지역이 존재한다. 그리고 이 추운 지역과 뜨거운 지역 사이에 여유로운 지역이 존재하는데 신들의 은총에 의해 연약한 인간이 거주할 수 있다. 그리고 남반구와 북반구에 위치한 이 지역들 간에는 이동이 불가능하다.[17]

즉 『농경시』에도 남반구와 북반구의 여유로운 두 지역은 대척지인 것이다. 이러한 외쿠메네와 대척지에 대한 생각에 서기 1세기경 로마의 지리학자 폼포니우스 멜라(Pomponius Mela) 역시 동의했다. 다만 특이한 것은 남반구의 온대 지역, 즉 대척지에 사는 사람들을 안티크톤(Antichthones)으로 불렀다는 것이다. 그가 당시 대척인을 지칭하는 용어인 앤티포드를 사용하지 않은 이유는 앤티포드가 북반구의 사람들과 신체가 반대되는 방향, 즉 발이 위로 향한 사람들을 연상시키기 때문이었다.[18] 당시 앤티포드란 용어는 그림 1-11에서 보듯 괴물 인간을 지칭하는 용어였다.

그림 1-3은 이탈리아 지리학자 마르모치(Francisco Marmochi)가 멜라의 세계지리 내용을 1842년 재구성하여 그린 것이다. 지도에서 보면 다섯 개의 기후대가 표시되어 있다. 그리고 남반구에는 대륙에 'EMISFERO DEGLE ANTICTONI'가 표시되어 있는데 '남극 반구'란 의미이다. 적도와 주변에 위치한 'OCEANO CHE DIVIDE I DUE EMISFERI'는 두 반구를 나누는 바다란 의미이다.

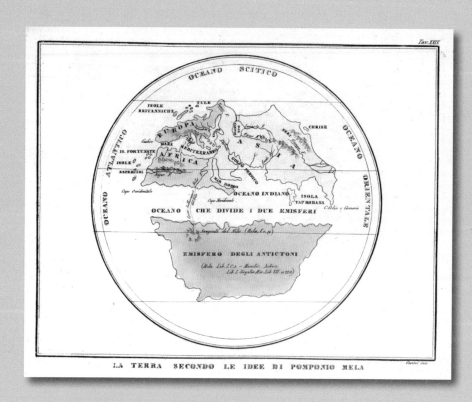

그림 1-3. 멜라의 지구관을 표현한 마르모치의 지도(1842년)
출처: Davidrumsey.com

그러면 그리스 철학자들은 남반구에 인간이 거주할 수 있다고 생각했을까? 1세기 박물학자인 플리니우스(Pliny the Elder)는『자연사』2권 65장에서 인류가 지구 곳곳에 분산해서 살고 있고, 대척지의 인간들도 우리와 같이 발을 아래로 두고 거주하며 하늘이 그들의 머리 위에 있다고 기록했다. 만일 반대편에 사는 사람이 왜 떨어지지 않느냐고 질문하면, 그들 역시 우리가 떨어지지 않는 것을 염려하지 않는다고 말한다.[19] 이 내용은 중력에 대한 고대인의 사고가 있었다고 오해할 여지도 있지만, 중력 개념과는 상관없이 모든 물체는 중심으로 향한다는 고대의 과학적 사고에 의한 것이다. 그리고 흥미로운 것은 플리니우스가 스리랑카를 대척지 주민이 사는 땅이라고 기술했다는 것이다.

그런데 당시의 모든 학자들이 지구 반대편에 앤티포드라는 땅이 존재한다고 믿지는 않았다. 특히 주민들이 머리를 아래쪽으로 발을 위쪽으로 향하면서도 허공으로 떨어지지 않고 살 수 있는가 하는 문제에 대해 부정적으로 생각하는 학자들도 있었다. 대표적인 학자가 기원전 1세기의 루크레티우스(Titus Lucretius Carus, 기원전 99~55)이다. 루크레티우스는『만물의 본성에 대하여(De rerum natura)』에서 지구가 구의 형태를 가진다는 생각 자체를 반대했다. 그는 우주에서는 어떤 물체를 끌어당기는 중심은 존재하지 않는다고 보았다. 그는 일시적으로 가벼운 물질이 하늘로 날아가는 경우는 있어도, 모든 물질은 수직으로 낙하하기 때문에, 아래쪽의 물건을 어떤 중심이 계속 당긴다는 것은 불가능하다고 했다.[20] 즉 대척지에는 인간이 존재할 수 없다는 것이다.

2. 중세 신학자들의 대척지에 관한 견해

어려운 이론적 연구에 달려들 흥미나 능력이 없기는 했지만, 중세시대에도 자연세계에 흥미를 가지고 있던 사람들이 존재했다. 이들의 욕구를 충족시키기 위해 당시 출판업자들은 과학 분야의 결과들을 간략하게 소개하는 대중의 취향에 맞는 입문서를 주로 만들어 냈다. 이러한 책들 중 일부는 서로 모순되고 들어맞지 않은 사실들이 존재했지만, 독자들은 적당히 이해하고 넘어갔다. 이러한 책들 중 가장 인기를 끈 것이 백과사전이다.

4세기에서 8세기 사이의 백과사전 저자들은 중세를 통해 중요한 영향을 끼친 저술들을 남겼다. 그런데 이 책들에 언급된 지구의 형태에 대한 내용을 보면 순수한 우주론적 관점이 아니라, 신학적 사고에서 영향을 받았음을 알 수 있다. 이러한 신학적 사고 형성에 영향력을 미친 것은 초기의 교부들이었다. 교부들은 신학 교리의 정립에 몰두했지만, 대척지에 관한 의견을 제시하기도 했다.

일부 교부들은 그리스인들이 지구를 구라고 생각한 의견을 따라 지구의 형태를 구로 생각했다. 대표적인 교부가 로마의 클레멘트(Clement of Rome, ?~99)이다. 그는 대척지의 존재를 인정하는 듯한 기록을 남겼다. 그는 인간이 건널 수 없는 대양도 신의 섭리에 의해서는 건널 수 있고, 저 너머의 세상에 도착할 수 있다고 기술했다. 그는 그곳에서도 주님을 섬기는 사람이 살 수 있다고 보았다.[21] 또 다른 교부 이레니아우스(Irenaeus, 130~202)는 대양 아래에 위치한 세계를 대척지로 불렀다. 그리고 그곳은 기독교인의 지식 범위 밖에 있

테라 오스트랄리스

다고 했다. 그리고 터툴리안(Tertullian, 160~220)은 삼위일체라는 용어를 최초로 사용한 신학자로 알려져 있는데, 그는 대척지인을 개의 머리를 가지거나 또는 다리가 하나인 괴물 인간으로 생각했다. 이러한 생각은 대척지인에 대한 조롱으로 이어졌다.[22] 그리고 "무지는 신성에 도달하기 위한 커다란 장애"라는 명언을 남긴 오리게네스(Origen, c.185~c.254)는 대척지를 '우리가 사는 세상 밖의 사람'으로 정의했다. 오리게네스는 대척지를 비롯해 우리가 사는 세계 이외의 다른 장소에도 인간이 거주하는 것은 가능하지만, 이들 역시 신의 지배를 받는다고 생각했다. 이러한 생각은 대척지에 거주하는 사람들에 대해 다시 한번 기독교 신학의 틀 안에서 고민하게 했다. 예를 들어 '대척지인들 역시 아담의 자손인가?'라는 문제가 점차 기독교 신학이 해결해야 할 하나의 과제로 부각된 것이다. 이렇듯 이들 교부들은 대척지 문제를 기독교 신학의 본질과 연결시키지는 않았다.

그런데 초기 기독교 신학자이자 저술가로 기독교를 로마 국교로 선포한 콘스탄티누스 황제의 측근인 락탄티우스(Lucius Caecilius Firmianus Lactantius, c.240~c.320)는 대척지 이론을 비웃었다. 그는 우리와 반대 방향으로 발을 딛는 사람이 있다는 주장보다는 "눈(雪)이 검다."라고 주장한 그리스 철학자 아낙사고라스(Anaxgoras)의 미친 주장이 더 참기 쉽다고 말했다.[23] 그는 320년경 자신의 신학적 의견을 간략하게 서술한 『거룩한 가르침 요약(Epitome of the Divine Institutes)』을 출간했는데, 이 책 34장에서 다음과 같이 주장했다.

사람들의 발자국이 그들의 머리보다 더 높은 곳에 있다고? 농작물과 나무가 아래쪽을 향해 자란다고? 비와 눈과 우박이 위쪽을 향해 떨어진다고? 세계 7대 불가사의인 공중정원[24]은 하늘에 밭과 바다와 도시와 산이 달려 있다는 사실에 비할 때 아무 것도 아니다. 하늘은 결코 땅보다 낮아질 수 없지만, 이 책에서 이에 대한 결론은 내지 않으려 한다. 왜냐하면 현실 세계에서 해야

할 일이 너무나 많기 때문에.[25]

락탄티우스의 결론과 같이, 지구의 형태나 대척지에 대한 논의는 이후 신학의 주된 관심사가 되지는 않았다. 예를 들어 교부 바질(Basil of Caesarea, 329~379)은 "구, 원통, 편평한 원반, 또는 가운데가 볼록한 원반과 같은 형태 중 지구가 어느 것을 가지느냐는 중요하지 않다."라고 했다.[26] 이후 대척지에 대한 다양한 견해는 기독교 신학체계를 정립한 어거스틴(아우구스티누스 354~430)에 의해 정리된다. 어거스틴은 『신국론』에서 대척지에 대해 다음과 같이 기술했다.

대척 인간이 존재한다는 전설이 있다. 지구의 정반대편에 사는 사람들, 우리 쪽에서 해가 지면 그곳에는 해가 뜨고 우리 발과 마주해서 발자국을 밟는 사람들이 있다는 것이다. 이 얘기는 믿을 만한 이유가 전혀 없다. 이것은 단지 추정에 지나지 않는다는 것이다. 만일 대척 인간이 존재한다면 아담의 자손이 대서양을 건너갔다는 것인데 이는 사리에 맞지 않기 때문이다.[27]

어거스틴이 대척지의 존재를 거부한 것은, 신의 말씀이 도달하는 공간 밖에 인간이 거주한다는 것이 신학적인 관점에서는 불가능하기 때문이다. 즉 세상 끝까지 복음을 전파해야 하는 기독교인의 의무 자체가 무의미해지기 때문이다.[28] 어거스틴은 대척지의 존재가 성경의 완전성과 무오성을 저해한다고 생각했다.

그러나 대척지가 존재하지 않는다는 것이 지구가 둥글다는 사실을 부정하는 것은 아니다. 어거스틴은 자신이 직접 지구가 둥글다고 말하지는 않았다. 그렇지만 사람들은 묵시적으로 어거스틴이 지구 구형설에 동의한 것으로 생각하고 있었다. 그 예가 그림 1-4의 어거스틴의 『신국론』의 프랑스 번역판

그림 1-4. 『신국론』에 수록된 그리스도와 지구
프랑스 파리 국립도서관 소장

(1400년경)에 수록된 삽화이다.[29] 이 삽화에서 그리스도가 원형의 지구를 밟고 있는 모습을 확인할 수 있다.

어거스틴의 신학이 기독교 주류 신학이 되면서, 이후 지구는 둥글지만 대척지는 존재하지 않는다는 생각이 중세를 지배하게 되었다. 즉 남반구는 존재하지만 육지가 존재하지 않는다는 것이다. 물론 일부 기독교 사상가는 지구의 모습을 다른 방식으로 정의하기도 했다. 대표적인 사람이 알렉산드리아의 상인으로 인도를 다녀온 다음, 수도사가 된 코스마스(Cosmas the Indicopleustes)인데, 이름 뒤의 수식어(the Indicopleustes)는 인도 항해자라는 의미이다. 그는 535년에서 547년 사이에 『기독교 지형학(Christian Topography)』을 저술했는데, 이 책에서 지구의 형태는 사각형이며 대척지는 존재하지 않는다고 주장했다. 그렇지만 코스마스의 저술은 그리스어로 기록되었기 때문에, 라틴어 세계에서 전혀 읽혀지지 않았다.

대척지가 존재하지 않는다는 어기스틴의 주장에도 불구하고 그리스의 지적 전통은 중세 유럽에 그대로 남아 있었다. 430년경 마크로비우스(Macrobius Ambrosius Theodosius)는 키케로의 『스키피오의 꿈 주해(Commentarii in Somnium Scipionis)』를 저술했는데, 이 책에서 그는 스키피오의 세계관을 정교하게 설명하고 도식화했다. 그리고 이 책에 수록된, 기후대를 나타낸 세계지도에서 남반구 온대 지역을 대척지로 표시했다.

중세에 가장 많이 판매된 백과사전은 최후의 기독교 교부인 이시도루스(Isidore of Seville, 560~636)가 출간한 『어원론(Etymologies)』이다. 이시도루스는 세비야 출신인데, 이 도시는 대항해 시대에 가장 중요한 역할을 한 스페인의 항구였다. 세비야 대성당 내에는 현재 콜럼버스의 묘지가 위치하고 있다. 그는 이 책 14권 5장 17절에서 "아시아, 아프리카, 유럽 이외의 네 번째 대륙이 대양 너머 남쪽에 있는데, 태양의 불타는 열 때문에 우리에게 알려지지 않았고, 그 경계에 전설적인 대척지인들이 거주한다."라고 기록했다. 그리고 11

권 3장 24절에서 "리비아의 대척지인들은 발바닥이 다리 뒤에 위치하며 각각의 발에 속한 발가락은 8개"라고 기록했다. 그리고 9권 2장 133절에서는 "발자국의 모양이 우리와 반대인 대척 인간이라 불리는 사람들이 있는데, 지구의 단단함이나 지구의 중심 공간이 이것을 허락하지 않기 때문에 이들의 존재를 믿으면 안 된다."라고 주장했다. 즉 대척지는 존재하지만, 대척지에 인간이 거주하지는 않는다는 것이다.[30]

대척지에 대한 어거스틴의 주장은 영국에도 영향을 미쳤다. 영국 교회사의 아버지로 불리는 존자(尊子) 베데(Bede the Venerable, 673~735)는 영국의 그리스도인에게 더 많은 영성적인 가르침을 주기 위해서 여러 교부들의 가르침을 인용하여 저술 활동을 했다. 그는 『시대의 계산에 대하여(The Reckoning of Time)』에서 대척지가 존재한다는 사실을 부인했다.[31] 그리고 교황 자카리아(Zacarias)는 748년 성 보니파시오(Saint Boniface) 주교에게 보낸 편지에서 대척지의 존재를 주장하는 의견을 이단으로 규정했다.[32] 따라서 중세 가톨릭의 공식적인 의견은 대척지의 존재를 인정하지 않았다고 볼 수 있다. 그러나 이러한 의견에도 불구하고 학자들이 대척지를 지도에 그리는 것을 막지는 못했다. 이미 이시도루스 주교의 『어원론』과 같은 백과사전에 대척지의 존재가 언급되어 있었기 때문이다.

3. 마파문디의 테라 오스트랄리스[33]

중세의 세계지도를 마파문디(Mappa mundi)라 하는데 라틴어로 세계지도를 의미한다. 마파문디는 신의 질서를 나타내는 기독교 세계관을 나타내기 위해 제작되었으므로, 단순한 세계지도 이상의 의미를 갖는다.[34] 마파문디에는 시간과 공간이 동시에 표현된다. 동쪽의 에덴동산은 창조, 중앙의 예루살렘은 현재, 그리고 서쪽의 땅 끝에 있는 스페인은 종말을 의미한다. 마파문디에는 기본적으로 세계가 원형으로 그려져 있다. 지구의 형태가 구인지 아니면 원반형인지는 지도만 보고서는 확인이 불가능하다. 지도상에서는 남반구가 존재하지만, 과연 지구를 평면으로 간주했는지, 아니면 구면으로 간주했는지는 지도상으로 판단할 수 없기 때문이다. 실제로 오늘날에도 3차원의 지구를 2차원의 평면에 그리면 지구의 모습이 구형인지 원반형인지 구분이 어렵다. 누구나 지구가 구형이라는 것을 인지하고 있기 때문에 지도에 그려진 지구가 구라고 생각하는 것이다. 그렇지 않다면 해석이 어렵다. 이것은 3차원이 2차원으로 변환되면서 생기는 필연적 형상이다.

중세 마파문디의 가장 기본적인 형태는 지구를 대문자 O안에 T자를 넣어 셋으로 분할하여 표시한 TO 지도이다. 이 세 지역에 각각 노아의 세 아들의 이름을 따서 아시아는 셈족, 아프리카는 함족, 유럽은 야벳족이 거주한다고 보았다.[35] 지금의 지도와 달리 아시아를 지도의 맨 위에 놓고 있는 것은 당시에는 동쪽을 신성시했기 때문이다. 동쪽은 해가 뜨는 방향이기도 했지만, 기독교인들에게 가장 중요한 장소인 에덴동산 즉 지상낙원이 있는 곳이기 때문이다. 이시도루스는 『어원론』 14권에서 지구(De orbe)의 어원은 둥근 원의 형태, 즉 바퀴와 유사한 모양에서 유래한다고 주장했다. 그리고 지구는 세 개의 부분으로 나누어져 있는데, 이 중 유럽과 아프리카가 반을 차지하고 있고, 아시아가 나머지 반을 차지하고 있으며 아시아가 동쪽, 그리고 유럽과 아프리카가 서쪽에 위치한다고 기록했다.

그런데 이 지도만 보고는 지구의 형태를 구형인지 원반형인지 판독이 어렵다. 또 이시도루스가 『어원론』에서 기술한 다른 문장 역시 마찬가지이다. 학자에 따라서 이시도루스의 지구 형태에 대한 의견은 극명하게 갈린다. 그의 우주관과 지구관을 그가 인용한 다른 교부들의 저서 내용과 연관시켜 해석해야 하는데, 그가 인용한 저술의 내용 역시 명확하지 않기 때문이다.[36]

여기서 생각할 것은, 통념과 달리 중세와 르네상스 시기에는 땅의 모양을 놓고 깊은 논쟁이 벌어진 적이 없었다는 것이다. 지구가 둥글다는 사실을 학

그림 1-5. 이시도루스의 『어원론』에 수록된 TO 지도
출처: Wikipedia.org

자들은 알고 있었기 때문에 굳이 이를 세상에 선포할 필요가 없기도 했지만, 어거스틴이 명확하게 지구가 둥글다고 말하지 않았기 때문에, 잘못 해석될 경우 종교적 비판의 소지가 있었던 것이다.

이시도루스의 『어원론』에 수록된 것과 같은 전형적인 TO 지도에는 남반구나 대척지가 표시되어 있지 않지만, 다른 지도에는 대척지가 표현되어 있다. 중세에 대척지가 표시된 지도는 두 가지 유형으로 구분된다. 하나는 그리스의 세계관을 답습한 지도이고, 다른 하나는 아시아, 아프리카, 유럽 이외에 대척지라 생각할 수 있는 땅을 별도로 제4의 대륙으로 그린 지도이다.

중세에 대척지를 표현한 대표적인 지도는 베아투스 마파문디이다. 베아투스 지도는 원래 스페인의 수도사 리에바나의 베아투스(Beatus of Liébana, c.730~c.800)가 이시도루스의 『어원론』과 프톨레마이오스, 그리고 성경의 내용을 참조하여 그린 지도를 지칭한다. 그런데 베아투스의 지도는 수세기에 걸쳐 필사되었으므로, 각 지도의 실제 출간 연도는 다르게 표시된다. 그림 1-6의 베아투스 지도의 오른편에 위치한 길쭉한 형태의 대척지에는 세계의 네 번째 대륙이라고 기록되어 있다. 아프리카 남쪽에 위치하며 나머지 세 대륙과 홍해와 평행하게 그려진 동서 방향의 수괴로 분리되어 있다. 여기에 수록된 긴 문장은 이시도로스의 『어원론』에 수록된 문장이다. 즉 "세 대륙에 분리되어 대양 너머에 네 번째 대륙이 존재한다. 태양의 뜨거운 열 때문에 우리에게 알려지지 않았지만, 남쪽 방향으로는 조금 안쪽 경계 안에 전설의 대척지인이 살고 있다고 한다."라는 문장이 기록되어 있다.

대척지에 대척지인을 직접 그린 지도로는 엘 부르고 데 오스마 수도원에 보존된 베아투스 지도를 들 수 있다(그림 1-7). 지구의 오른편 끝 부분에 표시된 길쭉한 땅이 대척지이다. 대척지에 거주하는 인간의 발 위에 있는 붉은 색의 바다는 홍해를 나타낸다. 중세 지도에서는 홍해는 붉은 색으로 표시하는 것이 관례였다. 지도 상단에 위치한 네모 상자는 에덴동산이다. 교차하는 두 개

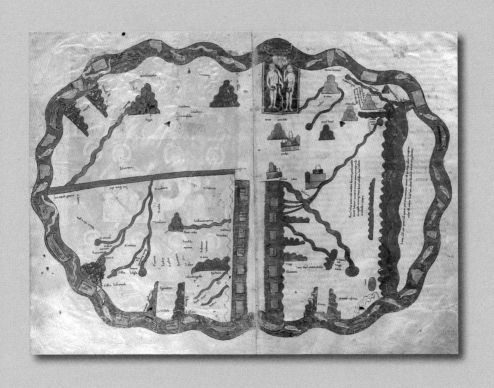

그림 1-6. 베아투스 지도(1220년)
미국 뉴욕 모르간 도서관 소장

그림 1-7. 오스마 베아투스 지도(1086년)
출처: Wikimedia.org

의 선은 에덴동산에서 발원하는 「창세기」에 언급된 네 개의 강을 나타낸다.[37] 불타는 태양 아래에서 큰 발바닥으로 태양을 가리는 대척지 인간의 모습을 발견할 수 있다. 그런데 베아투스의 지도가 과연 남반구의 대척 인간을 그렸는지, 아니면 지구가 평면이라고 가정하면서 먼 곳에 위치한 대척지의 괴물 인간을 그렸는지는 확실하지 않다.[38]

대척지에 존재하는 괴물 인간은 발이 머리 위에 위치한 스카아포데스(sciapodes, 또는 Monopods)이다. 그리스어로 스키아포데스(sciapodes)는 '그림자로 사용되는 발'이라는 뜻이다. 외다리로 만든 그림자 아래서 더운 날 쉬고 있던 이 종족이 요가를 수행하던 사람들이라는 추측도 있다.

성 오메르의 람베르(Lambert of St. Omer)는 1120년경 중세 백과사전인 『꽃의 책(Liber floridus)』을 저술했다. 이 책은 베데, 어거스틴, 마크로비우스, 그리고 이시도루스 등의 저서를 참조하여 제작된 것인데, 람베르가 직접 지도와 삽화들을 그렸다.

지도 왼쪽의 대륙은 북반구이다. 반면 지도 오른쪽은 남반구에 해당하는데, 대륙의 크기나 형태가 북반구와 대체로 유사하다(그림 1-8). 그러나 나일강이나, 돈강, 지중해와 같이 알파벳 T를 형성하는 지도 요소는 생략되어 있다. 남반구 대륙의 위쪽에는 'Auster'로 표시했는데, 남쪽이라는 의미이다. 대륙의 내부에는 어떠한 강도 존재하지 않으며, 지역을 구분하지도 않았다. 단지 대륙의 경계 부분에는 물결 모양의 선이 그려져 있는데, 해안선이 확실하게 그려진 북반구와는 구분된다. 남반구의 대륙은 다시 두 개로 구분해 볼 수 있다. 왼쪽에는 많은 텍스트가 있고 오른쪽에는 간략한 문장만 쓰여 있는데, 그것은 '얼음이 어는 거주 불가능한 기후의 남쪽 지역'이라는 의미이다. 왼쪽의 텍스트에는 긴 문장이 수록되어 있는데 모든 문장의 해독은 불가능하지만, 대략적으로 '아담의 자손들에게는 알려지지 않은'과 '철학자들은 이 지역에 사

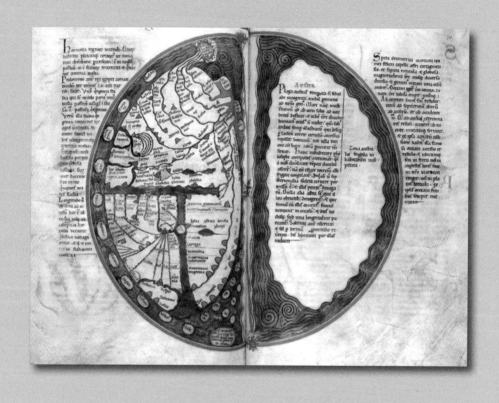

그림 1-8. 생오메르의 람베르 지도
독일 Wolfenbüttel Herzog August 도서관 소장

람이 거주한다고 단정한다.'의 해독이 가능하다. 그리고 '적도의 뜨거운 태양 때문에 통과가 어렵다.'는 문장도 기록되어 있다.

이 지도에서 특이한 것은 대척지를 섬으로 표시한 것이다. 북반구의 서쪽 끝, 즉 그림 1-8의 중앙선 왼쪽에 위치한 큰 섬을 대척지로 기술한 것이다. 이 섬에는 다음과 같은 문장이 기술되어 있다.

여기에 우리와 반대되는 대척 인간들이 거주한다. 그러나 우리와는 다른 밤과 낮, 그리고 여름을 경험한다.[39]

람베르가 대척지를 섬으로 그린 이유는 명확하지 않다. 람베르를 제외한 다른 지도 제작자들은 이와 같은 방식으로 지도를 그리지 않았기 때문에, 어떤 경향성을 파악하는 것이 불가능하다. 지도에 위치한 이 섬은 대양 가운데 위치한다. 즉 이 위치는 스페인 서쪽 지중해의 서단인 지브롤터 즉 헤라클레스의 기둥이 있는 곳의 바깥이다.

그런데 이 지도는 책의 좌우가 합쳐져 하나의 지도를 구성한다. 당연히 지도가 크기 때문에 이러한 방식을 채택했겠지만, 이 지도를 새롭게 해석하는 방식이 있어 여기에 소개한다. 책의 왼쪽 페이지에 북반구, 오른쪽 페이지에 남반구가 그려져 있는 이 지도는 책을 접으면 하나로 겹쳐지게 된다. 결국 남반구와 북반구는 서로의 거울이 된다. 중세 필사본이 가지는 은유적 의미를 생각해 볼 때, 이것은 남반구와 북반구 모두에 인간이 거주할 수 있다는 의미로 확대 해석이 가능하다는 것이다.[40]

이러한 해석은 중세 지도를 텍스트로 해서, 다양하게 해석해 본다는 측면에서는 충분히 시도해 볼 만한 가치가 있다. 해석을 '작품이 의미하는 바를 명확히 밝히는 작업'으로 정의한다면, 이러한 해석은 명확하지 않은 대척지의 인간 거주에 대해서 설명할 수 있는 여지를 제공한다.

실제로 중세 대부분의 지도는 대척지를 그리더라도, 지도 안의 글 상자에 대척지에 관한 어거스틴의 말을 수록하거나, 아니면 '인간에게 알려지지 않은 갈 수 없는 땅'이라는 문구를 삽입해서 논란을 피해 갔다.

그렇지만 그리스 전통의 마파문디는 지구를 다섯 개의 기후대로 나누는 기후도의 형식을 가지고 있었기 때문에 북반구의 대척지로 남반구를 그렸다. 그리스 전통의 마파문디는 그림 1-9와 같은 지도이다. 이 지도는 마크로비우스(Ambrosius Theodosius Macrobius)[41]의 세계관을 담은 것이다. 마크로비우스는 키케로의 『국가론』에 수록된 '스키피오의 꿈'을 자신의 관점에서 풀이한 『스키피오의 꿈 주석(Commentarii in Somnium Scipionis)』을 430년 출간했다.

그는 키케로의 글들을 선별하고 발췌하여 해석했다. 그는 이 책에서 지구의 기후대를 냉대, 온대, 열대로 나누었다. 그리고 적도 주변의 열대 지역에서는 무더위로 인간이 거주할 수 없으며, 냉대 지역에서도 몸을 마비시키는 추위로 동물과 초목이 생명을 얻지 못하기 때문에 오직 온대 지역에서만 인간이 거주할 수 있다고 기록했다. 또한 무더운 열대 지역이 인간의 교류를 막기 때문에 두 지역 사이의 교류는 불가능하다고 주장했다. 이 주장은 사실 키케로의 주장을 그대로 반복한 것이었다. 그럼에도 마크로비우스는 키케로의 지리관을 발전시켰다고 볼 수 있다. 그는 지중해, 홍해, 인도양, 카스피해가 대양에 연결되어 있다고 기술했던 것이었다. 그리고 키케로가 말한 대로 지구의 북쪽은 폭이 좁지만, 양옆은 넓다고 말했다. 덧붙여 마크로비우스는 남반구의 온대 지역도 북반구의 지중해와 비교될 수 있는 바다를 포함하고 있지만, 확인은 불가능하다고 기술했다.

그의 가장 큰 업적은 책 속에 지구에 대한 지식을 매우 상세하게 기술했고, 또 지도를 첨부해서 동시대 사람들의 세계관을 시각적으로 파악할 수 있게 했다는 것이다.

그림 1-9의 지도는 11세기에 간행된 마크로비우스의 책에 수록된 것이다. 북반구는 남반구와 적도의 대양에 의해 분리되어 있으며, 그리고 각각의 반구는 세 개의 기후대로 나누어짐을 확인할 수 있다. 북반구에 위치한 세 개의 육지는 바다로 인해 각각 냉대·온대·열대 지역으로 분리된다. 지도 왼쪽에 위치한 원에는 'Orcades'가 기재되어 있는데 영국 스코틀랜드 북쪽에 위치한 오크니 제도에 해당한다. 그리고 온대 지역에는 마크로비우스의 고국인 이탈리아가 표시되어 있다. 또한 온대 지역의 오른쪽 즉 동쪽에는 카스피해가, 또 열대 지역의 동쪽에는 인도양이 표기되어 있다.

적도의 바다(Oceanus)는 남반구와 북반구를 나눈다. 그리고 이 바다의 남쪽과 북쪽의 더운 지역에는 '그을린'이란 의미의 라틴어 'Pervusta'가 표기되어 있다. 그리고 남반구의 온대 지역에는 'temperata antiktorum'이라고 표시되어 있는데, '대척지 사람들의 온대 지역'이란 의미이다.[42]

이러한 마크로비우스의 세계관은 중세학자들에 의해 제한적으로 받아들여졌다. 마크로비우스의 세계관에 가장 명확하게 반대 의견을 제시한 사람은 11세기 말의 라우텐바흐의 마네골드(Manegold of Lautenbach, 1030~1103)이다. 그는 신플라톤주의의 옹호자로, 마크로비우스가 세계를 네 개의 거주 가능한 지역으로 구분한 것을 비판했다.[43] 그는 마크로비우스의 신앙과 철학 자체를 정죄하지는 않았다. 그는 플라톤 철학은 신앙에 유용하게 사용해야 하는데, 마크로비우스는 철학과 신학을 잘못 결합하는 우를 범했다고 비판했다. 그는 마크로비우스의 이론에 대해 다음과 같은 연유로 반대했다. 첫째, 만일 외쿠메네 이외의 다른 세 대륙에도 인간이 살고 있다면, 이들은 그리스도의 복음을 들어 볼 기회조차 없기 때문에 이들 인간은 아예 구원에서 배제된다. 따라서 그리스도가 전 인류를 구원하는 신이 될 수 없다는 것이다. 그리고 또 하나의 논거는 만일 이들 지역이 바다로 가로막혀 인간의 방문이 불가능하다면 어떻게 이들 지역에 복음이 전파되는 것이 가능하겠느냐는 것이다. 그는

그림 1-9. 마크로비우스의 지도(11세기)
프랑스 파리 국립도서관 소장

이에 대한 논거로 구약성서의 「이사야」 52장 10절 "여호와께서 열방의 목전에서 그의 거룩한 팔로 나타내셨으므로 땅 끝까지도 모두 우리 하나님의 구원을 보았도다."라는 내용을 제시하였다. 마네골드의 비판은 결국 초기 교부인 어거스틴의 주장을 반복한 것이라고 볼 수 있다. 그래서 중세 문헌의 필사자들은 이러한 비판을 피하기 위해 어거스틴의 대척지에 대한 주장을 문헌에 병기하거나, 아니면 남반구에 대해 다소 애매한 문투로 마크로비우스의 주장을 표현했다. 예를 들어 남반구의 온대 지역에 대해 '남반구의 사람들이 신비하게도 거주한다고 생각되는 온대 지역'으로 표현했다. 이렇게 다양한 견해를 동시에 충족되는 방식을 통해, 다양한 신학적 사고와 철학적 사고를 가진 사람들의 입장을 절충시켰다.

비록 마크로비우스의 지도에는 남반구에 대륙이 그려져 있었지만, 실제 남반구에 육지가 존재하느냐는 당시 논쟁거리가 되었다. 마크로비우스의 지도는 그리스 전통의 흔적일 따름이지, 기독교 세계에서 인정한 지도는 아니었기 때문이다. 중세의 일부 학자들은 남반구에는 바다만 있다고 생각했다. 설령 육지가 존재하더라도 그 비율은 매우 낮다고 생각했다. 이러한 생각은 니콜 오레슴(Nicole Oresme, 1320~1382)의 『우주론』에 수록된 삽화에서 확인할 수 있다(그림 1-10). 그림에서 볼 수 있듯이 남반구에는 전혀 육지가 존재하지 않는다.

오레슴은 대척지에 대한 어거스틴의 주장을 반복했다. 그는 대척지의 존재를 인정하는 것은 기독교 신앙과 일치하지 않는다고 기술했다. 그래서 그는 자신이 번역한 아리스토텔레스의 『우주론』에 수록한 삽화에서 남반구에 바다만 그렸을 가능성이 있다.

그렇지만 남반구에 대척지가 존재하고, 또 실제로 남반구의 대척지에 인간이 거주할 수 있다고 주장한 학자들도 13세기에 등장하기 시작했다. 남반구

그림 1-10. 니콜 오레슴의 『우주론』[44] 속의 지구
프랑스 파리 국립도서관 소장

에서도 인간 거주가 가능하다고 주장한 대표적인 학자는 13세기의 알베르투스 마그누스(Albertus Magnus, 1193~1280)이다. 그는 토마스 아퀴나스와 함께 스콜라 철학을 완성시킨 대학자이다. 그는 『자연의 특성(De natura loci)』에서 열대 지역과 남반구에 대한 의견을 기록했다. 그리고 이 지역에서 인간의 거주가 가능하며 통과가 가능하다고 기술했다. 그는 남반구 역시 다른 지역과 마찬가지로 지역에 따라 자연적 특성이 다른데, 남반구의 중간 지대에 위치한 평탄하고 온화한 지역은 인간의 거주가 가능하다고 주장했다. 그리고 실제 인간이 거주하고 있다고 했다. 그가 근거로 삼은 자료는 호메로스의 『오디세이아』 1장 22-24에서 언급된 북반구와 남반구에 분리되어 거주하는 에티오피아 사람들에 대한 다음의 기술이다.

포세이돈은 먼 곳에 살고 있는 아이티옵스(에티오피아)족들에게로 떠나고 없었다. 이 에티오피아 사람들은 인간 세계의 맨 끝에 살고 있었다. 두 갈래로 나뉘어, 한쪽은 해가 저무는 서쪽 끝에, 또 다른 한쪽은 해가 솟는 동쪽 끝에, 그 나라로 황소와 새끼양의 제물을 바치는 제사에 참여하려고 갔던 것이다.[45]

이 이야기는 에티오피아인들이 대양에 의해 분리되어 일부는 북반구에, 그리고 나머지는 남반구에 거주한다는 사실로 해석할 수 있다. 단 대양으로 분리되어 있기 때문에, 두 지역의 주민들 사이의 상호교류는 불가능하다.

즉 마그누스는 2000년 전의 문헌을 근거로 남반구에 대한 견해를 피력했던 것이다. 또한 로저 베이컨(Roger Bacon)도 1264년 간행한 『대저작(Oups Majus)』에서 기원후 150년경에 활약한 프톨레마이오스의 문헌을 참조하여, 현재 인간이 거주하는 땅이 지구의 4분의 1에 해당하는데, 이보다 더 많은 지역에 인간이 거주 가능하기 때문에, 남반구에도 인간이 거주할 가능성이 있는 땅이 존재한다고 주장했다.[46] 그 역시 1000년 전의 자료를 인용한 것이다.

이와 달리 최신 자료에 근거해 남반구에 인간이 거주한다고 생각한 학자도 있었다. 1270년경 천문학자 로베르쿠스 안글리쿠스(Robertus Anglicus)는 인도가 적도에 위치하고 인간 거주 가능하다는 사실을 토대로, 적도와 주변에 위치한 땅도 거주가 가능하다고 말했다.[47] 그와 더불어 아담의 후손과 신의 말씀이 남반구로 전달되었을 가능성이 있다고 말했다. 따라서 남반구에 인간이 거주한다고 말하는 것이 기독교 신앙에 위배되지 않는다고 주장했다.[48]

그런데 왜 안글리쿠스는 마그누스나 베이컨과 다른 논거로 남반구에 인간이 거주 가능하다고 주장했을까? 적도의 열대 지역이 너무 덥다는 아리스토텔레스의 주장은 이미 페르시아의 천문학자 이븐 시나(Avicenna, 980~1037)에 의해 틀린 것으로 밝혀졌었다. 그리고 당시 이슬람 정보를 통해 적도에도 도시가 형성되어 인간이 거주하고 있다는 것을 알았다. 심지어 적도 지역의 고도가 높은 지역은 인간 거주의 최적지라고 생각했다. 그래서 그는 사라진 에덴동산이 적도 근처에 위치할 것이라고 여기기도 했다.[49]

사실은 거짓이었지만, 남반구에 다녀왔다는 여행자의 존재도 등장했다. 1371년에 저술된 『맨더빌 이야기』의 저자 맨더빌(John Mandeville)인데, 그는 동방으로 1322년 출발해 1356년경 귀환한 것으로 알려져 있다. 맨더빌은 인도네시아 서쪽에 위치한 라미리섬에 대해 이야기하면서 이 지역에서는 북극성을 볼 수 없지만, '남극성(Antarctic star)'이라고 불리는 별을 보고 항해한다고 기술했다. 그리고 남극성 아래에 사는 사람들의 발아래에는 정확하게 북극성 아래에 사는 사람들의 발이 위치한다고 기록했다. 즉 북반구의 사람들과 대척 인간들은 서로 발을 맞대고 살고 있다는 것이다. 맨더빌은 세계를 한 바퀴 도는 것은 가능하지만, 천 명 중에 한 사람 정도만 무사히 자기 나라로 돌아올 수 있다고 기술했다. 그리고 어떤 용감한 남자가 인도와 인도 너머의 5천 개 이상의 섬을 여행한 다음 자신이 출발한 곳으로 돌아왔다는 이야기를 추가했다.[50] 『맨더빌 이야기』는 현재로서는 완전한 허구로 치부되지만, 르네상스 시기에는 실제 여행기로 인식되었다.[51] 이렇게 점차 남반구는 더 이상 가지 못하는 땅이 아니라, 인간이 갈 수 있는 땅으로 인식되기 시작했다.

4. 대척 인간에 대한 묘사

대척지에 거주하는 대척 인간은 풍자적 의미로 사용되었다. 그리고 문학 작품의 소재로도 사용되었다. 대척 인간에 대한 기록은 부정확한 정보와 왜곡된 편견을 통해 투사된 허상이지만, 당시의 유럽인들이 반대편에 거주하는 사람들에게 가지는 인식과 이미지를 알 수 있는 귀중한 자료를 제공한다.

1세기에 대척 인간은 일반인과 다른 방식의 생활습관을 가지고 있는 사람을 비꼬는 용어로 사용되었다. 당시 대척 인간은 늦게 일어나고 밤에 깨어 있는 사람들을 풍자하는 용어로 사용되었다. 이는 스토파 학파의 철학자로 네로 황제의 교사였던 세네카(Seneca, Lücius Annaeus, 기원전 4년 추정~기원후 65년)가 카이사르의 숙적인 카토(Cato)에게 보내는 편지에서 확인할 수 있다. 카토는 국회에서 하루 종일 연설하여 의사 진행을 방해하는 필리버스터의 시초로도 유명하다. 그리고 이 내용은 세네카의 『루킬리우스에게 보내는 도덕 서한(Epistulae Morales ad Lucilium)』 122편에도 다음과 같이 언급되어 있다.[52]

이들은 빛과 어두움의 기능을 역으로 이용한다. 이들은 밤새 실컷 즐긴 다음, 다시 밤이 되어서야 일어난다. 이것은 베르길리우스가 언급한 바와 같이, 우리의 발밑에 존재하는 지역에 살고 있는 사람들의 생활방식과 동일하다. (중략) 이들은 자신들의 장례식을 치르고 있다.

대척지는 문학 작품의 모티브 또는 제재로 사용되었다. 대척지가 문학 작품에 처음 등장한 시기는 확인할 수 없지만, 2세기에 활약한 사모사타의 루키아노스(Lucian of Samosata, 125~180)는 최초의 공상과학 소설로 알려진 『진실한 이야기』에서 대척지를 언급한다. 이 소설에서 주인공은 지중해의 서쪽 끝에 위치한 헤라클레스의 기둥을 지나 대서양으로 항해한다. 이들은 젊고 아름다운 여인들이 사는 섬에 도착하여 환영받는다. 여인들은 항해자들을 집으로 초대하고 접대하게 되는데 주인공은 집 주변에 사람들의 뼈가 널려 있는 것을 발견한다. 그리고 열심히 기도한 결과, 자신을 접대하는 여인들의 발이 당나귀의 발과 동일하다는 것과 이 '당나귀 발 여인들'이 방문객을 잡아먹는다는 것을 알게 된다. 주인공 일행은 간신히 도망쳐서 배를 타고 항해를 다시 시작하고, 날이 밝아 왔을 때는 새로운 육지를 발견하는데, 이들이 거주하던 땅과 반대 방향의 땅이다. 일행 중 일부는 그곳에 가자고 주장했지만, 폭풍이 덮쳐 그곳에 갈 수 없게 된다.[53] 이 작품 속에 나오는 반대 방향의 땅이 어떠한 모습인지 작가는 설명하지 않았다. 그러나 대척지 근처에 당나귀 다리를 가진 여인들이 사는 섬이 존재한다는 것은 대척지가 결국은 이상한 사람 또는 괴물들이 거주하는 장소라는 이미지를 제공했다.

중세 문학에서는 대척지에 거주하는 대척 인간이 보다 다양한 방식으로 묘사되었다. 클레르크(Clerk of Enghien)는 『동양과 인도에 거주하는 괴물 인간의 모습』[54]을 1290년경 편집했는데, 여기에서 대척 인간들을 발바닥이 뒤집어진 사람들로 그렸다. 이 이야기에서는 대척지에 거주하는 사람들을 비열하고 악하며, 다른 사람에게 감사의 말도 하지 않는 무례한 사람들로 기술했다. 그리고 심지어 법과 관습 자체가 악해서, 매일 전쟁을 하고 살인을 수시로 하는 사람들로 표현했다.[55]

그렇지만 당시의 다른 소설들에서도 대척지와 대척 인간들을 반드시 부정적으로만 기술한 것은 아니다. 중세에 유행한 아서왕 전설을 모티브로 한 이야기에는 대척 인간이 지혜로운 인간으로 표현된다. 아서왕 이야기를 세련

되게 변모시킨 트로와의 크레티엥(Chrétien de Troyes)은 1165년경 간행한 소설『에렉과 에나드(Erec et Enide)』에서, 주인공 에렉과 그의 연인 에나드가 아서의 궁전에서 결혼할 때 아서는 자신의 가신들을 결혼식에 참석하도록 하는데, 그중에는 대척지의 왕인 빌리스(Bilis)도 포함되어 있다. 이 이야기에서 대척 인간들은 유럽인과는 다르지만 현명한 사람들로 표현되고 있다. 또 그와 동시대의 작가인 루앙의 에티엔느(Étienne of Rouen, ?~1169)는 아서를 대척지에 거주하고 지배하는 왕으로 묘사한다. 그는 북반구에 언제든지 갈 수 있는데, 알렉산드로스 대왕이나 시저도 이렇게 광활한 땅을 지배하지 못했다고 기술했다.[56]

웨일즈의 제랄드(Gerald of Wales)는 1191년경 저술한 『웨일즈 여행기(Itinerarium Cambriae)』에서 지하세계에 거주하는 대척 인간들에 대해 이야기했다. 이들은 피그미 정도의 크기에 지나지 않지만 항상 정중하고 지혜롭게 행동했다는 것이다. 예를 들어 논쟁을 통해 문제를 해결하는 것보다는 일정 시간이 지난 후 다시 문제를 살펴보는 것이 더 지혜롭다는 이들의 말을 새겨서 우리도 이와 같이 행동하는 것이 좋다고 기술했다. 이 책에서 대척 인간과의 교류는 일회적 사건이 아니라, 수시로 이루어졌다.[57]

이러한 소설과 달리 뉘른베르크의 내과 의사이며 인문주의자인 하트만 쉐델(Hartmann Schedel)의 1493년 『뉘른베르크 연대기(Nuremberg Chronicle)』에서는 대척지에 괴물 인간이 거주한다고 기록하고 있다. 이 책은 기독교 세계의 역사를 창세부터 1490년경까지 기록한 것이다. 이 책에는 대척지에 거주하는 괴물 인간이 그려져 있다. 그는 지구 반대편이 아닌 이시도루스가 언급한 대척지 즉 리비아와 에티오피아에 거주하는 괴물 인간을 대척 인간으로 그렸다. 그는 리비아에는 머리가 없고, 입과 얼굴이 가슴에 있는 괴물, 좌우 양성을 동시에 가진 인간으로 오른쪽 가슴은 남성, 왼쪽 가슴은 여성인 괴물,

발가락이 뒤로 향해 있는 괴물, 그리고 외발인간으로 큰 발을 우산으로 사용하는 괴물을 대척지 인간으로 표시했다. 또한 그는 어거스틴의 입장을 인용하여 자신은 그들의 존재를 믿지 않는다고 기술했다.

그러나 15세기 후반부터는 대척지와 대척 인간에 대한 중세적인 생각이 점차 사라지고 대척 인간을 북반구의 인간과 동일하게 그리는 경향이 나타나게 된다. 이는 어거스틴의 『신국론』의 15세기 후반 프랑스 번역판[58]에서 확인할 수 있다(그림 1-12).

그림 1-11. 쉐델의 『뉘른베르크 연대기』 속의 대척 인간
캠브리지대학교 도서관 소장

그림 1–12. 어거스틴의 『신국론』 속의 지구 삽화(15세기)
프랑스 낭트 시립도서관 소장

제2장

거대한 자바와
테라 오스트랄리스

1. 16세기 초의 테라 오스트랄리스

기원후 150년경 이집트의 알렉산드리아 도서관의 사서인 프톨레마이오스는 당시의 모든 지리정보를 수합해서 『지리학』을 편찬했다. 프톨레마이오스는 로마 시대 사람이지만 원래 그리스 출신이고 그리스의 지리학 정신을 계승했기에 그리스 전통의 지리학자로 분류된다. 그가 집필한 『지리학』은 앞부분에 구의 지구를 평면으로 표현하기 위한 지도 투영법을 소개하고 있고, 나머지 부분은 당시 수집한 세계의 경위도 좌표로 채워져 있다. 중국과 인도 주요 지역의 경위도 좌표도 수록되어 있으나 우리나라에 대한 정보는 없다. 그런데 이 책은 서로마가 멸망했을 즈음, 알렉산드리아 도서관의 사서들이 동로마 제국의 수도인 콘스탄티노플로 가져갔기 때문에 중세 유럽에서는 볼 수가 없었다. 그러다가 1400년경 이 책이 다시 유럽으로 역수입되었다. 인쇄술의 발달로 인해 유럽 각국은 출간할 서적이 필요했다. 즉 인쇄기술은 있었으나, 콘텐츠가 부족한 상황이었다. 이러한 상황에서 다시 고전을 출간하게 되었는데, 그 고전의 하나가 바로 이 『지리학』이다. 그런데 책의 원문은 남아 있었지만, 원문과 함께 있었다고 생각되는 지도는 남아 있지 않았다. 그래서 당시의 출판업자들은 지도 제작자들로 하여금, 원문의 정보를 기반으로 지도를 제작하도록 했다. 즉 책 속의 경위도 좌표를 기반으로 지도를 재구성하게 한 것이다. 그러다 보니 출판사에 따라 지도의 내용이 달라졌다. 그렇지만 전체적인 세계의 윤곽은 대체로 유사했다.

이 지도들에서는 인도양이 아프리카와 아시아를 잇는 육지 사이에 존재하

그림. 2-1. 베르린기에리의 1480년 세계지도
프랑스 파리 국립도서관 소장

는 바다(지금의 지중해)로 그려졌다. 그림 2-1의 지도는 이탈리아의 지도 제작자 프란체스코 베르린기에리(Francesco Berlinghieri)가 1480년 출간한 프톨레마이오스의 『지리학』에 수록된 세계지도인데, 이 지도에서 아시아와 아프리카를 잇는 대륙에는 미지의 땅이라고 표기되어 있다. 넓은 의미에서 이 땅을 미지의 남방 대륙으로 보는 것도 가능하다. 참고로 이 지도의 아프리카에 위치한 강은 나일강인데, 그 형상이 권근과 이회 등이 1402년 제작한 「혼일강리역대국도지도」의 나일강 형상과 유사하다.

프톨레마이오스는 인간이 거주 가능한 공간은 남부 이집트와 리비아를 지나는 위선 이북이라고 보았다. 그리고 남위 16도 이남의 지역을 미지의 대륙으로 보았다.[1] 이 지도에서는 아시아와 아프리카를 잇는 땅을 '프톨레마이오스의 미지의 대륙'이라고 표기하고 있다.

그러나 바르톨로메우 디아스가 희망봉을 통과하여 인도에 도착했고, 또한 콜럼버스의 항해 이후 아메리카가 추가됨에 따라 이러한 형태의 지도는 영향력을 급격히 상실했다. 비록 아시아 지역의 정보는 여전히 유효하다고 인정받았지만, 아메리카나 남방 대륙은 더 이상 사람들의 상상과 일치하지 않게 된 것이다. 따라서 프톨레마이오스 방식의 남방 대륙은 완전히 사라져 버리게 되었다.

그런데 완전히 새로운 방식으로 남방 대륙을 그린 지도가 1531년 등장한다. 프랑스의 수학자이며 천문학자인 오롱서 피네(Oronce Fine, Orontius Finnaeus)의 1531년 세계지도인 「새롭고 통합적인 지구 기술(Nova et integra universi orbis descriptio)」이 그것이다(그림 2-2).

이 지도에서는 남아메리카 남쪽의 광활한 땅에 'TERRA AUSTRAIS RE/center inventa, sed nondum plene cognita'로 지명을 표기했는데, 이는 '최근에 발견되었으나, 아직 완전히 알려지지 않은 남방 대륙'이라는 의미

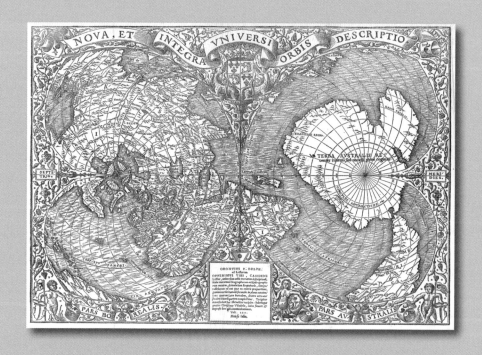

그림 2-2. 피네의 1531년 지도의 남방 대륙
프랑스 파리 국립도서관 소장

이다. 이 남방 대륙에는 두 개의 지명이 표시되어 있다. 하나는 브라질 지역 (BRASIELIE REGIO)이고 다른 하나는 파탈리스 지역(REGIO PATALIS)이다.

브라질 지역이 남방 대륙에 위치한 것은 독일의 지구의 제작자인 요한 쇠 너(Johann Schöner)[2]의 영향 때문이다. 쇠너는 브라질과 '브라질 지역'을 구분 했는데, 이는 포르투갈의 상인인 마누엘(Nuno Manuel)과 하로(Cristóvão de Haro)가 브라질 항해 경험을 저술한 1514년의 「브라질로부터의 새로운 편지 (Copia der Newen Zeytung aus Presillg Landt)」의 내용을 잘못 이해했기 때문 이었다. 이 책에는 이들이 브라질과 남서쪽의 땅 '아래 브라질'[3] 사이의 해협 을 통과했다는 내용이 기술되어 있다. 그런데 사실 이 해협은 라플라타강이 었다. 그리고 아래 브라질은 저위도의 브라질, 즉 적도에서 가깝다는 의미인 데, 쇠너는 이를 강의 남쪽 즉 지도의 아래 부분으로 잘못 해석하고 아래 브라 질을 1520년 지구본에서 분리해서 그렸다.[4] 이후 그의 지구본을 참조하여 지 도를 그린 제작자들은 라플라타강을 기준으로 브라질과 남쪽에 위치한 아래 브라질(Brasilia inferior)을 구분하여 그리게 되었다.[5] 즉 피네의 브라질 지역은 아래 브라질에 해당한다.

남방 대륙에 표시된 지명 중 또 하나 살펴볼 것은 'Regio Patalis'로 표시된 지역인데, 라틴어로 파탈라 지역이란 의미이다. 파탈라는 인더스강 하구에 위치한 고대 도시이다. 기원전 325년경 알렉산더로스가 파탈라에 도착했다 는 기록이 있다. 이 내용은 지리학자 스트라보(Strabo)의 『지리학』 15권 1장 33절에 언급되어 있다. 그러면 왜 남방 대륙에 파탈라를 위치시켰을까?

중세 신학자이면서 근대과학의 선구자로 평가받는 과학자인 베이컨(Roger Bacon)은 1278년 집필한 『대저작(Opus Majus)』에서 인도의 남쪽 끝에 위치한 지역은 파탈리스 지역으로 남회귀선이 닿는다고 기술했다.[6] 쇠너는 이 기록 을 인용해 남회귀선 근처의 해안 지역에 파탈리스를 표기했다. 피네는 쇠너 의 정보를 채택하여 이곳에 파탈리스 지역을 표시한 것이다. 이 지도에서 남회귀선 남쪽 즉 지도의 아래 부분에 성 토마스의 땅이 'S.thome'로 표시된 것을 확인할 수 있다. 여기서의 토마스는 신약성서에 언급된 사도 토마스를 의미한다. 이것은 성 토마스가 브라질을 방문하고 죽었다는 전설에 기인한 것이다.

그러면 이 전설은 누가 만들어 낸 것일까? 당시 전설은 식민지 정복의 한 수단으로 활용되었다. 정복자 코르테스(Hernan Cortés)는 1519년 멕시코 중앙고원에 위치한 테노치티틀란(Tenochtitlan)에 도착했을 때 유럽의 어느 도시보다도 큰 아즈텍 문명의 수도가 눈앞에 나타난 것을 보고 놀랐다. 코르테스는 거대한 도시를 소수의 병력으로 공격하는 것은 무리라고 판단하여 우선 아즈텍에 반대하는 주변 부족을 모았고, 그러다가 아즈텍 제국에 날개 달린 뱀 신인 '케찰코아틀(Quetzalcoatl)'이라는 신에 대한 전설이 있다는 것을 알게 되었다. 이 전설은 쫓겨난 왕이 언젠가 다시 돌아와 나라를 다스릴 것이라는 내용인데, 그 신의 피부가 흰색이라는 것을 근거로 코르테스는 자신이 그 신이라고 속였다. 당시 아즈텍 황제가 이 전설 때문에 코르테스에게 속았는지는 알 수 없지만, 황제는 코르테스를 환영했고 코르테스에게 배신당했다.

브라질에서도 유사한 내용의 전설이 만들어졌다. 이번에는 프란체스코 수도사들이 케찰코아틀이 토마스라고 주장한 것이다. 당시 남아메리카에 주재하며 선교 활동에 종사한 미구엘 더 에스테트(Miguel de Estete), 디에고 더 트루질로(Diego de Truhillo), 그리고 마누엘 다 노브레가(Manuel da Nóbrega)는 토마스가 옛날 브라질에서 설교했다고 말했다. 그리고 그가 케찰코아틀로 환생하여 다시 남아메리카에 나타날 것이라고 주장했다. 이들은 포르투갈어의 토마스 'Tomé'가 당시 남아메리카에서 사용되던 현지어인 과라이너(Guarani)의 신을 의미하는 'Sumé'와 발음이 유사하다는 것이 그 근거라고 주장했다. 즉 이전에 토마스가 남아메리카에서 선교 활동을 했고, 이제 스페인과 포르투갈이 토마스의 역할을 한다는 의미이다.[7] 비록 가톨릭교회는 1551년 공식적으로 이러한 전설을 부인했지만, 유럽인들은 여전히 이 전설을 자신들의 정복 활동에 사용했다. 또한 잉카의 창조신인 비라코차(Viracocha)가 토마스라고 주장하기도 했다. 이들은 그 근거로 백인의 피부가 비라코차의 흰색 피부와 동일하다는 사실을 주장했다. 이와 같이 유럽인들은 '백색의 신(white god)' 신화와 연관시켜 식민지인들을 정복해 나갔다.[8]

이 지도의 남방 대륙의 모습은 현재에도 많은 대중의 관심을 받고 있다. 남방 대륙의 모습이 남극 대륙의 형태와 유사하기 때문이다. 그래서 일부 호사가들은 이 지도의 남방 대륙이 현재의 남극 대륙과 유사함을 근거로, 이 모습이 남극이 빙하로 덮이기 이전의 모습이라고 주장한다. 즉 남극 대륙 위의 빙하를 제거하면 이 지도의 모습과 일치한다는 것이다.[9] 그러나 과학적인 측면에서는 이러한 주장은 전혀 지지를 받지 못하고 있다. 피네는 신비주의자였으며, 점성술에도 능했다. 따라서 피네의 상상이거나 아니면 그가 꿈속에서 본 남극 대륙의 형태가 우연히 실제 남극 대륙의 형태와 상당 부분 일치했을 것이다.

피네의 지도 이후 이와 유사한 형태로 남방 대륙을 표현하는 지도들이 많이 졌다. 정보가 절대적으로 부족한 당시 지도 제작자들은 일단 가용한 자료원은 최대한 활용했다. 더구나 프랑스 왕립대학[10]에서 천문학, 지리학, 수학을 가르치는 교수가 그린 지도는 충분히 인용가치가 있었다. 그래서 이후 피네의 지도를 그대로 모사한 지도들이 메르카토르를 비롯한 다른 지도 제작자들에 의해 출간되었다.[11] 그리고 피네의 남방 대륙은 프랑스 북부 노르망디 지방 디에프의 지도 제작자들에게 다른 형태로 전달되었다.

2. 프랑스 디에프 학파가 그린 거대한 자바[12]

16세기는 스페인과 포르투갈이 유럽을 제외한 나머지 세계를 양분한 시대였다. 그렇지만 유럽의 다른 나라들 역시 이들이 독점한 세계 무역체계에서 나름의 이익을 추구하기 위해 노력하고 있었다. 프랑스의 동방 무역은 프랑스 서북부 노르망디 지방의 디에프(Dieppe)를 중심으로 발전하기 시작했다. 디에프는 영국, 스페인, 그리고 포르투갈로 통하는 교통의 요지로 당시 주민의 다수는 무역과 어업에 종사했다. 16세기 이 지역의 상인들은 포르투갈과 교역했고 또 자연스럽게 포르투갈의 지리정보를 접할 기회를 가졌다. 그리고 포르투갈인들이 진출한 인도와 동인도 제도에 가서 직접 무역을 하려는 시도도 했다. 또한 이 지역에서는 포르투갈의 기술자들을 우대했기 때문에 포르투갈의 지도 제작자 중 일부는 디에프에 정착해 살기도 했다. 그에 따라 이 지역은 자연스럽게 항해 기술과 지도 제작 기술이 발달하게 되었고 당시 이 지역에서 활동하던 지도 제작자들을 디에프 학파라 불렀다. 디에프 학파는 1530년대 중반부터 1560년대 중반까지 왕성하게 활동했다. 이들이 제작한 대부분의 지도는 포르투갈의 자료와 기술을 활용해서 제작되었으며, 아름답고 예술적이라는 것이 특징이다. 그러나 이 지도들이 실제로 항해에 사용되었는지에 대해서는 의문의 여지가 있다. 뛰어난 예술성을 가진 고가의 지도를 항해에 직접 이용하기에는 가격이 너무 비쌌기 때문이다. 인쇄술 이전의 지도는 수많은 장인의 노고가 투입되는 사치품이었다. 특별히 이 지도들은 최고급 물감과 황금으로 채색되었다. 실제 항해를 위해서는 실용적이면서도 가격이 상대적으로 저렴한 송아지 가죽이나 양 가죽 위에 그린 포르톨라노(portolano) 해도를 사용했다. 포르톨라노는 나침반의 중심에서 방사상으로 뻗어나가는 방향을 나타내는 직선을 그린 해도로, 항구(port)와 항구를 연결하기 위해 사용된 것이다. 현존하는 최고의 포르톨라노는 1300년경에 만들어진「피잔지도(Carte Pisane)」이다. 처음에는 지중해 지역에서 발달하기 시작했으나, 점차로 대서양 연안에서 인도양·아메리카 연안까지 해도가 포함하는 범위가 넓어졌다. 1650년경까지 포르톨라노 해도가 널리 사용되었는데, 부산에 위치한 국립 해양 박물관에도 당시의 포르톨라노가 전시되어 있다.

그런데 디에프의 지도 제작자들이 그린 지도를 보면, 사실과 달리 실제 탐험하지도 않은 땅을 프랑스의 영토로 표기한 것을 볼 수 있다. 특히 캐나다의 경우 당시 프랑스인들은 일부 해안 지역에 정착했을 따름이지만, 내륙까지도 프랑스령으로 표시했다. 이것은 내륙까지 식민지화하고 싶다는 강한 욕구를 이 지역의 상인들이 표출한 것으로 이를 위해 프랑스 정부가 캐나다 탐사에 적극 나서라는 의미로 해석할 수 있다.

디에프 학파가 제작한 지도와 동시대의 다른 나라의 지도들과는 많은 점에서 차이가 있다. 가장 큰 차이는 남방 대륙 북쪽으로 뻗어 있는 거대한 곶, 즉 거대한 자바(Jave la Grande)를 그렸다는 것이다. 디에프의 지도 제작자들은 테라 오스트랄리스와 아시아를 연결하는 거대한 자바를 지도에 그렸다.

그림 2-3은 장 로츠(Jean Rotz)가 1542년에 그린 세계지도이다. 그는 프랑스 궁정에서 일하고 싶었지만 기회를 갖지 못하자, 영국으로 건너가 헨리 8세를 위해 지도를 제작했다. 그의 지도를 보면 아시아 동쪽과 북아메리카 서쪽이 삭제되어 있다. 그가 삭제한 이유는 명확하지 않지만, 북아메리카와 아시아가 하나의 대륙인지 여부가 불분명했기에 그리지 않았을 확률이 높다. 이외에 특이한 것은 남아메리카 오른쪽, 즉 동쪽에 위치한 커다란 섬이다. 이 섬

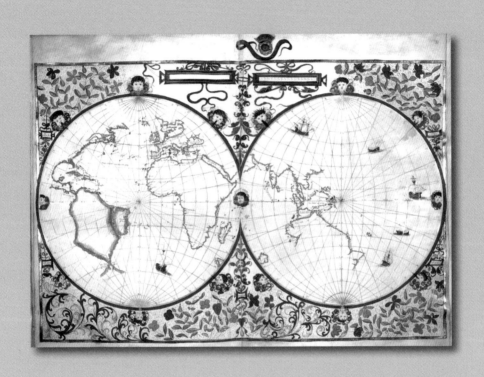

그림. 2-3. 장 로츠의 1542년 세계지도
대영 도서관 소장

은 브라질 남쪽 지역인데 이 두 땅 사이에 위치한 해협은 사실은 라플라타강이다. 그는 라플라타강이 흐르는 방향을 잘못 판단하여 이렇게 브라질 남쪽 지역을 남아메리카 동쪽에 그려 놓았다.

또 하나의 특징은 현재의 오스트레일리아 위치에 있는 거대한 땅이다.[13] 이 땅은 피에르 데설리에(Pierre Desceliers)의 1546년 지도에서 보다 명확하게 확인할 수 있다(그림 2-4). 지도에서 보면 적도는 'EQUINOCTIAL', 그리고 남회귀선은 'TROPIQUE DE CAPRICORNE'로 표시되어 있다. 남회귀선 북쪽에 거대한 자바(Java la Grande) 지명이 표시되어 있다. 그리고 그 위에 좁은 해협이 지나고 있으며, 소자바(Java Petite)가 표시되어 있다. 소자바는 오늘날의 자바이다. 그리고 소자바 북쪽에 왼쪽부터 시작해서 수마트라와 보르네오가 위치하고 있다.

거대한 자바의 크기와 위치를 추정해 볼 수 있는 또 하나의 지도는 기욤 브루스콩(Guillaume Brouscon)의 1543년 지도이다(그림 2-5). 이 지도에서 동남아시아 지역을 보자. 말레이반도 남쪽에 'taprobane'로 표기된 섬이 존재한다. 타프로바나는 르네상스 초기까지는 실론섬을 지칭했으나, 이후 수마트라섬을 지칭하는 명칭으로 사용되었다. 그리고 해협 아래에 거대한 자바가 'la Jave grande'로 표기되어 있다. 그리고 작은 해협이 존재하고 그 남쪽에 로칵의 땅(terre de lucac)이 표기되어 있다. 로칵은 피네 지도의 '파탈리스 지역'에 해당한다. 로칵은 마르코 폴로의 동방견문록에 언급되어 있는데, 학자들은 태국 남부 지역, 또는 보르네오섬의 칼리만탄 지역이라는 의견을 내고 있다. 참고로 지도에서 북아메리카 아래에 보이는 대륙은 오스트레일리아와 형태가 유사하지만 남아메리카를 잘못 그린 것이다. 여기서 아마도 독자들은 거대한 자바의 지리적 범위가 너무나 커서 현실적으로 어느 곳을 지칭하는지 의문을 가지게 될 것이다.

사실 거대한 자바는 위에서 제시한 지도들에서 보는 바와 같이 동남아시아

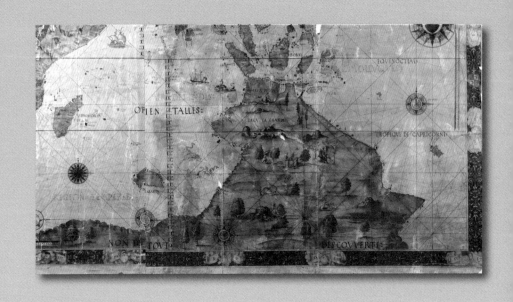

그림 2-4. 피에르 데설리에의 1546년 세계지도의 남방 대륙
영국 존 라이랜드(John Ryland) 대학 도서관 소장

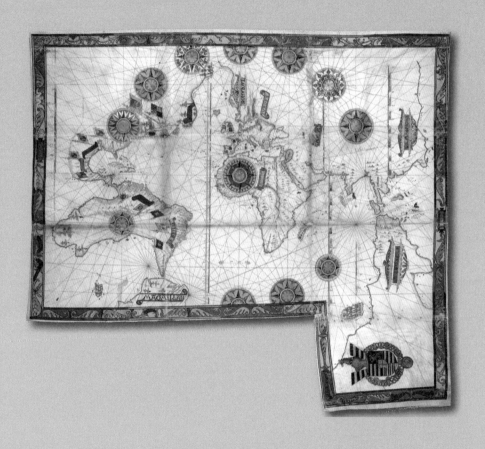

그림 2-5. 기욤 브루스콩의 1543년 지도
프랑스 파리 국립도서관 소장

의 남쪽에 위치한 거대한 대륙이다. 그런데 이 땅은 남아메리카 남쪽까지 이어진다. 그리고 로칵은 이 대륙의 아시아 북쪽에 위치한다고 볼 수 있다. 그러면 이 땅에는 어떤 사람들이 살고 있을까?

디에프 학파의 지도 제작자 중에는 특이한 경력의 소지자가 있는데 바로 기욤 르 테스투(Guillaume Le Testu)이다. 그는 사략선에 승선하여 해적 행위를 한 경험이 있다. 당시 스페인은 남아메리카 서쪽 해안 지역에서 금과 은을 채굴한 후에 파나마만으로 실어 보냈고 다시 노새에 실어 동쪽 해안의 놈브레 데 디오스(Nombre de Dios)에 모았다가 매년 스페인 함대에 실어 본국으로 수송했다. 영국의 프란시스 드레이크(Sir Francis Drake)는 1573년 놈브레 데 디오스의 스페인 기지를 공격하여 약탈했는데, 당시 드레이크의 배에 기욤 르 테스투가 승선하고 있었다. 드레이크는 엄청난 재화를 약탈하는 데 성공을 거두었지만, 르 테스투는 불행하게도 스페인군에게 체포되어 사형당하고 말았다. 그의 지도는 그가 사략선에 승선하기 이전인 1555년경에 제작한 것이다. 그는 당대의 가장 뛰어난 지리학자였으며 또한 지도 제작자였다. 그의 『우주지(Cosmographie Universelle)』에는 지도 이론과 지도들이 수록되어 있다. 그는 이 책에서 거대한 자바를 '소위 말하는 우리에게 알려지지 않은 테라 오스트랄리스의 일부이며, 마젤란 해협까지 이어지는 하나의 대륙이다.'라고 기술했다. 이 책에 수록된 지도는 왼쪽이 북쪽에 해당하는데 왼쪽의 땅이 소자바, 오른쪽의 땅이 거대한 자바이다(그림 2-6). 주민들의 의복 상태로 보아 이들이 문명인으로 그려진 것을 확인할 수 있다.

그림 2-7은 니콜라 발라드(Nicolas Vallard)의 1547년 지도이다. 발라드는 지도 제작자는 아니며, 이 지도를 최초로 소유한 사람으로 디에프 지역의 귀족이나 상인으로 추정되고 있다. 이 지도에서는 위가 남쪽에 해당한다. 형태로 보아 이 지도는 오스트레일리아 서해안 지역으로 추정된다. 왼편 아래에 위

그림 2-6. 기욤 르 테스투의 거대한 자바와 작은 자바
프랑스 국방부 역사도서관 소장

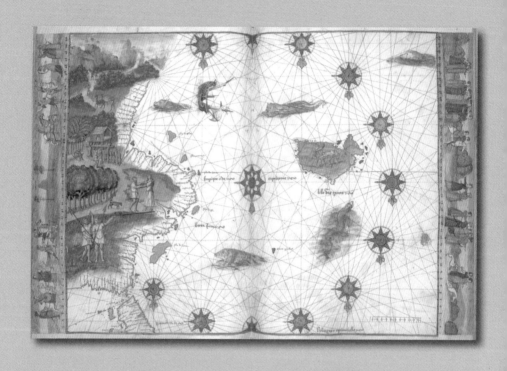

그림 2-7. 발라드 아틀라스(1547)의 거대한 자바(오스트레일리아 서쪽으로 추정함)
미국 헌팅톤 도서관 소장

치한 섬이 수마트라이며 그 위에 위치한 땅이 거대한 자바이다. 르 테스투의 지도와 마찬가지로 아시아인으로 그려 놓았고 동남아시아의 가옥이 그려진 것을 확인할 수 있다.

디에프 학파의 지도 제작자가 그린 거대한 자바의 내용은 전부 상상에 지나지 않지만 남방 대륙의 자연과 사람들의 삶을 정교하게 그렸다. 그리고 그림 2-7의 오른쪽에 위치한 섬의 전경에서 보듯이 사람의 목을 자르는 식인종의 모습을 그려서 이 땅이 또한 야만인의 땅이라는 것도 암시했다. 이것은 아마도 마르코 폴로가 수마트라를 언급하면서 페를렉(Ferlec)이란 곳에서는 인육을 먹고, 바스만(Basman)에서는 아무런 법률도 없이 짐승처럼 살아간다는 내용에 근거해서 문화를 향유하는 지역과 야만 지역을 적절히 안배했기 때문이라고 볼 수 있다.

그리고 여기에서는 소개하지 않지만 이들의 지도에는 거대한 뱀, 머리 없는 인간, 개머리 인간, 유니콘이 등장한다. 검정 백조와 화식조 역시 그려져 있는데, 이러한 사실로 미루어 일부 학자들은 네덜란드가 오스트레일리아 대륙을 발견하기 이전에 포르투갈인들이 오스트레일리아에 먼저 상륙했고, 이들의 정보를 디에프 지도 제작자들이 수집해서 지도에 그렸다고 주장한다. 디에프의 지도 제작자들은 1566년까지 거대한 자바를 지도에 그렸다. 그리고 1570년부터 네덜란드의 지도 제작자 오르텔리우스(Abraham Ortelius)와 메르카토르(Gerhardus Mercator)의 지도가 유럽 시장을 석권하고 나서는 거대한 자바는 지도에서 사라지고, 그 자리에 마르코 폴로가 언급한 동남아시아의 루칵, 비치, 말라유가 표시되었다(그림 2-8). 그림 2-8의 지도는 오르텔리우스의 1570년 「세계지도(Typus Orbis Terrarum)」의 동남아시아 부분이다. 지도에서 보면 남방 대륙의 동남아시아 부분에 곶이 하나 위치한 것을 알 수 있다. 'Lanchidol mare'로 표시된 바다는 당시 네덜란드인들이 현재의 자바섬 인근

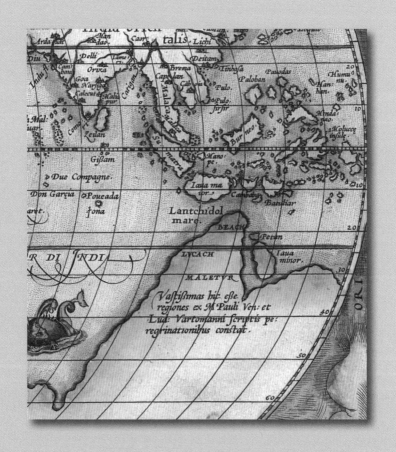

그림 2-8. 오르텔리우스 1570년 지도의 루칵, 비치, 그리고 말라유
미국 의회 도서관 소장

을 지칭하기 위해 부여한 지명인데, 지도에 따라 위치는 달라진다. 이 지도에서는 수마트라와 자바, 그리고 남방 대륙의 곶 사이에 위치한다. 또한 남방 대륙의 곶에 비치(Beach), 루칵(Lvcach), 말라유(Maletvr)가 표시된 것을 확인할 수 있다.[14] 그리고 그 밑에는 "베니스의 미르코 폴로와 루도비코 드 바르테마[15]는 이 지역이 광대하다고 기록했다."라는 내용이 수록되어 있다.

디에프 학파는 사실 프랑스 내에서도 주류 지도학자들은 아니었다. 파리에서 활동하던 주류 지도 제작자들은 거대한 자바를 그리지 않았다. 당시 프랑스는 식민지 개척에서 매우 뒤진 상태였다. 비록 프랑수아 1세가 적극적인 탐험정책을 취했지만, 포르투갈과 스페인의 벽은 너무나 높았다. 당시 프랑스의 가스파르 드 콜리니(Gaspard de Coligny) 제독과 신교도들은 브라질, 플로리다, 카리브해, 또는 아직 발견되지 않은 남방 대륙으로 진출하고자 했다. 그러나 이러한 시도는 콜리니가 1572년 암살되면서 실패로 끝나고 말았다.

디에프 학파의 지도 속의 거대한 자바는 프랑스 정부가 남방 대륙으로 진출할 것을 제안하는 역할을 했다. 즉 이 지역이 경제적인 측면에서 충분히 진출할 가치가 있고, 또 프랑스의 영광을 위해서도 국가가 이 지역의 조사를 서둘러야 한다는 의미 즉 프로파간다의 역할을 지도에 부여했다. 『동방견문록』에는 루칵이 크고 매우 부유한 지방, 말라유는 매우 크고 훌륭한 도시로 물건과 향료가 풍부한 곳으로 언급되어 있다. 그리고 비치는 이 책에 언급되지는 않는데, 오스트레일리아의 지리학자 로버트 킹은 비치(Beach)는 『동방견문록』의 루칵(Lvcach)을 잘못 필사한 것이라고 주장했다.[16] 이로 인해 지도 제작자들은 두 지역을 별도로 지도에 그리게 되었다는 것이다.

3. 거대한 자바의 실체에 대한 논쟁

그러면 이 거대한 자바는 어떤 대상을 표현하기 위해 그려졌을까? 막연한 상상의 산물인가? 아니면 어떤 대상을 보고 그렸다면 그 대상은 무엇인가? 남반구의 해양에 위치하는 거대한 땅은 오스트레일리아가 유일하다. 따라서 거대한 자바의 유일한 대상지는 오스트레일리아이다. 결국 거대한 자바에 대한 논쟁은 '거대한 자바가 과연 오스트레일리아인가?'이다. 이 질문은 20세기에 지속적으로 지리학계에서 제기되었다.

1606년 네덜란드의 두이프겐(Duyfken)호가 오스트레일리아 북부에 위치한 카펀테리아만에 내항함으로써 최초로 오스트레일리아가 유럽인들의 지도에 표시되었다는 것이 학계의 정설로 오래전부터 자리 잡고 있다. 물론 이에 대한 반론도 존재한다. 1521~1524년경 포르투갈 선원들이 오스트레일리아의 북부와 동해안을 방문하고 그 기록을 프랑스가 수집하여 디에프 학파의 지도에 거대한 자바로 표시되었다는 것이다. 포르투갈이 오스트레일리아를 발견했다고 주장하는 학자들이 내세우는 근거는 다음과 같다.

첫 번째 근거는 디에프 학파의 거대한 자바의 윤곽을 오스트레일리아의 해안선 형태와 비교하면 부분적으로 유사한 형태를 보인다는 것이다. 예를 들어 1547년에 제작된 『발라드 아틀라스』의 거대한 자바 해안선을 시계방향으로 90도 회진시켜 놓고 보면 오스트레일리아 남부의 뉴사우스웨일즈주와 빅토리아주의 해안선 윤곽과 어느 정도 유사함을 확인할 수 있다. 구체적으로 살펴보자. 그림 2-9는 오스트레일리아 남부의 빅토리아주 지도로 멜버른에서 애들레이드 사이의 해안선을 보여 주고 있다. 그림 2-10은 1547년에 제작된 발라드 아틀라스(Vallard atlas)에 수록된 '거대한 자바' 해안선의 일부분이다. 발라드 아틀라스의 왼쪽에 위치한 섬은 캥거루섬이며, 가장 오른쪽에 위치한 곳은 그림 2-9에서는 지명이 표시되어 있지 않지만 윌슨스 프로몬토리(Wilsons promontory)에 해당한다.

실제로 이 두 지도를 비교하면 오스트레일리아 해안과 거대한 자바의 해안선의 윤곽이 어느 정도 유사한 것은 인정할 수 있다. 따라서 거대한 자바가 오스트레일리아라는 주장을 완전히 부인하기는 어렵다. 그렇지만 이를 근거로 포르투갈이 오스트레일리아를 발견했다고 단정할 수는 없다. 만일 포르투갈이 오스트레일리아를 발견했다면 당시 당국에 보고했을 것인데, 이에 대한 근거 자료가 전혀 남아 있지 않기 때문이다. 당시 포르투갈은 대부분의 탐사 자료를 비밀로 유지했다. 더구나 토르테실리아스 조약에 의해 오스트레일리아는 스페인의 영역이 되기 때문에, 포르투갈이 오스트레일리아를 발견한 사실을 공표할 이유는 전혀 없었다.

1515년부터 티모르섬에는 포르투갈의 무역기지가 설치되어 있었고, 1556년부터는 선교사도 상주하고 있었다. 티모르섬에서 오스트레일리아 북동부 해안까시의 거리는 실제 650km 정도에 지나지 않는다. 따라서 포르투갈인들이 이 지역을 항해하면서 자연스럽게 오스트레일리아를 발견했고, 이를 그린 것이 거대한 자바의 일부가 되었다는 것이다.

두 번째 논거는 오스트레일리아 해안에서 발견되는 고고학적 유물들이다. 당시의 포르투갈 선박으로 보이는 배들의 잔해가 오스트레일리아 해안 지역에서 발견되고 있다는 것이다. 이 유물들은 네덜란드가 오스트레일리아를 발견하기 이전에 포르투갈이 먼저 이곳에 도착했다는 여러 가지 상황 증거들을

⁝ 그림 2-9. 오스트레일리아 남부 빅토리아주 해안선
자료: 구글맵

⁝ 그림 2-10. 발라드 아틀라스(1547)의 거대한 자바(오스트레일리아 남해안 지역으로 추정함.)
미국 헌팅톤 도서관 소장

제시하고 있다. 이에 대해 두 가지 사례만 살펴보기로 하자.

오스트레일리아 빅토리아주의 질롱(Geelong) 인근 해안 지역의 땅속 지하 7.5m 깊이에서 1847년 열쇠가 발견되었다. 발견한 사람들은 16세기 포르투갈 배가 빠뜨린 열쇠가 모래 밑에 퇴적되어 이곳에서 발견된 것이라고 주장했다. 그러나 당시 발견한 열쇠는 모두 분실되어, 현재 남아 있지 않기에 진위의 파악은 불가능하다. 그리고 오스트레일리아 북부의 캐로나드섬(Carronade Island)에서 1916년 두 자루의 포르투갈 권총이 발견되었다. 그리고 일부학자들은 이 권총이 16세기에 스페인의 세비야에서 제작되었고 포르투갈 상인들이 이를 구매해서 이 지역에서 사용했다고 주장했다. 그렇지만 2006년 서오스트레일리아 박물관에서 X선으로 검사한 결과 이 총들은 18세기에 제작된 것으로 밝혀졌다.[17]

이 외에도 고고학적으로 살펴볼 여지가 있는 많은 유물들이 발견된 상태이다. 그렇지만 아직은 명확하게 이를 규정할 수 있는 상태는 아니다.

거대한 자바가 오스트레일리아가 아니라 다른 지역이라는 주장도 있다. 거대한 자바 속에 표시된 지명을 분석한 결과, 인도네시아의 자바 남서 해안과 베트남 남해안의 지명과 유사하다는 사실이 확인되었다.[18] 그렇지만 모든 지명 분석이 그러하듯이, 지명 분석은 발음을 정확하게 표시했는지에 대한 애매함을 가진다. 비슷한 발음의 지명이 너무 많은데, 그 지명을 분석하여 과학적으로 정확하게 판단하는 것은 애당초 불가능한 일이다.

거대한 자바 해안이 오스트레일리아 북쪽 해안의 카펀테리아만의 서쪽 또는 노던준주라는 설도 있다. 카펀테리아만과 노던준주 지역에는 해삼과 진주 및 거북 등을 잡아 중국에 수출하던 마카산들(Macassans)이 살았다. 마카산은 인도네시아 셀레베스(Sulawesi)섬의 남부 반도를 중심으로 분포하는 부기인 (buginese)을 포함해 이 지역에 살던 인종들을 지칭한다. 이 사람들이 이곳에서 어업 활동을 하면서 지도를 제작했고, 이 지도가 중국이나 포르투갈을 통해 디에프의 지도 제작자들에게 전달되었을 가능성이 있다.[19]

물론 이상의 주장들은 아직 학계의 인정을 받지는 못한 상태이다. 심지어 일부 역사학자와 지리학자를 제외하고는 아무도 관심을 표하지도 않는다. 어느 나라가 먼저 오스트레일리아를 발견했느냐는 더 이상 논쟁거리가 되지 않을 수도 있다. 사실 지금도 누가 오스트레일리아를 가장 먼저 발견했느냐라고 물으면, 이에 대해 쉽게 답하는 사람을 찾기는 어렵다. 오스트레일리아는 아메리카가 아니기 때문에 관심이 없다. 그리고 최초 발견의 의미 자체에 대해 회의를 품는 시각도 존재한다. 오히려 최초로 발견한 사람이 오스트레일리아 원주민의 고통을 야기한 최초의 범죄자가 될 가능성도 있는 것이다.

제3장

스페인의
테라 오스트랄리스 인식

1. 파타고니아 지도로 본 거인의 땅

　1475년 스페인에서 태어난 바스코 발보아(Vasco Nufiez de Balboa)는 1500년 아메리카 대륙으로 건너갔다. 그는 다른 스페인의 정복자들과는 달리 원주민들에게 호의적인 태도를 보였고, 원주민들은 그에게 흥미로운 정보를 전달했다. 바로 큰 산맥을 넘어서 서쪽으로 가면 광활한 바다가 있으며 그 대양을 남쪽으로 며칠 더 항해하면 금이 많은 땅이 있다는 것이었다.

　발보아는 1513년 9월 1일 이 땅을 찾아 떠났다. 그리고 태평양 연안에 도착하여 바다를 보았다. 그리고 이 바다의 이름을 남해(Mar del Sur)라고 붙였다.[1] 이제 기존의 프톨레마이오스 방식의 세계지도(예를 들어 그림 2-1의 지도)는 콜럼버스의 아메리카 발견으로 인해 그 효용성은 사라지고 말았다. 비록 새로 발견한 땅이 아시아인지 아니면 새로운 대륙인지는 확실하지 않지만, 새로운 땅이 발견되었기 때문에 기존의 지도를 수정하는 것은 불가피했다. 지도 제작자들은 기존의 프톨레마이오스의 세계지도에 새롭게 발견한 땅을 추가하는 방식을 선택했다. 대표적인 지도가 발트쥐뮐러(Martin Waldseemüller)가 1513년에 출간한 「세계지도(Orbis Typus Universalis Iuxta Hydrographorum Traditionem)」이다(그림 3-1).[2] 이 지도는 당시 유럽인들의 아메리카에 대한 지리적 인식을 반영한 지도이다. 이 지도는 남아메리카가 아시아인지 아니면 신대륙인지를 명확하게 표시하지 않고 있으며, 새로운 땅의 서쪽을 그리지 않았다.

ORBIS TYPVS VNIVERSALIS IVXTA HYDROGRAPHORVM TRADITIONEM

그림 3-1. 발트쥐뮐러의 1513년 세계지도
보스턴 노르만 레벤탈 도서관 소장

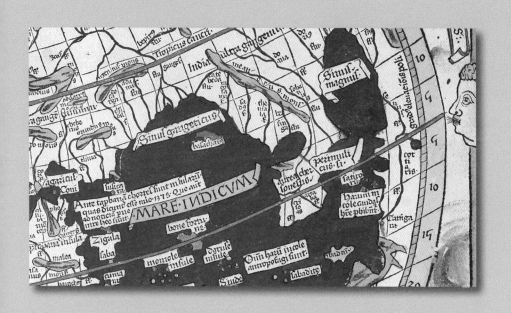

그림 3-2. 황금반도를 표시한 제르마누스의 1482년 지도
영국 옥스퍼드 보더리안 도서관 소장

아메리카를 아시아로 착각한 1500년대 초반의 스페인 탐험가들은 태평양을 아시아를 마주 보는 바다로 생각했다. 이탈리아 역사가 피터 마더 당리에라(Peter Martyr d'Anghiera)는 발보아의 남해는 향료가 위치한 곳이라고 1516년 『신세계(De Orbe Novo)』에서 주장했다. 또한 피렌체의 상인인 지오바니 당폴리(Giovanni da Empoli)는 말라카를 방문한 경험이 있는데, 그는 1514년 브라질과 말라카의 식생이 유사하다는 근거로 두 지역이 동일한 대륙에 속한다고 주장했다.[3] 그리고 포르투갈 화가 바스코 페르난데스(Vasco Fernandes, c.1475~c.1542)는 브라질인을 그리스도의 탄생을 축하하러 온 동방박사로 그리기도 했다.[4]

실제로 발보아는 자신이 아시아에 도착했다고 믿고 있었다. 당시는 아직 아시아와 아메리카가 하나의 대륙이라고 생각하던 시기였다. 발보아는 자신이 이 지도의 왼쪽에 위치한 땅 끝의 서쪽 끝에 가서 바다를 보았다고 생각했을 것이다. 그리고 이 땅의 건너편에는 용의 꼬리와 같이 생긴 거대한 반도가 표시되어 있는데, 이는 말레이반도에 해당한다. 프톨레마이오스는 이 반도를 황금반도(Aurea Chersonesus)로 불렀다. 그림 3-2는 독일의 니콜라우스 제르마누스(Nicolaus Germanus)가 1482년 제작한 프톨레마이오스의 『지리학』에 수록된 지도이다. 붉은 선의 적도가 지나는 곳에 황금반도가 표시되어 있다.

그림 3-2에 표시된 황금반도는 말 그대로 금이 지천인 지역이다. 1세기의 유대 역사가 요세푸스는 솔로몬의 황금 생산지인 오빌(Ophir)이 바로 황금반도이며 인도에 위치한다고 했다.[5] 그리고 프톨레마이오스의 지도에는 말레이반도에 황금반도가 그려져 있다. 실제로 말레이시아의 동쪽 연안에 위치한 파항에는 현재도 금광이 운영되고 있다.

발보아는 원주민들이 말한 황금이 많은 섬을 생각하며 황금반도를 떠올렸을 것이다. 발보아는 남쪽에 있는 황금의 땅을 찾기 위해 서둘러 항해했다. 그러나 그의 배는 열대의 나무 좀벌레들에 의해 손상되어 뱃길을 되돌려야만

했고, 발보아의 탐사는 이것으로 끝이 났다. 그는 이전에 반란을 일으켜 지역 총독을 몰아낸 적이 있는데, 쫓겨났던 전임 총독이 국왕에게 이를 보고했고, 1519년 토벌대로 온 프란시스코 피사로에 의해 압송되어 교수형을 당했기 때문이다. 발보아는 유럽인 최초로 태평양을 보았지만, 황금의 섬은 발견하지 못했다.

진정한 태평양의 발견자는 마젤란이다. 포르투갈인 마젤란은 말루쿠 제도를 토르데시야스 조약하에서 스페인에게 허용된 세계의 일부분으로 만들 수 있는 정보를 가지고 있다고 공언하면서 스페인을 위해 일하겠다고 제안했다. 그는 새로 발견한 남해와 대서양을 잇는 단축항로를 통해 향료 제도에 닿을 수 있다고 스페인의 카를 5세를 설득해 항해를 허락받았다.

1519년 스페인을 출발한 마젤란은 1520년 파타고니아를 지났다. 이 지역에는 테우엘체족(Tehuelche)이 거주하고 있었는데, 항해 일지 기록자인 안토니오 피가페타(Antonio Pigafetta)는 이 지역을 별다른 설명 없이 파타고니아라 불렀다. 파타고니아란 지명의 어원에 대해서는 다양한 이론이 있지만, 피가페타와 동시대에 살았던 스페인의 역사가 고마라(Francisco López de Gomara)가 주장한 '발이 큰 사람'의 의미를 채택하는 것이 일반적이다. 실제로 스페인어로 'pata'는 발을 의미한다.

당시 파타고니아 거인의 신장에 대해서는 다양한 의견이 존재한다. 그리고 과장된 주장도 존재한다. 그래서 프랑스의 왕실 우주지학자인 앙드레 테베(André Thevet)는 『우주지』에서 거인의 키가 12~15피트라고 주장하는 사람들이 있지만, 자신은 이를 믿지 않는다고 주장했다.[6]

파타고니아 원주민은 세 개의 인종으로 구분되는데 이 가운데 가장 남쪽에 거주하는 테우엘체족이 가장 키가 컸다. 평균 5피트 10인치 정도이며 6피트가 넘는 사람도 많았다고 한다.[7] 당시 마젤란은 두 명의 거인을 납치해서 스

그림 3-3. 슈텐의 항해기에 수록된 파타고니아 거인
출처: Schouten, 1619

페인으로 데려가려 했으나 거인들은 모두 항해 중 사망하고 말았다. 다음 장에서 소개할 네덜란드의 슈텐(Guillaume Schouten) 함대는 1617년경 파타고니아를 지나쳤는데, 파타고니아 지역 근처에서 거인의 유골을 보았다. 항해기에 수록된 삽화에는 이 지역의 동물과 함께 거인의 유골을 수습하는 장면이 그려져 있다. 삽화 가운데 'H' 표시가 있는 모습이 이에 해당한다. 그는 책속에서 H의 내용을 설명하면서 파타고니아 거인의 키가 10~11피트라고 기록하고 있다(그림 3-3).

1520년 11월 세 척의 배로 태평양에 이른 마젤란과 선원들은 막 지나왔던 폭풍우 치던 대서양 남쪽 바다와는 대조적으로 이 해역이 너무나 평화롭다고 느꼈다. 피가페타에 따르면 '태평양(Oceano Pacifico)'이라는 이름은 마젤란 자신이 직접 지었다고 한다. 태평양 횡단 시 특별한 위험은 없었지만, 낡은 선박의 상태와 괴혈병 때문에 괌에 도착하는 데는 4개월이나 걸렸다. 이후 다시 항해를 시작해 필리핀의 세부에 도착했는데, 마젤란은 지역 통치자들간의 분쟁에 개입해서 1521년 그만 목숨을 잃고 말았다.

마젤란의 항해는 필리핀을 스페인의 지배하에 귀속시키는 성과를 거두었다. 그렇지만 태평양 남쪽에 있을 것으로 예측되던 광활한 남방 대륙에 관한 지리적 지식의 확장에는 실제로 기여하지 못했다. 그럼에도 지도 제작자들은 마젤란 해협 남쪽에 위치한 티에라델푸에고 제도를 이후 남방 대륙에 편입시켰다. 디에고 구티에레즈(Diego Gutierrez)의 1562년 「아메리카지도(Americae sive qvartae orbis partis nova et exactissima descriptio)」에는 티에라델푸에고가 'Syerra del fuego'로 표기되어 있다. 그리고 마젤란 해협 남쪽의 땅을 '마젤란의 땅(TIERRA DE MAGALLAN)'으로 명명한 것과 그 왼편에 파탈리스 지역(REGIO PATALIS)이 표기된 것을 확인할 수 있다(그림 3-4).

파타고니아에서 만난 거인의 이야기는 이후 유럽의 타자 인식에 큰 영향을 미쳤다. 피가페타는 마젤란의 항해기를 출간했는데, 그는 남위 52도 20분

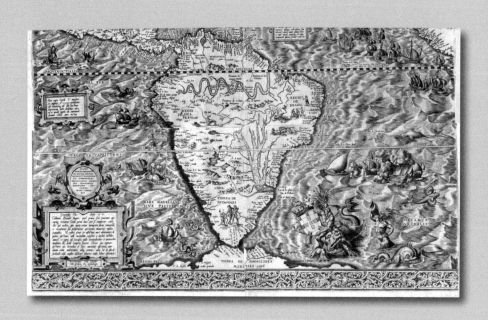

그림 3-4. 디에고 구티에레즈의 1562년 아메리카 지도의 남방 대륙
미국 의회 도서관 소장

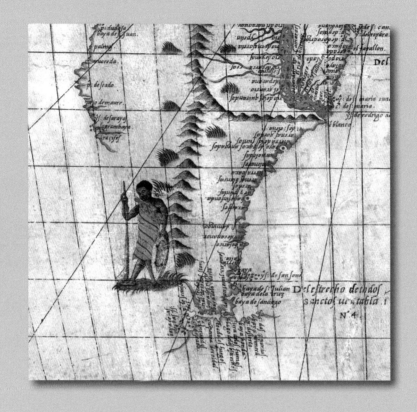

그림 3-5. 세바스찬 캐벗의 1544년 세계지도 속의 거인
프랑스 파리 국립도서관 소장

그림 3-6. 기욤 르 테스투의 남아메리카 지도 속의 거인
프랑스 국방부 역사도서관 소장

에 위치한 해협을 지났다고 기술했다. 그리고 파타고니아에서 조우한 거인들이 활과 화살을 가지고 있다고 서술했다. 이후 파타고니아를 그린 지도에 거인이 등장한다. 최초로 파타고니아에 거인이 그려진 지도는 이탈리아 탐험가 세바스찬 캐벗(Sebastian Cabot)의 1544년 지도이다(그림 3-5). 이 지도의 파타고니아에는 무릎 아래까지 오는 길이의 느슨한 가운을 입은 거인이 오른 손에는 긴 막대기를, 그리고 왼손에는 방패를 가지고 있는 모습이 그려져 있다.

캐벗은 지도의 글상자에서 자신이 아버지 존 캐벗(John Cabot)과 함께 북아메리카를 최초로 발견했다고 기록했다. 실제로 존 캐벗은 영국의 헨리 7세의 후원으로 1497년 북아메리카에 최초로 발을 디딘 유럽인이 되었다. 그런데 남아메리카에 최초로 도착한 콜럼버스 역시 이탈리아 출신이다. 따라서 남북아메리카는 모두 이탈리아인에 의해 발견되었다고 볼 수 있다.

그리고 프랑스의 기욤 르 테스투의 1556년 『우주지(Cosmographie univer-selle)』에는 페루 남쪽에 거인의 땅이 위치하는 것으로 표시되어 있다. 파타고니아의 거인이 백인으로 그려진 것이 이 지도의 특징이다(그림 3-6). 그리고 메르카토르의 1569년 지도에서는 거인의 오른쪽에 위치한 산맥 너머에 '파타고니아 거인의 키는 11 또는 심지어 13스피타마'[8]라는 문장이 수록되어 있다(그림 3-7). 1스피타마는 엄지 끝에서 검지까지를 펼친 거리로 약 7인치에 해당한다.[9] 이를 계산하면 180cm가 넘는다. 그리고 거인의 위쪽에는 식인 장면이 그려져 있는데, 그 아래에는 '새로운 인도의 다양한 지역의 원주민들은 식인종이다.'라는 문장이 기록되어 있다.

그런데 지도에 표시된 거인은 벌거벗은 모습이 아니라, 가죽이나 천으로 만든 옷을 입고 있다. 천으로 만든 의복을 입고 있다는 것은 이들이 직조 기술을 가지고 있음을 의미한다. 따라서 거인이 문명에 의해 교화될 수 있다는 의미를 갖는다. 실제로 마젤란은 거인 중 한 명에게 세례를 준 적이 있다. 파타고니아에서 거인을 발견했다는 사실은 유럽인들의 지적 호기심을 자극했다. 그

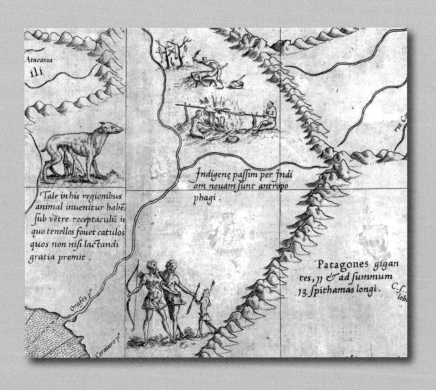

그림 3-7. 메르카토르 1569년 지도의 파타고니아 거인
프랑스 파리 국립도서관 소장

들의 종교와 그들이 거인이 된 이유에 대한 다양한 의견이 제시되었고 또 문학 작품에서 언급되기도 했다. 예를 들어 셰익스피어의 희곡 『템페스트』에는 괴물 캘리번(Caliban)의 어머니 시코락스(Sycorax)가 마젤란의 항해기에 나오는 파타고니아의 우상인 세테보스(Setebos)를 섬기는 내용이 있다.[10]

유럽의 지식인들은 파타고니아의 거인에 대해 과학적 관심을 가지기 시작했다. 그리고 이들이 거인이 된 원인에 관한 다양한 가설들을 제기했다. 첫 번째 가설은 추운 기후가 이 지역의 사람들을 거인으로 만들었다는 것이다. 당시 유럽인들은 추운 곳에 거주하는 사람들의 키가 더운 곳에 거주하는 사람들의 키보다 크다는 생각을 하고 있었다. 추운 북유럽의 사람들의 키가 남유럽인의 키보다 크다는 사실을 통해 추위와 키의 관계를 추정한 것이다. 그래서 유럽인들은 파타고니아의 추위가 거인을 만들었다고 생각했다. 이 내용은 프랑스의 왕실 우주지학자인 앙드레 테베의 『우주지(La cosmographie universelle)』에 기록되어 있다.[11]

테베의 주장은 고대 그리스와 로마 시대 의사들이 주장하던 인체의 구성원리인 사체액설(四體液說, Humor theory)에 근거한 것이다. 히포크라테스는 인간의 몸이 네 가지 체액 즉 피, 담즙, 점액, 검은 쓸개즙으로 구성되는데, 이것은 각각 사계절과 네 가지 요소인 공기, 물, 불, 흙에 대응한다. 질병은 몸속의 네 가지 액체들의 과부족이나 불균형 때문에 생기는데, 파타고니아의 추위가 이 구성요소를 변화시켜서 거인이 되었다고 테베는 주장했다. 16세기 프랑스의 철학자인 장 보댕(Jean Bodin) 역시 적도에서 멀어질수록 사람의 신장이 커진다고 주장하면서 키와 추위와의 관계를 일반화했다.[12]

그리고 거인은 단순히 추운 곳에 살기 때문에 키가 큰 사람이 아니라 무서운 야만인이라는 의미로 유럽인들에게 인식되었다. 뮌스터(Sebastian Münster)의 『우주지(Cosmographia, 1550)』에는 마젤란과 피가페타가 무시무시하게 큰 여자와 심지어 그보다 큰 남자를 만나 겁에 질렸다는 내용이 기록되어

그림 3-8. 테베의 1575년 『우주지』에 수록된 파타고니아 거인의 모습
프랑스 파리 국립도서관 소장[13]

있다. 그리고 테베는 1575년 테베의 『우주지』에서 이들은 피에 굶주렸으며 싸움 기술이 뛰어나 20명이 스페인 군인 100명을 상대한다고 기록했다(그림 3-8).[14]

16세기 중반의 지리지들은 피가페타의 기록을 인용해서 파타고니아 거인을 묘사했다. 예를 들어 프랑스의 기욤 르 테스투의 1556년 『우주지』에서는 거인들의 땅이 있는 지역 주변에는 키가 10~12큐빗의 사람들이 말하면서 휘파람 소리를 낸다고 기술했다. 그리고 르 테스투는 피가페타를 인용하면서 고위도에 사는 사람들의 문명은 미개하다고 언급했다.

그런데 여기서 한 가지 생각할 것은 파타고니아의 거인이 과연 고위도에 거주하느냐이다. 마젤란 일행이 파타고니아의 테우엘체족을 남위 53도의 마젤란 해협 근처에서 만났다고 하더라도 이 지역을 고위도라 말하기 어렵다. 북위 53도에 위치한 독일의 함부르크를 고위도에 위치한다고 말하지 않듯이, 파타고니아를 고위도라 말하기는 어렵다. 그럼에도 불구하고 사람들은 파타고니아가 고위도에 위치한다고 생각했다. 이것은 현대와 같이 정확하게 적도를 기준으로 극지방으로 갈수록 고위도로 생각하는 대신, 그리스와 로마가 위치한 위도를 기준으로 고위도를 판단했던 고대의 관습이 잔존해서 생긴 문화적 현상이다. 또 북반구에 거주하는 우리는 북유럽이나 러시아의 고위도 지역보다 남아메리카의 고위도 지역을 훨씬 멀게 느끼고 또 이질적으로 느낀다. 그래서 이러한 특성이 적도를 중심으로 한 위도의 대칭이 아닌, 그리스나 로마를 중심으로 한 위도의 대칭성을 만든 것이다. 그래서 파타고니아를 고위도 지역으로 간주한 것이다.[15]

그런데 이렇게 야만인의 이미지를 가진 거인의 모습이 점차 변화하기 시작했다. 네덜란드의 신학자이며 관변 지리학자인 플란시우스(Petrus Plancius)

그림 3-9. 플란시우스 1592~1594년 지도의 거인
브라운대학교 도서관 소장

가 1592~1594년에 제작한「페루와 칠레지도」[16]에서는 거인은 유럽 스타일의 깃이 있는 튜닉을 입고 있고 수염도 잘 정돈된 것을 확인할 수 있다(그림 3-9). 이 지도에 그려진 거인의 모습은 1562년에 출간된 디에고 구티에레즈(Diego Gutiérrez)의「아메리카 지도」에 그려진 거인의 모습과 유사하다(그림 3-3). 의상이나 외모로 미루어 볼 때, 미개인을 그린 것은 아니라는 것을 알 수 있다.

그러면 왜 야만인의 모습에서 문명인의 모습으로 변했을까? 이 이유는 네덜란드와 스페인의 정치적 관계로 설명할 수 있다. 네덜란드는 스페인의 식민 정책에 대해 특별한 입장을 표명하지 않았으나, 독립을 선포한 이후 네덜란드는 스페인의 식민 정책에 반대하는 입장을 피력했다. 즉 스페인을 독재자로 간주하는 이미지 정책을 사용한 것이다. 여기에는 스페인의 해방 신학자인 라스 카사스(Bartolomé de las Casas, 1484~1566)의 주장 역시 동원되었다.[17] 라스 카사스는 아메리카 대륙에 최초로 건너간 선교사이자 역사학자로 신대륙에서 학대당하는 원주민들을 보호하는 데 힘썼다. 콜럼버스의 아메리카 발견의 좋은 점만 부각되던 시기에 그는 원주민 학살과 같은 부정적인 면을 유럽 대륙에 알렸다. 라스 카사스의 저서는 '검은 전설'의 상징적 작품으로 등장했으며, 네덜란드가 스페인으로부터 독립을 추구하던 시점에서는 반스페인 계열의 대부로 간주되어 왔다.[18] 라스 카사스의 책은 네덜란드에서 많이 팔렸다. 이러한 분위기로 인해 거인의 이미지가 야만인이 아니라 보통 인간의 모습으로 변모된 것이다.

또 다른 네덜란드의 지도 제작자 테오도르 드 브뤼(Theodore de Bry)의 1601년「마젤라나카 지도(Fretum Magellannicum)」에도 파타고니아의 거인이 표시되어 있다(그림 3-10). 이 지도는 남쪽이 위로 표시된 지도이다. 펭귄 옆에 위치한 인간이 남자 거인이며, 거북 옆에 위치한 인간이 여자 거인인데, 펭귄과 거북의 크기를 비교할 때 이들은 거인의 모습이 아니다. 단 지도의 범례에서는 P(남자 거인)를 '남자 야만인(ein wilder Man)', 그리고 O(여자 거인)를 '또한

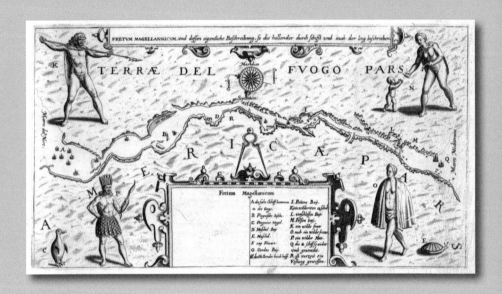

그림 3-10. 드 브뤼의 1601년 마젤라니카 지도
출처: raremaps.com

여자 야만인(auch ein wilde frau)'으로 표기했다. 따라서 야만인이라는 사실은 변함이 없다. 그러나 무서운 인간은 아니다.

거인이 사는 땅인 파타고니아는 남방 대륙의 이미지를 부분적으로 보여 준다. 무엇인가가 지나치게 많은 땅, 괴물이 사는 땅, 즉 아메리카의 끝자락이며 남방 대륙을 바라보는 곳이다. 그리고 그 너머에 티에라델푸에고를 포함하는 거대한 남방 대륙이 존재한다.

2. 솔로몬의 황금을 찾아 나선 멘다나와 퀴로스, 그리고 시바의 여왕

구약성서 「역대상」 29장 4절에는 솔로문의 성전을 언급하며 "오빌의 금 삼천 달란트와 정련된 은 칠천 달란트를 바쳐 성전의 벽을 입히며"라는 구절이 있다. 이 구절에서 보듯이 오빌은 솔로몬의 성전의 금이 유래한 곳이다. 일찍부터 사람들은 오빌의 위치에 대해 많은 관심을 가졌다. 그런데 당시 사람들은 오빌이 아프리카나 아라비아 또는 인도에 위치한다고 믿었다. 이것은 「역대하」 9장 21절에서 언급한 다음의 내용 때문이다.

솔로몬왕은 히람왕이 지원하는 선원들을 이용하여 3년마다 한 번씩 배를 다시스로 보내 금, 은, 상아, 원숭이 그리고 공작을 실어 왔다.

중세인들은 위의 구절에서 언급된 다시스(Tarshish)를 오빌이라고 생각했다. 그런데 이 구절에는 다시스로 배가 3년에 한 번씩 운항한다는 말이 수록되어 있다. 3년에 한 번이라는 말은, 가는 데 1년 그리고 오는 데 1년이 소요된다는 것을 의미한다. 따라서 유럽은 아니며 아프리카나 인도 정도는 될 것이라고 추정했다. 참고로 중세인들이 생각한 동쪽 끝은 중국이 아니라 인도였다. 이시도루스의 『어원론』에 기록된 가장 동쪽에 있는 땅이 인도였기 때문이다.

인도에 금이 낳다는 이야기는 이미 그리스 시대부터 유럽에 널리 퍼져 있었다. 역사의 아버지로 불리는 헤로도토스의 『역사』 3권 102장에는 인도의 한 지역에서는 금을 여우보다 몸집이 큰 개미를 이용해 채굴한다는 내용이 기록되어 있다. 이 내용을 인용하여 베하임(Behaim)의 1492년 지구의에는 갠지스강 하구에 오빌이 표시되어 있다.

콜럼버스 역시 인도에 오빌이 위치한다고 생각했다. 역사학자 피터 마르튀르(Peter Martyr, 1457~1526)에 의하면 콜럼버스는 히스파니올라에 오빌이 위치한다고 생각했다고 한다.[19] 콜럼버스는 자신이 발견한 땅을 인도라고 생각했으므로 히스파니올라를 오빌이라 생각한 것은 이해가 가능하다. 그렇지만 콜럼버스는 히스파니올라에서 금을 발견하지 못했고, 이후의 스페인 탐험가들은 계속 오빌을 찾아 아메리카 대륙을 횡단했다.

그런데 아메리카 대륙에 오빌을 위치시킨 지도가 등장했다. 베니토 아리아스 몬타노(Benito Arias Montano)가 1572년 제작한 「성경지리 지도(Sacrae Geographiae Tabulam ex Antiquissimorum Cultor)」에는 오빌이 북아메리카와 페루 두 곳에 위치한다(그림 3-11). 북아메리카의 서쪽 해안과 페루 해안에 19라고 표기되어 있는데, 범례에 의하면 오빌이다. 북아메리카가 오빌의 후보지가 된 것은 당시 일부 학자들이 오빌을 「창세기」 10장에 나오는 노아의 후손 욕단의 아들 이름으로 판단하여 이들이 베링해를 지나 아메리카로 건너왔다고 주장했기 때문이다. 이들의 논거는 욕단(Joktan)이 멕시코의 유카탄(Yucatán)과 발음이 비슷하다는 것이었다.[20] 그리고 몬타노는 「역대하」 3장 6절의 "바르와임에서 수입해 온 금"이란 구절에 주목했다. 그리고 그는 특별한 근거 제시 없이 바르와임(Parvaim)이 아메리카이며, 오빌이 페루를 발견했기 때문에 페루가 오빌이라고 주장했다.[21]

스페인 탐험가들은 남아메리카에서 오빌을 찾는 데 실패했다. 그리고 당시 지리학계의 분위기 역시 바뀌었다. 1570년 『세계의 무대(Theatrum orbis terrarum)』라는 아틀라스를 출간하여 세계최고의 상업적 성공을 거둔 오르텔리우스는 16세기까지는 오빌이 페루라는 주장에 동조했으나, 이후 아프리카에

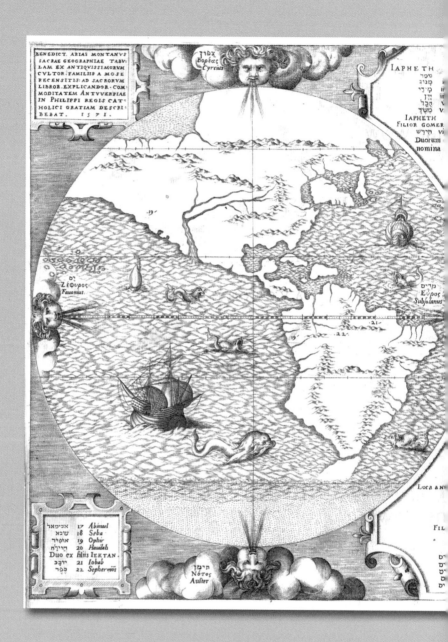

BENEDICT. ARIAS MONTANVS
SACRAE GEOGRAPHIAE TABV
LAM EX ANTIQVISSIMORVM
CVLTOR.FAMILIIS A MOSE
RECENSITIS AD SACRORVM
LIBROR.EXPLICANDOR.COM
MODITATEM ANTVVERPIAE
IN PHILIPPI REGIS CAT
HOLICI GRATIAM DESCRI
BEBAT. 1 5 7 1.

צפון
Bopέας
Cyreus

IAPHETH

גמר
מגוג
מדי
יון
תבל
משך

IAPHETH
FILIOR GOMER
חדרש vi
Duorum
nomina

ים
Ζέφυρος
Fauonius.

קדים
Εύρος
Subsolanus

Loca an

FIL

17 Abimael
18 Seba
19 Ophir
20 Hauilah
Duo ex filiis IEKTAN
21 Iobab
22 Sephermos

אבימאל
שבא
אופיר
חוילה

יובב
ספר

תימן
Νότος
Auster

그림 3–11. 몬타노의 1572년 지도
프랑스 파리 국립도서관 소장

위치한 모잠비크의 소팔라(Sofala)라는 입장을 지지했다. 그가 의견을 바꾼 이유는 단순한데, 페루에는 「역대하」 9장에서 언급한 상아가 생산되지 않기 때문이었다.

그래도 남아메리카에서 오빌을 찾는 시도는 계속 되었다. 이번에는 태평양의 섬이 대상지가 되었다. 당시 안데스 원주민들은 태평양에 전설의 금과 은의 섬이 있다는 소문들을 스페인 정복자에게 전했다. 잉카제국의 황제인 팍 잉카 유팡키(Tupac Inca Yupanqui, 1472~1493)가 1480년경 전설의 섬인 아바춤비(Avachumbi)와 니나춤비(Ninachumbi)에 다녀왔다는 것이다. 후대의 역사가들은 유팡키가 발견한 섬의 실재에 대해 매우 회의적이다. 그렇지만 이스터섬에 미지의 땅에서 온 귀가 큰 사람들이 이 섬을 방문했다는 전설이 있는 것으로 미루어 볼 때 아마도 이스터섬을 방문했을 것이라고 추정하고 있다. 이 이야기는 젊은 스페인 귀족이자 항해사인 알베로 데 멘다나(Alvaro de Mendana)를 자극했다. 그는 잉카 사원을 장식했던 금의 상당 부분은 태평양 어딘가에 있는 땅에서 가져왔다는 잉카의 전설에 현혹되어 있었다.

멘다나는 1567년 11월 페루의 카야오를 출발해 서쪽으로 태평양을 횡단하면서 금이 대량으로 매장되어 있는 전설 속의 땅을 찾았다. 그는 미지의 남방대륙의 실재를 굳게 믿고 있었다. 그는 1568년 2월 오세아니아 남태평양의 파푸아 뉴기니 동쪽에서 먼 거리에 걸쳐 펼쳐져 이어진 섬들을 발견했다. 그리고 이 섬들에 솔로몬의 광산이 있다고 생각했기에 섬의 이름을 솔로몬 제도라고 명명했다.

그는 솔로몬의 궁정에 있었던 보물들이 페루 서쪽의 섬에서 배로 예루살렘까지 운송되었다고 믿었다. 그리고 이후 발행된 지도에 솔로몬 제도가 표시되기 시작했다. 그렇지만 그가 측정한 좌표의 오류는 경도 25도나 되었다. 멘다나는 이곳이 「누가복음」 11장 31절에서 남쪽나라의 여왕으로 불린 시바의 여왕의 땅인 오빌이라고 생각했다. 그러나 그는 이곳에서 금을 발견하지는 못했다. 귀금속이 나는 전설적인 땅을 찾지는 못했지만 멘다냐는 태평양에 거대하고 부유한 대륙이 존재한다는 확신을 더욱 확고하게 가지게 되었다. 그리고 미지의 남방 대륙을 찾아 식민화하기 위한 새로운 시도를 감행했다. 그는 1568년 페루에 다시 돌아왔을 때, 새로운 항해를 위한 후원자를 찾기 위해 노력했다. 그러나 당시 총독 톨레도(Don Francisco de Toledo)가 호의적인 답변을 내놓지 않자, 국왕 펠리페 2세에게 직접 호소했고, 4년간의 노력 끝에 마침내 황제의 허가를 받았다. 그리고 파나마로 1577년 돌아갔다. 그러나 총독 톨레도는 끝까지 반대했다. 당시 남아메리카 대륙의 행정을 감당하기에도 예산이 부족한 마당에 모험에 지출할 여력이 없다고 생각했기 때문이다. 당시 스페인은 부왕령 제도를 아메리카 식민지에 적용했기 때문에 군사적으로 시급한 명령이 아닌 경우 국왕의 명령을 부왕이나 총독이 따라야 할 의무는 없었다.

이후 새로운 총독 멘도자(Don Garda Hurtado de Mendoza)가 부임했다. 멘다냐는 멘도자의 친구가 되었다. 그리고 총독의 아내와 멘다냐의 아내인 이사벨 바레토(Isabel de Barreto) 역시 절친한 친구가 되었다. 멘다냐와 이사벨은 1586년 결혼해서 부부가 되었다. 이사벨은 모험가의 딸이었다. 그녀의 아버지인 프란시스코 바레토 역시 남쪽 나라에 위치한 시바의 여왕이 솔로몬을 위해 금을 채취한 지역이 현재 짐바브웨 근처인 모노모타파 왕국에 위치한다고 생각했다. 그는 탐사를 하던 중인 1574년 사망했다. 따라서 솔로몬의 금을 찾는 것은 바레토 가문의 가업이었다고 볼 수 있다. 결국 이러한 인연을 활용해서 총독의 승낙을 받았고, 이사벨의 결혼지참금을 종잣돈으로 해서 멘다냐와 이사벨은 1595년 출항했다. 그리고 이 섬에 가고 싶어 하는 귀족 부부가 다수 이 항해에 동승했다. 하지만 이들은 솔로몬 제도를 찾지 못했다. 이들은 마르케사스 제도를 발견한 다음 솔로몬 제도에 속한 넨도 제도에 정착지를 건설했지만, 그곳에서 멘다냐는 사망했다. 멘다냐는 죽기 직전 그의 아내인 이 사벨 바레토를 이 지역의 총독으로 임명했다.[22]

그리고 동행한 이사벨의 두 남자 형제도 여행 중 사망했다. 이사벨은 남편 의 뒤를 이어 제독이 되었으며 두 척의 배로 이루어진 탐사선단을 지휘했다. 결과적으로 이사벨은 세계 최초의 여성 제독이 되었다. 여성 선장에 반대하 는 반란 시도가 있었지만 결연한 각오로 이에 맞서서 모든 반란 시도를 제압 했다. 당시 그녀가 탄 배의 항해사는 후일 바누아투를 발견한 퀴로스(Pedro Hernan de Quiros)였다. 많은 사람들이 항해 도중 말라리아로 죽었고, 마닐라 에 1596년 2월 도착했다. 이사벨이 마닐라에 도착했을 때, 많은 사람들이 이 사벨을 시바의 여왕으로 간주하여 환영했다.[23]

솔로몬의 땅을 찾기 위한 두 번째 항해는 퀴로스가 담당했다. 퀴로스는 왕 실의 도움을 얻어 카야오에서 1605년 출발하는 두 척의 탐사단을 지휘할 수 있었다. 이 탐사단에는 토레스 해협을 발견한 토레스(Luis Vaez de Torres)도 포함되어 있었다. 1606년 바누아투에 도착한 퀴로스는 자신이 미지의 대륙인 테라 오스트랄리스를 발견했다고 주장했고, 이 섬을 '성령의 오스트레일리아 (Austrialia del Espiritu Santo)'라고 명명했다. 오스트레일리아는 여기서 오스 트리아의 합스부르크 황제인 펠리페 3세를 지칭한다. 바누아투에 내려 그는 콜럼버스가 아메리카 대륙을 발견하고 한 의식을 흉내 내어 땅에 무릎을 꿇 고 입을 맞추었고, 이 대륙을 황제에게 헌정했다. 섬인지 대륙인지 전혀 불확 실한 상황에서 그가 한 행동은 선원들과 원주민 모두에게 당황스러운 일이었 다. 하지만 퀴로스는 이곳을 지상낙원으로 생각했다. 퀴로스는 당시의 즐거 운 경험을 기록으로 남겼다. 꽃이 아름답고 먹을 것이 풍부하며, 아름다운 여 인이 많은 나라로서의 이곳의 이미지는 이후 남방 대륙 탐사에 중요한 역할 을 히였다. 유럽인들은 아름다운 해변과 여인을 남방 대륙과 연계시켰다. 퀴 로스는 항해사를 비롯한 선원의 다수를 기사로 임명했다. 항해사 기사, 요리

112

사 기사, 인디언 기사, 흑인 기사, 혼혈 기사 등이 당시의 기사의 명칭으로 사용되었다. 그의 기행에 대해 당시 동행했던 수도사 무닐라(Martin de Munilla)는 강력히 항의했다. 그래서 작위 부여의 내용을 문서화하지는 않았다. 퀴로스는 정복의 표시로 옥수수를 심었다. 그리고 섬의 나머지 지역에 군인들을 파견해 조사하게 했다. 연일 축제는 계속되었다. 군인들이 오렌지 나무로 만든 무거운 십자가를 들고 운반했고, 수도사가 뒤를 따랐다. 뒤를 이어 악대가 음악을 연주했다. 또 원주민 아이에게 유럽인의 옷을 입히고 행렬에 동참하게 했다. 이러한 의식은 이후 유럽 국가들이 새로운 땅을 발견했을 때 되풀이되었다. 원주민들이 자발적으로 유럽인들을 환영했고, 또 유럽의 종교를 받아들였다. 그리고 유럽인들이 방문하기 이전에는 농경 문화가 없었고, 원주민들은 채집 경제로 생활했다는 사실은 이후 유럽의 식민지 건설의 명분이 되었다.[24]

퀴로스는 이 섬이 진정한 남방 대륙인지에 대한 고민 없이 동료인 토레스를 만나기 위해 떠났다. 그러나 토레스를 만나는 것은 실패했다. 토레스는 뉴기니와 오스트레일리아 사이에 위치한 토레스 해협의 존재를 최초로 발견했다. 토레스 해협이란 지명을 부여한 것은 18세기 영국의 탐험가 달림플(Alexander Dalrymple)이었다. 그는 마닐라에서 토레스의 편지를 발견하고 이 해협에 그의 이름을 부여해야 한다고 주장했다. 사실 토레스의 발견은 역사상 가장 위대한 지리학적 발견의 하나라고 할 수 있다. 그러나 토레스는 스페인 왕실에게서 어떠한 보상도 받지 못했다. 단지 영국인의 도움으로 그의 이름만 알려졌다. 대신 퀴로스는 스페인 정부로부터 많은 보상을 받았고, 또 그의 이름은 남방 대륙 탐사에서 빛나는 이름이 되어 그가 황금의 섬을 발견했다는 소문이 유럽 전역에 전파되었다.

멘다나가 발견한 솔로몬 제도는 오르텔리우스의 1589년 「태평양 지도

그림 3-12. 오르텔리우스의 1589년 태평양지도

(Maris Pacifici)」에 표시되어 있다. 커다란 섬이 뉴기니이며 이 섬의 동쪽에 위치한 것이 솔로몬 제도이다(그림 3-12). 이 지도는 최초로 태평양 지도라 말할 수 있다. 지도의 부제는 "일반인들이 남해라 부르는 평화로운 바다와 주변의 땅, 그리고 곳곳에 흩어져 있는 섬들에 대한 새로운 기술"이다. 지도에 그려진 큰 배는 마젤란이 타고 항해했던 빅토리아호이다. 미지의 남방 대륙은 티에라델푸에고에서 뉴기니를 지나, 서쪽으로 이어져 있다.

이 지도에서는 몰루카 제도와 필리핀을 확인할 수 있다. 말루쿠 제도는 1529년의 사라고사(Zaragoza) 조약에서 포르투갈령으로 인정되었다. 대신 포르투갈은 스페인의 카를 5세에게 네덜란드의 신교도 및 오토만 제국과 싸울 자금을 지원했다. 지도에서 일본 위에는 은의 섬(Isla de Plata)이라고 씌여져 있다. 그리고 남쪽의 괌(Restiga de Ladrones)은 도둑의 섬으로 표기되어 있다. 그러나 솔로몬 제도를 멘다나의 항해 기록에 근거하여 그렸는지는 확실하지 않다. 솔로몬 제도의 실제 위치와는 많은 차이가 있기 때문이다.

퀴로스가 발견한 땅은 프랑스의 지리학자 알렝 마네송 말레(Alain Manesson Mallet)가 1683년 저술한 『세계지』에 유럽 전체와 소아시아, 카스피해까지 이르는 길이의 땅이라고 기록되어 있다. 그림 3-13의 지도에서 퀴로스의 땅(TERRE DE QUIR)의 규모를 확인할 수 있다. 지도에서 보면 비록 선을 그리진 않았시만, 거대한 대륙이 존재하는 듯한 느낌을 받는다. 마네송-말레는 퀴로스의 기록에 의해 지도를 그렸지만, 이 거대한 대륙의 존재에 대해서는 의심했기 때문에, 이런 방식으로 의문을 표시했다고 볼 수 있다.

퀴로스는 이 탐사 이후 스페인 정부의 지원을 받지 못했다. 펠리페 3세는 태평양 탐사를 지원하고 싶었지만, 그의 보좌관들은 무제한적인 해양탐사를 막았다. 이들은 스페인의 자원을 우선적으로 대서양에 투자했다. 당시 스페인의 식민 통치 방식은 유럽의 다른 나라들과 달랐다. 스페인은 영국이나 프

그림 3-13. 마네송 말레의 솔로몬 제도 지도
프랑스 파리 국립도서관 소장

랑스가 택한 직접 통치 방식이 아니라 부왕령 설치에 의한 일종의 연방제 방식으로 아메리카를 통치했다. 당시 태평양 탐사는 누에바에스파냐와 페루 부왕령의 관할이었다. 멕시코시티와 리마에 위치한 부왕령은 귀중한 자산인 선박을 태평양에 보내어 탐사하는 것을 비생산적이라고 판단했다.

이렇게 태평양에서 전설의 땅을 찾는 계획은 중단되었다. 그렇지만 예수회의 비토레스(Diego Luis de San Vitores)는 1670년 괌을 거점으로 태평양 선교를 다시 시작해야 한다고 주장했다. 그는 선교의 목적을 달성하기 위해서는 황금의 섬의 존재를 부각시켜야 할 필요가 있다고 생각했다. 왜냐하면 순수한 선교를 위한 탐사대에 정부가 지원하지 않을 것을 알았기 때문이다. 그는 사회적인 분위기를 조성하기 위해 퀴로스의 보고서를 재출간했다. 그의 제안은 잠시 주목은 받았지만, 지원을 얻는 데는 실패했다. 누에바에스파냐 부왕인 만세라(Marques de Mancera) 역시 그의 제안을 검토했지만, 황금의 섬이 존재한다는 증거가 없다고 탐험대를 보내는 것을 거절했다. 보다 맹렬하게 반대한 사람은 도미니크 수도회 소속의 뮈노즈(Friar Ignacio Munoz)로, 국가재정의 부족과 퀴로스의 환상을 되풀이하게 될 것이라는 이유로 반대했다. 뮈노즈는 남방 대륙이 일본에서 솔로몬 제도까지 이어지는 섬에 지나지 않는다고 주장했다.[25]

3. 스페인의 호수, 태평양

17세기 스페인의 태평양 교역 활동을 잘 나타내 주는 지도가 있다. 네덜란드 지도 제작인 얀소니우스(Joannes Janssonius)의 1650년 태평양 해도(그림 3-14)이다. 이 지도는 네덜란드에서 출간된 해도집 『신 아틀라스(Atlas Novus)』에 수록된 것이다. 지도에서 티에라델푸에고에서 북서쪽으로 향하는 긴 열도는 남방 대륙의 일부로 볼 수 있다. 얀소니우스는 지도의 빈 공간에 스페인의 탐사가 헤르난도 갈레고(Hernando Gallego)가 이곳을 1576년 발견했다고 기록했다. 갈레고는 멘다나 함대의 항해사로 1567~1569년 항해에 참여하여 1568년 1월 15일 솔로몬 제도에 속한 이사벨섬(Island of Santa Ysabel)에 상륙했다. 엄밀히 말하면 갈레고가 이 섬을 발견한 것은 아니다. 그리고 1576년도 1568년의 오기로 볼 수 있다. 지도의 서편에 위치한 땅은 하나로 보이지만 실은 분리된 것으로 북쪽은 뉴기니 남부 해안이며, 남쪽은 오스트레일리아의 케이프요크반도이다.

갈레고는 페루와 솔로몬 제도와의 거리를 잘못 측정했다. 그래서 실제 태평양의 너비와는 상당한 차이가 있다. 섬들의 위치 역시 잘못 표시했다. 이 지도에서 'MAR' 위를 지나는 수평의 직선은 북위 16도 선인데 이선을 따라가면 멕시코의 아카풀코가 위치한다. 그리고 서쪽으로 가면 갈레온선의 목적지인 마닐라에 도착한다. 이 지도 위에 필리핀과 멕시코, 그리고 티에라델푸에고와 태평양의 열도를 잇는 삼각형을 그려 보자.

삼각형의 세 변은 마닐라와 아카풀코, 혼곳과 마닐라, 그리고 혼곳과 이카

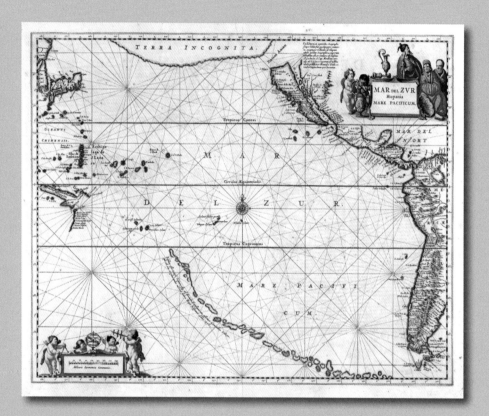

그림 3-14. 얀소니우스의 1650년 태평양 지도
프랑스 국립도서관 소장

풀코 구간에 해당한다. 그리고 이 선들은 경우에 따라 보다 북쪽으로 확장이 가능하다. 그렇지만 이 삼각형 중 가장 희미한 선이 티에라델푸에고에서 마닐라를 잇는 선이다.[26]

당시의 태평양에서 발생했던 서구 국가와 아시아 국가의 인적·물적교류는 '스페인의 호수' 개념을 도입하여 설명이 가능하다.[27] 마닐라 갈레온 항해를 가능하게 한 것은 안드레 드 우르다네타(Andres de Urdaneta)의 성공적인 1565년의 북태평양 항해이다. 1564년에 우르다네타가 필리핀에서 아메리카로 돌아오는 항로를 발견한 이후, 필리핀과 누에바에스파냐(Nueva España) 간에 정기적인 교역이 시작되었다. 이로써 아카풀코는 아시아와 아메리카를 잇는 항구가 되었다. 그리고 1811년에 마닐라에서 아카풀코로 떠난 마젤란호가 1815년 마닐라로 귀향하면서 국왕 페르디난도 7세는 아카풀코 갈레온 무역의 폐지를 공식적으로 선언하였다. 따라서 1564년부터 1815년까지 태평양은 스페인의 호수로 간주될 수 있다.

스페인의 호수의 시기별 특성에 대해 학자들의 의견은 다르지만, 대체로 다음과 같은 네 개의 시기로 구분한다.[28]

첫 번째 시기는 1571년에서 1662년까지의 시기이다. 태평양을 스페인의 호수로 250년간 지탱한 것은 마닐라 갈레온선이다. 스페인은 마닐라를 1571년 점령했다. 스페인의 의도는 새로운 해양 공간을 폐쇄해로 선포하는 것이었다. 스페인이 1571년 마닐라를 차지하기 이전에도 포르투갈은 이미 동남아시아에 거대한 해상 제국을 건설했다. 1574년 6월 21일 펠리페 2세는 루손섬에 '카스티야의 새로운 왕국'이라는 명칭을 부여했다. 그리고 마닐라에는 '뛰어나고 충성된 도시'라는 명칭을 주었다. 그리고 행정 관청을 마닐라에 설치했다. 지리적인 관점에서 마닐라는 매우 뛰어난 입지 조건을 가지고 있다. 중국과 일본, 향료 제도, 페르시아, 인도, 실론 등 스페인의 새로운 식민지들을 잇는 중간 지점에 있었기 때문이다. 중국의 비단은 갈레온선을 통해 아카풀코로 유입되었다. 1580년 스페인의 펠리페 2세가 포르투갈의 왕을 겸하면서부터 이후 60년은 아프리카, 아시아, 아메리카를 잇는 세계의 모든 바다가 스페인의 호수라고 부를 수 있다. 스페인은 말루쿠 제도와 타이완을 1626년 정복했다. 그리고 일본의 도쿠가와 막부와도 비록 10년에 지나지 않는 짧은 기간이지만 1610년에서 1620년까지 교역활동을 했다. 이 시기 스페인의 호수의 면적은 최대에 달했다.

1640년 포르투갈과 스페인의 왕가가 분리되면서 스페인의 호수는 점차 쇠퇴의 길을 걸었다. 스페인은 이미 무역과 선교의 권리를 일본에서 상실했고, 1642년 네덜란드 동인도 회사와의 경쟁에서 타이완을 포기했다. 그리고 아프리카 서부 지역, 중동, 인도, 말라카의 포르투갈 해상 기지를 더 이상 사용할 수 없게 되었다. 더구나 1661년 네덜란드를 타이완에서 몰아낸 정성공(鄭成功)은 마닐라 공격까지 구상했다. 다행히 정성공이 1662년 급작스럽게 사망했기 때문에 필리핀은 일단 안전해졌다.

이 시기의 스페인의 호수 모습은 스페인의 우주 지학자인 후안 로페즈 드 벨라스코(Juan Lopez de Velasco)의 『동인도 제도지(Descripcion de las Yndias Orientales, 1575)』에 수록된 내용을 통해 살펴볼 수 있다. 책 제목과 달리 여기서의 동인도는 서인도와 동인도 제도를 모두 포함한다. 이 책은 1622년 안토니오 드 헤레라 토르데실리아스(Antonio de Herrera y Tordesillas)에 의해 다시 출간되었다. 벨라스코는 동인도 지역을 세 개의 인도로 구분했다. 인도 북부(Indias del Norte, 북아메리카와 현재의 베네수엘라), 인도 남부(Indias del Medio-dia, 남아메리카), 그리고 인도 서부(Indias del Poniente, 태평양 분지와 정복을 기다리는 아시아)로 구분했다. 벨라스코가 스페인의 호수에 대해 가진 비전은 태평양과 아메리카, 마리아나 제도, 필리핀을 잇는 갇힌 바다를 만드는 것이었

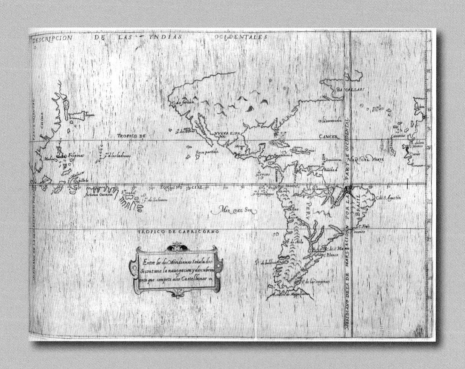

그림 3-15. 안토니오 드 헤레라가 1622년 재출간한 벨라스코의 1575년 서인도 지도
미국 의회 도서관 소장

다.[29] 그렇지만 그의 「서인도 지도(Descripcion de las Yndias Ocidentales)」에는 일부 섬을 제외한 나머지 열도들이 전혀 표시되어 있지 않았다. 마젤란 해협 남쪽에서 태평양으로 연결되는 새로운 항로 역시 이 지도에서 발견할 수 없다. 또한 벨라스코가 이 지도를 제작한 1570년대의 다른 지도들과는 달리 남방 대륙은 지도상에 아예 표시되지도 않았다(그림 3-15). 아마도 스페인은 남방 대륙에 전혀 관심이 없었을 확률이 높다. 가지고 있는 식민지가 너무 많아서 더 이상의 식민지가 필요하지 않았기 때문에, 확실하지 않은 것을 지도에 그릴 필요가 없었을 것이다. 그리고 헤레라는 남방 대륙의 존재에 대해 회의적이었기 때문에 벨라스코의 지도를 수정하지 않고 그대로 재간행했을 수도 있다.[30]

스페인 학자들은 태평양 연안의 남아메리카를 수비하는 것 자체가 어렵다고 판단했다. 페루 부근의 태평양 연안에는 강한 훔볼트 해류가 흐르고, 또 남쪽에서 바람이 불기 때문에 남쪽에서 북쪽으로의 이동은 쉬웠지만 역방향으로의 이동은 매우 어려웠다. 예를 들어 혼곳에서 파나마 지협까지는 이상적인 조건하에서 항해하는 데 6주가 걸렸으나, 반대 방향으로 항해하기 위해서는 7개월이나 소요되었다. 이런 환경은 스페인의 남아메리카 방어를 어렵게 했다.[31] 그리고 드레이크의 공격(1577~1580)은 스페인으로 하여금 태평양 연안의 방어를 강화하도록 했다. 1580년 스페인은 태평양 연안을 정기적으로 순찰하는 함대인 '남해의 아르마다(Armada del Mar del Sur)'를 창설했다.

두 번째 시기는 스페인의 호수가 안정적으로 유지된 1662년에서 1762년까지의 시기이다. 당시는 네덜란드, 영국, 프랑스가 각각 말레이반도에서 무역 거점을 확보하기 위해 경쟁하던 시기였다. 이 지역에서 포르투갈은 힘을 상실했고, 스페인의 영향력은 마닐라에 제한되었다.

이 시기가 매우 안정적이었던 것은 '남해의 아르마다' 함대가 태평양 연안

수비 과업을 성공적으로 수행했기 때문이다. 스페인 해군은 베네수엘라와 콜롬비아를 제외한 남아메리카의 모든 사업을 통제해서 카야오에서 파나마의 포르토벨로(Portobelo)까지 이동시켰다. 카야오에는 내륙의 재화, 특히 포토시의 은이 집결했다. 그리고 포르토벨로는 16세기부터 18세기까지는 스페인이 아메리카 대륙에 세웠던 식민지인 누에바그라나다 부왕령의 은을 수출하는 항구로 이용되었다. 해군은 유럽에서 수입한 물자를 싣고 카야오로 돌아갔다.

태평양에 미지의 거대한 대륙이 있다고 생각한 영국과 프랑스의 학자들과는 달리, 스페인의 학자들은 스페인의 호수를 지키는 것에 만족했다. 그리고 남방 대륙의 존재에 대해서는 관심을 가지지 않았다.

스페인의 호수의 세 번째 시기(1762~1815)는 유럽 경쟁국들의 태평양 항해로 시작되었다. 영국, 프랑스, 러시아, 미국의 18세기 태평양 진출은 더 이상 스페인으로 하여금 태평양을 자신들의 내해로 간주하기 어렵게 만들었다. 그리고 먼저 발견한 국가가 그 땅을 차지한다는 주장이 더 이상 통용되기 어렵다는 것을 인식하게 만들었다. 영국의 마닐라 점령(1762~1764)은 더 이상 스페인의 호수가 존재할 기반이 없어졌음을 의미했다.

마닐라가 스페인에 1764년 다시 귀속된 이후에도, 스페인의 호수는 다시 작동하지 않았다. 그 빈자리를 영국과 프랑스가 메웠다. 1764년부터 영국의 제임스 쿡과 프랑스의 부갱빌을 포함한 많은 배들이 태평양을 탐사했다. 스페인은 이를 위협으로 인지하고 샌프란시스코, 몬테레이, 그리고 샌디에이고를 항구로 개발했다. 그리고 알래스카 탐사를 통해 영국과 러시아의 진출을 방해했다. 7년 전쟁(1756~1763) 직후, 스페인은 아메리카 식민지에서 자신들이 정치적 그리고 경제적인 특권을 가지고 있음을 영국에 주장했다. 그리고 1767년 샌디에이고 등의 새로운 도시를 보호하는 책임을 맡을 해군성을 산블라스(멕시코)에 설치했다. 그러면서 유럽의 경쟁국들이 북아메리카의 자신들의 영토를 공격하고 또 스페인의 무역시스템을 약화시킬 수도 있는 개연성에 더 신경을 쓰면서 불안해했다.[32] 새로 집권한 부르봉왕가는 영국의 공격에 대한 대비책으로 마닐라와 마드리드의 연계를 강화했다. 그렇지만 아메리카 대륙의 부왕령들과 마닐라 간의 연계는 오히려 약해지고 말았다. 1785년 스페인은 왕립 필리핀 회사(Royal Philippine Company)를 설립해서 이베리아반도에서 희망봉을 돌아 마닐라로 물자를 보냈다. 그리고 기존의 스페인의 호수는 점차 다른 방식으로 작동하게 되었다.

스페인의 호수의 마지막 시기(1815~1898)는 나폴레옹의 이베리아 침공에서 비롯되었다. 마닐라 갈레온은 1815년 중단되었다. 그리고 1821년 멕시코가 스페인에서 독립했다. 1823년 스페인의 페르난도 7세는 동맹국들의 지원으로 다시 절대주의 왕정을 수립했고, 다시 아메리카 대륙에서의 영향력을 강화하고 싶었으나 미국과 영국의 반대에 부딪혔다. 미국은 1823년 12월 의회에서 먼로 독트린을 천명했다. 먼로 독트린은 독립 직후의 라틴아메리카 여러 나라들에게 대한 서구 열강의 비식민화 원칙을 선언했다. 그리고 영국은 1825년에 신생국들의 독립을 승인했다. 스페인은 쿠바와 푸에르토리코를 지배히면시 계속 신생국들의 독립을 승인하지 않았지만, 결국 1898년 쿠바와 마닐라를 미국에게 빼앗겨 스페인의 호수는 사실상 사라지고 말았다.

태평양은 광활하지만 스페인의 태평양은 마닐라 갈레온선이 연결하는 점으로 제한되었다. 스페인의 호수는 문자적 의미로는 마닐라에서 아카풀코까지의 항로가 이어주는 선이었지만, 이를 통해 사람들과 물자가 이동했다. 마닐라와 세부에 도착하는 모든 스페인의 배는 멕시코, 중국, 그리고 일본과의 관계를 강화하는 역할을 했다. 동남아시아와 인도의 제품도 교역에 포함되었다. 그리고 멕시코시티의 성당은 마카오에서 가져온 조각물들로 장식되었다. 그러나 그것뿐이었다. 이것은 점으로 연결될 수밖에 없는 너무나 광활한 바다인 태평양의 지리적 제약 때문이다.

일례로 영국 해군 제독 조지 앤슨(George Anson)은 1740년 스페인 함선을 공격하기 위해 6척의 함선과 1,939명의 선원으로 태평양으로 출항했다. 그는 스페인과 제대로 된 전투를 한번도 하지 못하고 단 한 척의 배와 145명의 선원만 데리고 영국으로 귀환했다. 태평양을 항해하는 데 많은 시간이 소요되었고, 폭풍이나 질병 등에 노출될 기회가 그만큼 많았기 때문이었다.[33]

반면에 남아메리카에서 식민지를 경영하고 있던 스페인의 경우는 영국보다 훨씬 유리한 태평양에 대한 접근성을 가지고 있었다. 그런 면에서 스페인이 남방 대륙 탐사에 적극적으로 나서지 않은 것은 의문이다. 그러나 스페인이 태평양 정책에서 보여 준 정세에 대한 느린 반응에 관련해 과연 잘못된 판단일 것인가에 대해서는 생각해 볼 여지가 있다. 지구의 역사에 관한 혁명적인 저서 『지중해』를 쓴 역사학자 페르낭 브로델은 펠리페 2세의 지중해 정책 실패를 당시 스페인의 재정 고갈 상태와 지중해라는 거대한 공간에 걸친 제국 내 소통 문제와 관련지어 고려할 것을 주장했다. 그런데 태평양은 지중해와 비교가 불가능한 큰 바다이다. 따라서 1년에 한두 번 출항하는 마닐라 갈레온선이 태평양을 스페인의 호수로 만드는 것은 애당초 불가능했다고 볼 수 있다.

영국은 남방 대륙 탐사 과정에서 오스트레일리아와 뉴질랜드를 식민지화했다. 그리고 남태평양 남쪽부터 시작하여 점차 영국의 호수를 만들어 가기 시작했다. 그러나 태평양을 어느 나라의 호수로 간주하는 것이 과연 타당한가는 의문이다. 많은 민족이 각각의 문화를 유지하면서 살아가는 넓은 바다를 지중해와 같은 작은 바다로 간주하는 것은 스케일의 문제가 있다. 더욱이 각각 민족들의 연결성은 거의 없다고 볼 수 있다. 폴리네시아와 오스트레일리아, 그리고 한국과 일본, 중국은 지중해와 같은 상호 연결성을 갖고 있지 않다. 세계에서 가장 넓은 바다를 호수로 간주하는 것 자체가 지리학적 사고는 아닌 것이다.

4. 18세기 탐사선이 그린 지도와 그림으로 본 제국

스페인은 18세기 전반부에는 남방 대륙 탐사의 필요성을 느끼지 못했다. 남방 대륙의 존재에 대해서 회의적이었기 때문이다. 그리고 태평양 연안을 지도로 그리고자 하는 노력도 하지 않았다. 단지 아메리카 대륙의 지배를 공고화하기 위해 내륙의 지도 제작에만 몰두했다. 당시 스페인의 지도 제작 기술은 프랑스나 영국, 네덜란드에 비해서 비교가 안 될 정도로 낙후된 상태였다. 17세기 네덜란드가 독립하면서, 스페인은 지도 제작 기술을 거의 상실했기 때문이다. 심지어 18세기에는 자기 나라 지도조차도 네덜란드나 프랑스에서 수입할 수밖에 없었다. 스페인은 기본적으로 지도 제작의 근간이 되는 경도 측량 기술이 낙후되어 정확한 지도를 제작할 수 없었기 때문이다.

1750년대부터 스페인 정부는 정부 관리들과 민간 지도 제작자를 프랑스에 보내어 지도 제작 기술을 배우게 했다. 이들 중 토마스 로페즈(Tomás López de Vargas Manchuca)와 후안 드 라 크루즈(Juan de la Cruz Cano y Olmedilla)는 파리에 위치한 프랑스 왕실의 지도 제작자인 당빌(Jean Baptiste Bourguignon d'Anville)의 연구실에서 지도 제작 기술을 전수받았다. 당빌은 울릉도와 독도가 조선의 영토로 그려진 「조선왕국도(Royaume de Corée)」의 저자로 유명하다.

프랑스에서 배운 지도 제작 기술을 활용해서 로페즈는 1758년 아메리카 지도를 출긴했다. 그러나 스페인 당국은 아메리카 정보가 외국으로 누출되는 것을 우려해 판매를 막았다. 이 사건을 통해서 로페즈는 정치가 과학보다 우선한다는 것을 뼈저리게 느끼면서 지도 제작이 위험한 사업이라는 것을 인지했다.

스페인의 재상 그리말디(Grimaldi)는 1766년 로페즈와 크루즈로 하여금 남태평양 서안의 지도를 제작하도록 시시했고, 『태평양 지도집(Oceano Asiatico Mar del Sur)』이 1771년 출간되었다. 그러나 지도의 정보량이 적은 것을 알고 그리말디는 보다 정확한 아메리카 지도 제작을 권유했다. 그러나 로페즈는 지도를 만들더라도 실제로 대금을 받기가 어려울 것이라고 판단하고 이 일을 고사했다. 이와 달리 크루즈는 최선을 다해 남아메리카 지도를 제작해서 1775년 국왕 카를로스 3세에게 선보였다. 그러나 1776년 포르투갈과 스페인의 국경 분쟁이 남아메리카에서 발생하자, 크루즈의 지도가 포르투갈을 유리하게 할 수 있다고 생각한 정부는 이 지도의 판매를 금지시키고 이미 팔린 것도 회수하도록 했다. 결국 크루즈는 파산했고, 1789년 7명의 자녀를 남기고 비통하게 사망하고 말았다.

7년 전쟁(1756~1763)으로 영국은 유럽의 강대국이 되었다. 전쟁 발발 직후 스페인 왕실 우주지학자 후안 웬링건(Juan Wendlingen)은 마닐라 갈레온선에 대한 영국의 공격을 막기 위해서는 혼곶을 돌아 필리핀으로 가는 항로를 제안했다. 그리고 이 항로는 기존의 항로보다 훨씬 길기 때문에 중간 기착지로 태평양의 섬들을 이용해야 한다고 주장했다. 그의 제안은 스페인의 해군과학자인 호르헤 후안(Jorge Juan)에게 전달되었다. 그러나 후안은 영국의 공격에는 분개했지만, 자신이 이미 태평양을 여러 번 항해해 보았기 때문에 항로를 개척하기 위해 발견할 섬이 더 이상 존재하지 않는 것을 알았다. 그래서 새로운 항로 개발 계획은 실현되지 않았다. 그러나 아메리카 대륙과 마닐라를 잇는 새로운 항로 개척의 필요성에 대해서는 많은 사람들이 공감하고 있었다.

그리고 또 하나의 문제는 자신들의 호수라고 생각하던 태평양에 영국과 프랑스의 탐사선들이 드나들기 시작한 것이다. 그리고 이전과 같이 막연히 먼저 발견했으니까 영유권을 주장하는 방식은 더 이상 국제 사회에서 통용되지 않게 되었다. 새롭게 태평양에 진출한 영국과 프랑스는 새로운 논리로 스페인의 영유권 주장에 도전했다. 스페인은 탐사선을 보내어 영국과 프랑스의 남태평양 탐사를 견제하기로 했다. 그리고 북태평양에서는 러시아가 북아메리카 대륙 북동쪽으로 진출해 옴에 따라 스페인은 북태평양에도 탐사선을 보내기로 했다.

첫 번째 탐사는 항해가이며 지도 제작자인 돈 펠리페 곤잘레스(Don Felipe González de Ahedo)가 지휘했는데 두 척의 배로 페루의 카야오에서 출발하여 1770년 이스터섬에 도착했다. 이스터섬은 네덜란드의 야콥 로허페인(Jacob Roggeveen)이 1722년 부활절 발견한 섬이었다. 곤잘레스는 스페인 국왕 카를로스 3세의 이름으로 이 섬을 스페인의 영토로 선포했으며, 해안을 조사해서 지도로 그렸다. 그리고 세 개의 나무 십자가를 섬의 동쪽에 있는 포이케(Poike) 분화구 근처에 세웠다. 스페인인들은 거대한 석상에 놀랐다. 4년 후인 1774년 제임스 쿡이 이 섬을 다시 방문했을 때 쿡은 이 석상들이 이전의 추장들을 기념하기 위한 것이라는 것을 알아냈다.[34]

스페인은 타히티섬 역시 조사했다. 영국은 사무엘 왈리스가 1767년, 그리고 제임스 쿡이 1768년 타히티를 방문했다. 영국이 타히티를 발견했다는 소식을 들었을 때, 스페인은 호르헤 후안 이 산타씰리아(Jorge Juan y Santacilia)로 하여금 이를 조사하도록 했다. 스페인 정부는 호르헤 후안을 영국에 파견해서 정보를 수집했다. 후안은 영국의 과학 기술이 엄청나게 발달했음을 확인했다. 1735년 존 해리슨(John Harrison)이 개발한 크로노미터(chronometer) 덕분에 영국은 바다에서 경도를 정확하게 측정할 수 있었다. 경도는 두 지역의 시차를 이용해서 측정하는데, 동일한 시점에 기준이 되는 지역의 시간과 현지 지역의 시간 차이를 이용한다. 예를 들어 태양이 남중하는 시간을 바다에서 측정한다고 가정하자. 계절에 따른 차이는 있지만, 대체적으로 태양은 12시에 남중한다. 그런데 런던을 기준으로 시각을 설정한 시계가 오후 2시를 가리키면 이 지역은 런던보다 2시간 빠른 것이 된다. 따라서 경도 360도가 24시간에 해당한다는 것을 고려할 때 이 지역은 동경 30도가 된다. 당시 육지에서는 시간을 쉽게 측정할 수 있었지만, 바다에서는 배가 흔들리기 때문에 시계의 정확도가 떨어졌다. 따라서 경도 측정이 부정확했다. 그렇지만 존 해리슨이 이 문제를 해결했고, 그의 시계가 단순히 시계라고 부르기에는 세계사에 너무나 큰 영향을 미쳤기 때문에 크로노미터라 부르는 것이다. 현재는 크로노미터 검정위원회의 인정을 받은 시계만 크로노미터로 부른다.

호르헤 후안은 스페인이 아메리카를 지키기 위해서는 해도가 필요하다고 주장했다. 그리고 영국이 타히티에서 페루를 공격하는 것은 역풍과 역해류 때문에 불가능하기 때문에 타히티에 영국인 기지는 존재하지 않을 것이라고 보고했다.

당시의 페루 부왕은 1772년 도밍고 보네체아(Domingo Boenechea)를 타히티에 보내 영국이 이곳에 정착할 가능성과 영국이 찾고 있는 남방 대륙의 존재 가능성을 조사하도록 했다. 보네체아의 보고서는 후안 데 랑가라(Juan de Langara y Huarte)에 의해 작성되었는데, 그는 필리핀을 여러 번 항해한 경험이 있었다. 그는 미지의 남방 대륙은 없다고 결론지었다.[35] 1774년 페루 부왕은 선교사와 함께 두 척의 배를 타히티에 보냈다. 이번에는 선교 목적이 강했다. 그러나 선교사들은 현지에 적응하지 못하고, 몇 달 만에 돌아오고야 말았다. 이후 후임 부왕들은 태평양에 관심을 기울이지 않고 아메리카 내륙 방어에만 치중했다.[36]

그런데 마닐라 갈레온의 안전이 문제가 되었다. 제임스 쿡의 항해로 인해 영국은 태평양의 항로를 보다 정확하게 파악했을 것이고, 이제 영국은 스페인을 본격적으로 공격할 것이 예상되었다. 마닐라 갈레온선의 안전을 보장하기 위해서는 몇 가지 대책을 수립해야 했다. 영국의 공격을 피하기 위해서 대안항로를 모색했는데, 멕시코가 아닌 남아메리카에서 직접 필리핀으로 가는 방식과 스페인에서 직접 필리핀으로 항해하는 방안을 고려했다. 1762년 영국 동인도 회사가 마닐라를 정복한 후 1764년에 철수한 쓰라린 경험이 있었기 때문에, 스페인은 대안항로 개발에 적극적이었다. 1779년 스페인이 7년 전쟁 때 영국에게 빼앗긴 영토를 되찾고자 미국독립전쟁에서 프랑스 편에 가담하게 되자, 영국이 다시 필리핀을 점령할 수도 있다는 두려움에 빠져들게 되었다. 필리핀의 상인들 역시 새로운 항로의 필요성과 항구의 필요성을 제기했다. 한 가지 방안으로 1779년 우주지학자인 뮈노즈(Juan Bautista Munoz)가 스페인에서 출발하여, 혼곶을 돌아 태평양의 섬들을 거쳐 마닐라로 가는 항로를 제안했다. 그러나 태평양의 섬을 중간 기착지로 사용하고자 하는 그의 제안은 받아들여지지 않았다.[37]

당시의 스페인 국왕 카를로스 3세(재위 1759~1788년)는 계몽군주로 경제적으로 국내 상업을 활성화시키고 수출 산업을 육성하려고 노력했다. 그리고 영국을 견제하기 위해 프랑스와 동맹을 맺었고, 북아메리카에서는 미국의 독립을 위해 자금과 무기를 지원했다. 따라서 영국의 공격은 충분히 예상 가능했다.

태평양을 항해한 경험이 가장 많은 스페인은 이미 태평양에 남방 대륙이 없다는 것을 확신하고 있었다. 그렇지만 영국과 프랑스의 탐사대가 태평양을 탐사하고 있는 시기에 가만히 있을 수는 없었다. 특히 영국의 시드니 점령은 이후 남아메리카의 스페인 식민지 공격의 거점이 될 것으로 충분히 예상되었다. 1788년 9월 해군장교 프린시스코 뮈노즈(Francisco Muñoz Y Sanclemente)는, 영국이 북아네리카를 상실했지만 제임스 쿡 덕분에 그에 필적할 만한 새로운 아메리카인 뉴사우스웨일스를 새롭게 얻었고, 이는 필리핀과 남아메리카에 가깝게 위치하기 때문에 스페인에 큰 위협이 될 것이라는 보고서를 올렸다.[38] 이러한 자극이 태평양의 탐사를 가능하게 했다.

국왕 카를로스 3세는 알레얀드로 말라스피나(Alejandro Malaspina)로 하여금 태평양을 배로 일주하도록 했다. 이탈리아 출신으로 스페인 해군이 된 말라스피나의 태평양 탐사(1789~1794)는 스페인의 18세기 탐사의 백미이다. 그리고 하와이에서 살해당한 제임스 쿡의 항해와 태평양에서 사라져 버린 라페루즈 탐사대와 같은 비극적인 서사는 없었다. 태평양으로 진출하는 영국과 프랑스, 그리고 러시아에 대항하는 의미만 가질 따름이다.

말라스피나는 프랑스나 영국과 동일한 방식으로 태평양을 탐사할 의도가 없었다. 스페인은 남방 대륙의 존재를 부정했고, 이를 다시 찾기 위한 노력을 할 필요는 없다고 생각했다. 그래서 더 이상 금과 은의 섬이나 전설의 남방 대륙은 더 이상 찾지 않기로 했다. 대신 말라스피나는 외세로부터 스페인의 식민지를 안전하게 지키기 위해 수로 조사와 해도를 제작하기로 했다. 조사 대상 지역은 아메리카의 태평양 연안 지역과 필리핀과 마리아나 제도였다. 이것은 마닐라 갈레온을 통한 아메리카와 아시아를 연결하는 선이 단절되는 것을 원치 않는 바람이기도 했다.

제임스 쿡이 남방 대륙이 존재하지 않는다고 결론을 내린 이상, 이를 찾아나서는 것은 의미가 없었다. 이제 전설에 근거해 새로운 땅을 찾아나서는 이전의 항해 패러다임은 국가적 차원에서 더 이상 적용되지 않았다. 대신 항해 계획서를 사전에 상세히 작성하고, 과학자료 수집과 분석을 위해 여러 분야의 과학자들이 승선하는 시대로 변했다. 즉 배가 움직이는 연구실이 된 것이다. 당시는 계몽주의와 제국주의가 결합된 시대로 지식이 권력이라는 의식이 팽배해 있었다. 항해는 과학 기술을 발전시킬 중요한 수단이었다. 그리고 과학 기술은 제국의 팽창과 유지를 가능하게 하는 도구이기도 했다.

말라스피나는 1789년 출발했다. 탐사 준비 과정에서 스페인은 영국과 프랑스를 비롯한 많은 나라의 조언을 받았다. 비록 탐사의 주목적은 아니지만, 명목적인 목적은 과학 탐사이므로 다른 나라의 장비를 구입하고, 또 기술적 조언을 받는 것은 합리적인 선택이었다. 그는 런던과학원과 파리과학원 등을 방문해 조언을 들었다. 그렇지만 실제 탐사 목적은 말하지 않았다. 일례로 그는 영국의 과학자 조셉 뱅크스(Joseph Banks)에게 보낸 편지에서 과학 발전을 위한 자료 수집과 원주민의 언어 연구가 주된 탐사 목적이며, 더 이상의 발견은 기존의 탐사에 대한 모독이 될 것이라고 기록하기도 했다.[39] 그리고 파리와 런던에서 관측 도구를 구입했다. 그런데 그는 탐사대에 지도 제작자들을 많이 참여시켰다. 탐사의 주목적이 아메리카의 해도를 작성해서 아메리카를 보호하고, 그리고 필리핀으로 가는 항로를 유지하기 위한 수단을 찾는 것이었기 때문이었다.

말라스피나는 두 척의 배로 항해했는데, 배의 이름은 아트레비다(Atrevida)와 데스쿠비에르타(Descubierta)이며 이는 스페인어로 각각 '용기'와 '발견'의 의미를 갖는다. 그런데 제임스 쿡이 3차 항해 시 사용한 선박명이 각각 'Resolution'과 'Discovery'이다. 따라서 동일한 의미의 선박명을 사용한 것으로 미루어 말라스피나의 탐사가 제임스 쿡의 탐사에 경의를 표하거나 아니면 그에 대항하는 의미임을 알 수 있다.

그가 항해를 시작한 1789년은 프랑스 혁명이 발발한 해이기도 하지만, 유럽의 다른 나라들이 스페인과는 비교도 안 되게 해군력이 성장하던 시기였다. 그는 스페인이 이들 국가로부터 아메리카를 지키기 위해서는 16세기의 정복자 모형에서 탈피해야 된다고 주장했다. 말라스피나는 스페인의 부르봉 왕가와 아메리카의 부왕령에게 모두 유용한 개혁 모형을 제안했다. 그는 중앙집권은 비생산적이기 때문에, 크레올과 인디오의 통합은 물론 스페인과 식민지 모두에게 유용한 사회간접자본의 확충을 주장했다. 아메리카의 북서 해안에 러시아의 정착지 그리고 오스트레일리아에 영국의 정착지가 건립되는 것을 보고, 이제 태평양이 더 이상 안전하지 않다는 것을 인식했다. 그래서 그는 새로운 땅을 탐사하는 것보다는 아메리카 방어를 위한 해안 방어선 구축을 위한 자료 수집에 몰두했다. 그는 영국이나 프랑스의 탐사대와 달리 반 이상의 시간을 육지에서 보냈다.

말라스피나 함대는 남아메리카를 거쳐 북아메리카로 올라갔다. 그리고 북아메리카 연안을 따라 멕시코의 아카풀코까지 내려온 다음 마닐라, 뉴질랜드, 보터니만, 통가를 거쳐 카디즈로 돌아갔다. 그런데 보터니만과 뉴질랜드에는 영국이 정착한 상태였다.

더불어 스페인의 호수를 더 이상 유지하지 못하게 하는 결정적인 사건이 또 하나 발생하게 되었다. 밴쿠버에서 하와이를 찾아 나섰는데 하와이를 찾는 데 실패한 것이다. 하와이는 이미 제임스 쿡이 영국령으로 선포한 상태였지만, 스페인은 1555년 후안 가이탄(Juan Gaytan, 또는 Juan Gaetano)이 하와이를 발견했다고 주장해 왔다. 그림 3-12의 오르텔리우스의 「태평양 지도」에서 북회귀선 위쪽에 위치한 태평양의 섬 'Los Bolcanes'와 'La Farsana'가 이 섬에 해당한다.

결국 말라스피나는 1792년 하와이를 방문하려 했으나, 하와이를 찾는 항해는 실패하고 말았다. 그가 하와이에 도착하지 못한 것에 대해서는 몇 가지 설명이 가능하다. 첫 번째는 당시 스페인 지도에는 실제 하와이보다 경도 10도 정도 동쪽에 이 섬이 표시되어 있었는데 이로 인해 찾지 못했다는 것이다. 그러나 실제로 정확하게 위치를 알고 있었다는 반증도 있다. 말라스피나가 16세기 지도를 의존했을 리는 없다는 것이다. 두 번째는 하와이로 항해하지 말라는 정부의 항로 변경 지침이 있었다는 것이다. 그 원인이 무엇이든 간에 말라스피나는 하와이에 가지 않았고, 이로 인해 하와이를 스페인의 영토로 주장할 근거를 아예 상실하고 만 것이 스페인의 호수를 축소하는 데 결정적인

영향을 미친 것은 사실이다.[40]

   그리고 말라스피나는 16세기 스페인 탐사자들과 마찬가지로 남태평양을 방문했는데, 무작정 스페인령으로 선포하는 대신에 과학조사를 수행했다. 과학자들은 동식물을 관찰하고 원주민의 생활양식을 조사했다. 그리고 16세기 탐사자들과 마찬가지로 바바우 제도에서는 유토피아를 경험했다.

   1793년 5월 21일, 스페인 방문자들은 원주민들과 함께 카바를 마시는 의식에 참여했다. 원주민들은 이들에게 전투군무를 선보였다. 그리고 말라스피나는 진정으로 감사한 마음을 표시했다. 여인이 카바 뿌리를 씹어서 즙을 내어 주는 것을 혐오했지만, 선원들은 기꺼이 받아 마셨다. 맛있는 음식과 아름다운 여자들 때문에 이들은 진정으로 행복감을 느꼈다. 다음 날인 5월 22일, 새로운 축제가 열렸는데, 젊은 여성들로 이루어진 합창단이 노래를 불렀다. 스페인들은 원주민들에게 선물을 주었다.

   진정한 낙원에 왔다고 선원들은 생각했다. 당시 탐사에 동행한 화가 라베네(Juan Ravenet)와 바우자(Felipe Bauza)는 원주민의 초상을 그렸다. 이들의 그림을 보면 당시 원주민들에 대한 스페인인들의 인식을 짐작할 수 있다. 아름다운 원주민의 모습이 그림에 녹아 있기 때문이다. 과학 탐사가 목적인 항해자들은 역설적으로 자연 그대로의 세계에서 유토피아를 경험했다. 그동안 유토피아 소설에 종종 등장하는 현실을 망각하는 약에 의존하지도 않았다.[41]

   아름다운 시간을 남태평양에서 보낸 말라스티나는 스페인의 카디스에 1794년 9월 21일 도착했다. 이후 그는 스페인 정부가 식민지를 해방시키고, 국제 무역에 의존한 연방제를 실시해야 한다고 주장했다. 그러나 1795년 11월 말라스피나는 당시의 실권자인 재상 마뉴엘 고도이(Manuel Godoy)에 의해 체포되고 말았다. 그는 고도이 제거를 목적으로 하는 정치적 사건에 연루되어 10년형을 선고받았다. 당시 국왕 카를로스 4세(재위 1788~1808년)는 왕비

마리아 루이사와 그녀의 정부인 고도이에게 정치를 맡기고 시계 수리 등의 취미 활동에만 몰두했다. 그러나 그는 1799년 프러시아의 지리학자 알렉산더 훔볼트(Alexander von Humboldt)가 자유롭게 스페인령 남아메리카를 탐사하는 것을 허용한 계몽군주이기도 했다. 정치에 관심이 없던 그는 프랑스 혁명으로 사촌 루이 16세가 처형되자 뒤늦게 프랑스에 반발했고, 프랑스는 스페인에 대해 선전포고를 했다. 그러나 프랑스와의 전쟁에서 패했고, 이후 프랑스의 요구에 의해 영국과의 전쟁에 참전할 수밖에 없었다. 그리고 1805년 트라팔카 해전에서 프랑스와 스페인 연합군은 영국에게 대패했다. 이 모든 실패의 근원에는 고도이가 있었다. 그로 인해 스페인은 전쟁에서도 패배하고 국가 재정 역시 파탄 상태에 이르렀다. 말라스피나는 이탈리아 정치인을 통해 나폴레옹에게 도움을 청했고, 나폴레옹은 스페인 정부에 그의 석방을 요청했다. 결국 그는 1795년 석방되어 이탈리아로 돌아갔다. 그리고 카를로스 4세는 나폴레옹에 의해 1808년 폐위되었고, 말라스피나는 1809년까지 생존해서 스페인의 몰락을 지켜보았다.

말라스피나 탐사대에는 여러 나라 출신의 과학자들이 참여했다. 식물학 분야의 과학자가 많았는데 스페인의 안토니오 피네다(Antonio Pineda), 프랑스 출신의 루이스 니(Luis Neé), 체코 출신의 타다우스 하엔케(Thaddäus Haenke)가 대표적이다. 하엔케는 체코의 훔볼트로 불릴 정도로 뛰어난 과학적 업적을 남겼다. 그렇지만 그의 탐사는 순탄하게 이루어지지 않았다. 하엔케는 말라스피나의 배가 카디스를 출발한 지 두 시간 뒤에 항구에 도착했다. 배를 놓친 그는 상선을 타고 탐사대의 기착 예정지인 우루과이의 수도인 몬테비데오로 갔다. 그러나 상선은 연안에서 침몰했고, 그는 모든 짐을 버리고 린네의 식물분류학 서적 하나만 가지고 배에서 탈출했다. 간신히 배로 몬테비데오에 도착했으나, 말라스피나 함대는 이미 8일 전에 태평양으로 출발한 상태였던 것이었다. 그는 남미 대륙을 8개월간 도보로 횡단하며 식물 표본 1400개를 수집했고, 1790년 4월 칠레의 산티아고에서 다행히 탐사대에 합류할 수 있었다. 이후 아메리카 서해안을 따라 알래스카까지 항해한 다음 필리핀과 뉴질랜드, 오스트레일리아에서 식물 자원을 조사했다. 이후 함대는 1793년 여름 페루로 돌아왔다. 하엔케는 조수 1명과 함께 아르헨티나로 가서 식물 조사를 계속하였다. 그는 원래 1794년 함대에 합류해 스페인으로 돌아갈 예정이었으나 다시 볼리비아로 가서 식물학 연구를 수행했다. 그는 볼리비아에서 스페인의 연금을 받으며 생활하다가 1816년 하녀에게 독살당해 삶을 마감했다. 그의 식물 탐사 기록은 체코의 후배 학자가 정리했는데, 워낙 표본의 수가 많아 15년이나 걸렸다고 한다.[42]

제4장

뉴홀랜드:
네덜란드의 테라 오스트랄리스

1. 금과 은의 섬을 찾아서

중세 이후 네덜란드는 모직물 공업과 중계 무역으로 번성했다. 각 도시들에는 자유의 바람이 넘쳐 있었고, 종교 개혁 이후에는 북부 여러 주에 칼뱅파의 신교도가 급증하였다. 칼뱅파는 청지기적인 경제생활을 하도록 가르쳤기 때문에 이 지역의 경제는 급격히 성장했다. 그러나 1556년 스페인 왕위에 오른 펠리페 2세는 가톨릭 교회의 수호자를 자처하면서 신교도들을 탄압했고, 도시에 대해 많은 세금을 부과하고 자치권을 박탈했다. 이러한 학정에 대항하여 1566년부터 항거 운동이 전개되었다. 이 항거는 1572년에 독립 전쟁의 양상으로 발전했다. 가톨릭 신자가 다수인 남부 지역은 독립 전쟁을 포기했지만, 홀랜드주를 비롯한 북부의 7개 주는 1581년 7월 독립을 선언하고 네덜란드 공화국을 수립했다. 이에 당시의 스페인 국왕 펠리페 2세는 1580년에 포르투갈 국왕을 겸했는데, 향료 수입항인 리스본에 네덜란드 선박이 통행하지 못하도록 했다. 이에 대한 반발로 네덜란드는 아시아, 아프리카, 그리고 브라질에 위치한 포르투갈 기지를 공격했다.

1588년 스페인 무적함대가 영국에 의해 격파되었고, 스페인의 국세는 급격히 쇠퇴했다. 그리고 네덜란드 출신으로 포르투갈의 동인도 제도에서 근무하던 린스호턴(Jan Huyghen van Linschoten)이 1596년 『수로지(Itinario)』를 출간하여 동인도 제도로 가는 해로가 네덜란드에 유출되었다. 네덜란드는 포르투갈이 독점하던 향료무역에 참여하기로 결정하면서 1602년에 설립된 네덜란드 동인도 회사로 하여금 이 과업을 담당하게 했다. 네덜란드 정부는 이 회사에 희망봉과 마젤란 해협을 통과하는 항로의 독점권을 부여했다. 이 독점권이 적용되는 지역의 범위는 거의 지구의 절반을 아우른다. 포르투갈의 약한 군사력을 파고들어 반탐에 1603년 진출했고, 향료 제도에 속한 말루쿠 제도의 암보니아를 1605년 보호령으로 만들었다. 그리고 바타비아(현 자카르타)에 1619년 본부를 설치했다. 그리고 이곳에 진출하려는 다른 경쟁국을 가차 없이 공격했다. 예를 들어 1623년에는 암보니아에 내항한 영국 상인 18명을 '불법 침입'의 죄명으로 체포해 이 중 9명을 처형하였다. 이 사건 이후 영국은 향료 제도 진출을 포기했다.

동인도 회사는 동아시아에 거점을 확보하자마자, 뉴기니 등 주변 지역을 탐사하기 시작했다. 그리고 황금이 존재할 가능성이 있는 금의 섬(Isla del Oro)에 대한 정보를 수집했다. 금의 섬을 찾기 위한 계획을 수립한 다음, 1606년 빌럼 얀스존(Willem Janszoon)으로 하여금 40~60톤 규모인 두이프겐(Duyfken) 호를 타고 뉴기니의 남쪽 해안을 따라 항해하여 금의 섬과 함께 새로운 교역의 가능성이 있는 곳을 발견하도록 했다. 하지만 파푸아 뉴기니의 한 해안에서 8명의 선원이 살해되고 말았다. 이후 얀스존은 토레스 해협 주변을 지나서, 케이프요크반도의 서쪽 해안을 따라 남쪽으로 항해했다. 이곳에서 처음으로 오스트레일리아 원주민인 어보리진을 만났는데 매우 적대적이었다. 상륙해서 자료를 수집하던 과정에서 선원들은 공격을 받았고, 1명은 창에 찔려 사망했다. 이후 항해를 계속했지만 물과 식량이 부족했고, 선원들의 반 정도가 사망했기에 얀스존은 귀환할 수밖에 없었다. 얀스존은 자신이 도착한 곳이 뉴기니의 한 해안이라고 생각했지만, 사실은 오스트레일리아 북부의 카펀테리아만에 인접한 해안이었다. 결과적으로 그는 자신도 모르는 사이 최초로 오스트레일리아 대륙에 도착한 유럽인이 되었다. 이 탐험의 결과는 동인도 회사의 지도 제작지인 헤셀 헤리츠(Hessel Gerritsz)의 1622년 지도에도 나타난다(그림 4-1). 지도에 표시된 지명이나 내용이 현재의 지도와는 너무나

그림 4-1. 헤셀 게리츠의 1622년 지도의 두이프겐호 탐사 지역
프랑스 파리 국립도서관 소장

달라 이해가 어렵지만, 여기에서 뉴기니 해안은 '파푸아의 해안(Custe vande Papouas)'으로 표기되어 있다. 그리고 바로 아래에 위치한 아루(Aru)섬 위쪽에 '두이프겐의 땅(Duyfkenslandt)'도 표기되어 있다. 그리고 별도로 분리된 장소에 '뉴기니(Nueva Guinea)'가 표기되어 있다. 이렇게 뉴기니를 정확하게 표시하지 못한 것은 당시에는 아직 뉴기니 탐사가 제대로 이루어지지 않았기 때문이기도 하지만, 두이프겐호 선원들이 방향감을 상실해 정확하게 기록하지 못했기 때문이다.

두이프겐호는 최초로 오스트레일리아에 도착했지만, 상업적인 목적에서 이들의 탐사는 전혀 의미가 없었다. 단지 황무지와 사나운 원주민을 발견했을 따름이었다. 금과 은을 찾는 것은 실패했지만, 말레이열도의 동남쪽에 거대한 대륙이 존재할 가능성을 확인한 것은 성과였다.

당시는 항로를 발견하는 것이 그 항로를 통하는 모든 무역의 독점권을 가진다는 것을 의미하던 시기였다. 희망봉을 따라 동쪽으로 항해하는 항로와 마젤란 해협을 따라 서쪽으로 항해하는 항로는 적어도 네덜란드 내에서는 동인도 회사에 의해 독점권이 보장된 상태였다. 하지만 네덜란드 정부는 남방 대륙과 같은 새로운 땅을 발견해서 새로운 항로를 개척할 경우 독점적인 이익을 보장한다고 공표했다. 당시 동인도 회사의 항로 독점에 불만을 품고 독자적으로 탐사를 주도한 사람이 이삭 헤 마이레(Isaac Le Maire)이다.

이삭 헤 마이레는 동인도 회사의 창업멤버이며 주주였다. 그러나 1605년 경영권 다툼에서 밀려나 이사직을 사임했다.[1] 억울하게 권리를 잃었다고 생각한 헤 마이레는 동인도 회사에 복수하기로 결심했다. 그래서 1607년 프랑스의 앙리 4세의 초빙에 응한 그는 프랑스의 북서 항로 개척을 자문했다. 그러나 다른 모든 유럽 국가와 마찬가지로 프랑스는 북서 항로를 찾는 데 실패하고 말았다. 그는 프랑스 동인도 회사의 운영을 자문하기도 했는데, 프랑스에서 그를 전적으로 신뢰하지 않아 프랑스 동인도 회사의 운영에 참여하려던 그의 계획은 실패하고 말았다. 네덜란드에서는 헤 마이레의 행동을 매국으로 규정하고 분노했지만, 프랑스와의 외교적 관계를 고려해서 문제 삼지 않았다. 이후에도 헤 마이레는 네덜란드 동인도 회사에 많은 손해를 끼쳤다. 향료를 매섬매석해 놓았다가 네덜란드 동인도 회사의 배들이 네덜란드에 도착하기 직전에 대거 창고에서 방출하여 새로 입항하는 배들이 가져온 향료의 값을 떨어뜨리곤 했다. 그리고 입항하는 배들의 향료를 다시 싸게 구입한 다음 창고에 보관했다가 가격이 오르면 팔았다. 이삭 헤 마이레는 당시 동인도 회사가 독점한 두 개의 항로, 즉 희망봉과 마젤란 해협을 통과하지 않는 새로운 항로를 개척하고 싶었다. 그는 마젤란 해협의 남쪽을 통과하는 항로가 존재할 가능성이 있다고 생각했다. 당시는 마젤란 해협 남쪽에 바다가 존재한다는 지리 정보가 존재하지 않았다. 그래서 마젤란 해협 남쪽을 통과하는 항로를 발견한다면, 헤 마이레가 무역권을 독점하게 되는 것이다. 헤 마이레는 자신이 새로운 항로를 발견하는 것을 자신했는데, 그 근거는 다음과 같다.

첫째, 헤 마이레는 1612년 퀴로스의 보고서를 읽었다. 그는 보고서 내용에서 솔로몬 제도를 발견한 퀴로스가 1605~1606년 태평양을 항해하면서 멀리서 남방 대륙을 보았다는 사실을 주목했다. 실제로 퀴로스가 본 땅은 뉴헤브리디스 제도로 현재의 명칭은 바누아투 제도이지만, 그는 이 섬이 남방 대륙의 북단이라고 생각했다. 그래서 이 섬을 찾으면 남방 대륙에 갈 수 있고, 또 새로운 시장을 개척할 수 있다고 생각했다.

둘째, 그는 네덜란드 지도 제작자 요코두스 혼디우스(Jodocus Hondius)가 1595년에 그린 세계지도인 「진정한 해양항해(Vera Totius Expeditionis Nauti-cae)」를 보고 마젤란 해협 남쪽에 바다가 있다는 확신을 가지게 되었다(그림 4-2). 이 지도에서 보면 마젤란 해협(Fretum Magnetum) 남쪽에 섬들이 위치하고 그 남쪽에 바다가 그려져 있다. 따라서 그는 마젤란 해협 남쪽에 바다가 있다고 생각했다. 헤 마이레가 혼디우스의 지도를 신뢰한 이유는 혼디우스가

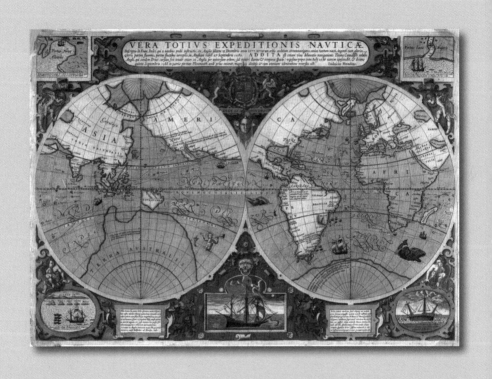

그림 4–2. 혼디우스의 1595년 세계지도
미국 의회 도서관 소장

종교 박해를 피해 영국에서 1584년부터 1593년까지 생활했는데, 당시 드레이크와 친분을 쌓았기 때문이다. 따라서 드레이크의 최신 정보를 그가 지도에 반영했다고 생각했다.[2]

이 지도에서는 분명히 마젤란 해협 남쪽에 해로가 존재한다. 그렇지만 과연 혼디우스가 정확한 지리 지식에 근거해 이 지도를 그렸는지에 대해서는 회의적이다. 자신의 공간 감각에 의거해 그렸을 확률이 훨씬 높다. 공간을 채울 정보가 절대적으로 부족한 시대였기에 지도 제작자들은 공간에 대한 예언자적인 역할 역시 감당하고 있었다. 다만 그 정확성이 실제로 어느 정도인가가 문제되는 시대였다.

이 지도와 퀴로스의 보고서에서 영감을 얻어 헤 마이레는 새로운 항로를 찾아 나서게 된다. 1614년 이삭 헤 마이레는 빌렘 슈텐(Willem Schouten)을 선장으로 고용하고, 1615년 남방 회사(Zuid Compagnie 또는 Australische Compagnie)를 설립했다. 회사의 이름에서 볼 수 있듯이 이 회사의 목적은 새롭게 발견할 남방 대륙과의 무역을 위한 것이었다. 그리고 남방 대륙을 찾기 위한 항해 허가를 정부에 요청했다. 350톤에 길이 40m, 65명이 승선한 엔드라흐트(Eendracht)호와 그들이 출발한 항구의 이름을 딴 100톤에 25m, 22명이 승선한 혼(Hoorn)호가 1615년 6월 14일 네덜란드의 항구도시 텍셀에서 출발했다. 남방 회사의 경영진을 대표해서 이 배에는 이삭 헤 마이레의 아들인 야코프 헤 마이레도 승선했다. 그리고 향료를 구입하기 위한 금과 은도 준비했다. 이들은 마젤란이 항해한 항로를 따라 갔지만 마젤란 해협을 통과하지 않고, 티에라델푸에고 제도 남쪽 끝에 위치한 혼곶(Cape Horn)을 통과해서 서쪽으로 향했다. 그림 4-3은 슈텐이 1619년 출간한 『슈텐항해기』[3]에 첨부된 지도이다. 혼곶은 이 지도에서 'De Caep Hoorn'으로 표기되어 있다. 이 지명은 네덜란드의 도시인 혼에서 유래했는데, 슈텐이 최초로 이곳에 지명을 부여했다. 이들은 마젤란 해협 남쪽에 있는 항로를 발견했다. 이 새로운 항로로 들어

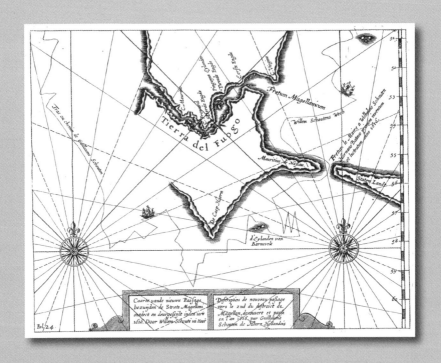

그림 4-3. 슈텐의 항해기(1619년)에 수록된 헤 마이레와 빌렘 슈텐이 발견한 항로
프린스턴대학교 도서관 소장

가는 입구를 이들의 이름을 따서 헤 마이레 해협(Le Maire Strait)이라고 부른다. 이 해협은 1914년 파나마 운하가 개통하기까지는 마젤란 해협과 함께 태평양과 대서양을 잇는 중요 항로였지만 높이 약 420m의 절벽이 바다에 다가서 있는 데다가 편서풍이 심해 파도가 거칠어서 항해하기는 어려운 곳이었다. 해협의 오른편에 위치한 섬은 국가의 땅이라는 의미의 스타텐란드(Staten Landt)로 명명했는데, 네덜란드인은 많은 지역에서 새로운 땅을 발견할 경우 이 지명을 부여했다.

헤 마이레 일행은 태평양으로 나와 북쪽으로 항해했고, 자바에서 말루쿠 제도의 테르나테섬으로 항해할 수 있는 항로를 발견했다. 하지만 도중에 한 척의 배는 화재로 소실되었고, 나머지 한 척의 배로 1616년 바타비아에 도착했으나 당시의 동인도 회사 총독 쿤(Jan Pieterz Coen)은 6월 16일 배와 화물을 몰수했다.

야코프 헤 마이레는 자신의 배가 압류된 것에 대해 항의했다. 그러나 동인도 회사는 남방 회사의 화물과 야곱의 항해 일지를 반환해 주지 않았다. 야코프 헤 마이레는 네덜란드로 귀환하던 도중인 1616년 12월에 사망했다. 암스테르담에서는 이삭 헤 마이레가 배와 화물을 찾기 위해 노력했다. 당시 헤 마이레의 주장에 대하여 동인도 회사의 이익을 주장한 변호사는, 공해상에서의 자유로운 항해에 대한 주장인 '자유해론'과 외교관의 치외 법권 이론 등으로 유명한 국제법 학자인 휴고 그로티우스(Hugo Grotius)였다.[4]

야코르 헤 마이레의 기록에 근거한 항해기 출간을 멈추어 달라는 이삭 헤 마이레의 요청에도 불구하고, 슈텐은 1618년 자신의 명의로 『항해기』[5]를 출간했다. 그리고 항해의 공적을 자신에게 돌렸다.[6] 그림 4-4의 지도는 그의 이 항해기에 수록된 것이다.

지도의 중심에 위치한 인물은 마젤란과 슈텐이다. 그리고 왼쪽 위의 배는 마젤란의 배인 빅토리아호이며 오른쪽 위에 그려진 배는 슈텐의 엔트라흐트호이다. 지도 왼쪽에 표시된 나머지 인물은 드레이크(위)와, 네덜란드인으로 최초로 마젤란 해협을 거쳐 향료 제도로 1598년 항해한 올리브 판 누르트(Olivier van Noort)(아래)이다. 그리고 오른쪽에는 영국의 사략선 선장 카벤디시(위)와 스필베르겐(George van Spilbergen)(아래)이다. 스필베르겐은 1614년 마젤란 해협을 지나 멕시코 연안과 남아메리카 연안의 스페인 기지를 공격한 네덜란드 해군 장교이다. 그는 세계를 배로 일주하고 1617년 네덜란드에 금의환향했으나 1620년 가난하게 생을 마치고 말았다. 그런데 이 지도에는 헤 마이레의 이름은 전혀 언급되어 있지 않다. 이렇게 완전히 헤 마이레는 재산과 명예를 모두 빼앗기고 말았다.

이에 반발한 이삭 헤 마이레는 소송을 제기했다. 그리고 1619년 소송에서 승소해서 압류된 화물을 회수했다. 그러나 아들인 야코프의 소지품은 1620년 6월에야 돌려받을 수 있었다. 1622년 야코프의 항해 일지가 새롭게 인쇄되었지만, 이미 이 항로는 빌렘 슈텐이 발견한 것으로 전 유럽에 알려진 다음이었다. 남방 회사와 동인도 회사의 항로 분쟁은 1621년 서인도 회사(Westindische Compagnie)의 설립으로 더욱 악화되었다. 서인도 회사는 마젤란 해협과 헤 마이레 해협을 독점적으로 이용할 수 있는 권리를 부여받았다. 당연히 이 권리는 남방 회사의 이익을 침해하는 것이었지만 서인도 회사는 이삭 헤 마이레가 발견한 새로운 항로의 권리를 완전히 빼앗고 말았다.[7] 1622년 네덜란드 법원은 동인도 회사가 1616년 남방 회사의 소유물을 불법적으로 압류되었다는 것을 인정하고 배상금을 지불하도록 했다. 그렇지만 이삭 헤 마이레는 조그마한 보상을 받는 데 그쳤고, 그의 아들이 개척한 항로를 포기할 수밖에 없었다. 이삭 헤 마이레는 1624년 사망했다. 그리고 남방 회사는 계속 그들의 권리를 주장했지만, 더 이상의 주장은 의미가 없었다. 결국 남방 회사는 해체되었다. 헤 마이레가 새로운 항로 발견을 통해 부를 성취하려고 했던 노력은 이

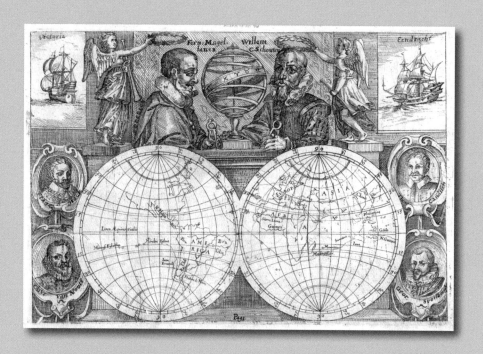

그림 4-4. 슈텐 항해기에 수록된 세계지도
예일대학교 도서관 소장

렇게 물거품이 되고 말았다.

경쟁 상대인 남방 회사를 제거한 동인도 회사는 일단은 희망봉 항로 독점권을 유지했지만, 서인도 회사가 새롭게 설립됨에 따라 마젤란 해협을 통해 향로 제도로 가는 항로는 포기할 수밖에 없었다. 이제 동인도 회사는 새롭게 도약할 발전의 계기를 만들어야 했다.

동인도 회사의 총독 안토니 판디멘(Antony van Diemen)은 뉴질랜드를 발견한 아벨 타스만(Abel Janszoon Tasman)의 탐사를 기획했다. 그러나 이전과 달리 사전 지침서를 철저히 작성하고 또 바타비아에 지도 제작 부서를 만들어 탐사를 정확하게 기록하고 항해에 필요한 지도를 지원했다.

판디멘이 동인도 회사를 담당할 때, 유럽과 아시아 간에는 무역의 불균형이 심각했다. 유럽인들은 자신을 세계의 지배 세력으로 간주했으나 실상은 그렇지 않았다. 네덜란드 역시 아시아에 수출하는 것보다는 수입하는 것이 많았다. 그래서 상품 대금을 지불할 금과 은이 필요했다. 네덜란드의 경우 금과 은을 얻는 가장 간단한 방법은 공해상에서 스페인의 배를 약탈하는 것이었다. 당시 네덜란드는 일본과 교역했지만, 무역량이 미미해서 일본의 은을 많이 확보할 수 없었다. 그래서 판디멘은 금과 은을 확보하기 위한 탐사를 기획한 것이었다. 그런데 그의 이러한 태도는 암스테르담의 행정가들의 성향과는 부합하지 않았다. 네덜란드 본국의 관리들은 보수적이어서 탐사의 경제성을 철저히 분석했다. 효율적인 회계 관리와 잘 조직된 무역이 위험하고, 자본과 노동 집약적인 탐험보다 중요하다고 암스테르담 당국은 생각했다.

하지만 판디멘은 모험가이며 몽상가였다. 그는 남방 대륙의 부를 찾을 자신감이 넘쳤다. 우선 비용이 많이 소요되는 원거리 항해보다는 인도네시아 주변 지역을 조금씩 탐사하기로 했다. 타스만의 1642년에서 1643년에 걸친 1차 항해는 남방 대륙의 자연환경을 조사하기 위한 목적으로 기획되었다. 그러나 현재와 같은 순수한 과학적 측면이 아니라 금과 은의 채굴, 또는 무역과 관련이 되는 자연환경 조건을 파악하기 위한 것이었다. 우선 동인도 제도의 동쪽과 남쪽에 있는 섬들을 조사하기로 했다. 그리고 아메리카 서안에 위치한 스페인 식민지의 금광과 은광의 약탈을 도모하기 위해 태평양을 건너 칠레로 가는 새로운 항로를 편서풍대에서 찾으려 했다. 판디멘이 서명한 당시의 항해 지침서에는 다음과 같은 내용이 수록되어 있다.

항해 중에 지나치거나 상륙하는 모든 땅, 섬, 어귀, 만, 강, 모래톱, 언덕, 바위 등을 지도에 그리고, 관찰한 내용을 기술한다. 그리고 유능한 화공으로 하여금 원주민의 문화를 묘사한다. 시간이 되면 남방 대륙의 과일과 가축, 주택, 주민들의 모습, 옷, 무기, 종교, 전쟁하는 방식을 모두 그리고 물물 교환 역시 시도한다.

원주민들은 외국인이 자신들의 땅을 차지하러 왔다고 생각할 수도 있으므로 조심해야 하며, 그들을 믿으면 안 된다. 단 친절한 원주민을 만나면 최대한 정보를 수집한다. 그리고 그들과의 교역에서 이익을 취할 것이 있는지 조사한다. 그들의 집이나 정원, 재산이나 아내는 건드리지 않는다. 그들이 원하지 않으면 아무 것도 가져오지 않는다. 선원들과 동행하고 싶은 사람이 있으면 데려와도 된다.[8]

타스만은 바타비아를 1642년 8월에 출발해서 11월 24일 태즈메이니아에 도착했다. 그는 항해 보고서에서 재화를 발견하지 못했고, 가난하고 벌거벗은 사람들이 해변을 걷고 있을 따름이며, 쌀이나 과일이 없고 대체로 기후도 좋지 않았다고 기술했다. 타스만의 탐사는 동인도 회사의 공식 지도 제작자인 요한 블라외(Joan Blaeu)의 1646년 「세계지도(Nova Totius Terrarum Orbis Tabula)」를 통해 알려졌다. 그리고 이 지도를 모사한 유사한 지도들이 유럽에서 만들어졌다. 그림 4-5는 블라외가 1648년에 그린 지도를 1662년에 다

그림 4-5. 요한 블라외의 1648년 세계지도
미국 의회 도서관 소장

시 인쇄한 것인데, 오스트레일리아 서쪽의 해안선이 이제 상당히 채워졌음을 알 수 있다. 이 지도는 네덜란드 지도 제작기의 황금시대를 대표하는 지도로, 뛰어난 장식성으로 인해 지금도 유럽의 고지도상에서 고가에 판매되고 있다. 오스트레일리아의 지명은 뉴홀랜드(Hollandia Nova)로 표기되어 있는데 뉴기니와 오스트레일리아 사이의 해협은 아직 그려지지 않았다. 뉴질랜드는 'Zeelandia Nova'로 표기되어 있지만, 단지 선 하나만 그려져 있을 뿐이다. 참고로 지도 위의 왼쪽에 위치한 사람은 프톨레마이오스이며 오른쪽에 위치한 사람은 코페르니쿠스이다. 이것은 프톨레마이오스의 천동설과 코페르니쿠스의 지동설을 모두 받아들인다는 것을 암시한다.

타스만의 탐사가 남방에서 금과 은의 섬을 찾는 것이었다면, 태평양의 동북지역에서도 금과 은의 섬을 찾는 작업이 진행되었다. 지도 제작자 아브라함 오르텔리우스가 1589년 그린 「태평양지도(Maris Pacifi)」에는 일본 북쪽에 은의 섬이 크게 그려져 있다(그림 3-12). 지도에서 일본은 'Iapan ins'로 표기되어 있으며, 은의 섬은 'Isla de Plata'로 엄청나게 크게 그려져 있다. 그래서 판디멘은 이 은의 섬의 존재를 확인하기 위해 1639년 퀘스트(Matthijs Quast)를 보내 동해를 조사하게 했다. 홋카이도와 사할린, 쿠릴 열도를 탐사했으나 금과 은의 섬을 찾는 것은 실패했다. 일본과 은의 섬 맞은편에 있는 섬이나 반도는 조선은 아니며 당시의 중국 해안을 오르텔리우스 자신이 수집한 정보에 기초해 그린 것이다. 그리고 1643년에는 헤리츠(Maarten Gerritsz de Vries)로 하여금 바타비아에서 동해를 거쳐 홋카이도, 사할린 지역으로 항해하게 했다. 당연히 금과 은의 섬을 찾는 것은 실패했지만, 홋카이도 북방 지역의 지리적 지식을 확장하는 데는 기여했다.

2. 네덜란드의 유토피아, 남태평양

야코프 헤 마이레의 남방 회사 탐사대는 남태평양에서 유토피아를 경험했다. 이들은 태평양을 북서 방향으로 항해해서 남태평양의 통가에 도착한 최초의 유럽인이 되었다. 당시 이들은 퀴로스가 말한 남방 대륙에 도착했다고 생각했다. 이들은 통가에서 매우 즐거운 시간을 가졌다. 1616년 4월 28일 네덜란드인들은 피지와 통가, 아메리칸 사모아, 투발루의 중간에 위치한 혼섬(Hoorn Islands)에 도착했다. 그리고 인근의 푸투나(Futuna)와 알로피(Alofi)섬을 방문했다. 이들의 경험을 통해 네덜란드인의 남태평양에 대한 지역 이미지가 형성되었다. 이들은 원주민들의 열렬한 환영을 받았다. 그래서 슈텐은 1618년 출간한 『항해기』[9]에서 이 섬에 대해 매우 긍정적으로 기술했다.

그는 푸투나의 둥근 형태의 원주민 오두막에 대해 기록했다. 그리고 원주민들에게 선물로 칼과 못, 그리고 푸른 구슬을 주었다. 이 선물들은 19세기 사모아에서 다시 발견되었는데, 해류에 의해 이동되어 온 것으로 추정된다. 그리고 이들은 카바즙을 마시는 축제에 매료되었다. 추장은 카바를 입으로 씹어서 여물에 넣은 다음 물과 혼합해 이들에게 권했다. 네덜란드 선원들의 다수는 이를 마셨으나, 일부 선원은 독이 들었는지 의심해서 마시는 것을 거부했다. 반면에 섬의 원주민들은 추장이 주는 카바를 무릎을 꿇고 받아 마셨다고 기록했다. 이렇게 마시는 카바는 알콜 성분을 함유하고 있는 것으로 알려져 있다. 카바를 마시는 풍습은 남태평양 지역에 두루 퍼져 있었다.

당시의 선원이 그린 삽화를 보면 네덜란드인들이 해안에서 원주민들과 함

테라 오스트랄리스

께 트럼펫과 피리를 불고 북을 치는 장면을 확인할 수 있다(그림 4-6). 이들은 원주민들의 자유로운 성생활에 대해 언급했다. 그리고 전반적으로 야만인이지만 인간적으로 친절하고 자비를 베풀 줄 아는 종족으로 기록하고 있다. 유럽인이 18세기와 19세기에 가졌던, 남태평양에 위치하고 있으며 고결한 야만인이 거주하는 지상낙원의 이미지 역시 이 섬에서 형성되었을 가능성이 있다. 이 섬의 경험은 이후 이들이 오스트레일리아와 파푸아 뉴기니에서 경험한 내용과는 완전히 대조적이었다.

푸투나에서 헤 마이레는 지상 낙원을 맛보았고, 주위에 남방 대륙이 위치한다고 생각했다. 원주민은 종교를 가지고 있지 않으며, 숲속에는 새가 노래하고 상업이나 노동이 없는 땅이며, 원주민은 바나나와 코코넛을 먹으며 생존한다고 그는 기술했다. 그리고 선장 슈텐은 이곳을 '개인적인 남방 대륙'이라고 불렀다. 이들이 떠나는 5월 13일 원주민들은 카누를 타고 배 주위를 돌면서 코코넛을 선물했지만, 선원들은 혹시 이들이 자신들에게 해를 끼칠지 몰라 매우 신중하게 이들을 대했다.

그런데 슈텐의 항해기와 달리 배의 이발사이며 외과의사인 할보스(Hendrik Haalbos)는 원주민을 야만인으로 간주했다. 할보스의 기록은 몬타누스(Arnoldus Montanus)의 『새롭고 알려지지 않은 세계』[10]에 포함되어 출간되었다. 그리고 오길비는 즉시 이를 번역하고 요약하여 『아메리카』[11]에 수록했다. 할보스의 설명은 선원의 관점에서 항해를 기술하고 또 삽화를 보충 설명하는 역할을 했다(그림 4-7). 그는 다음과 같이 기록했다.

이 섬에서의 경험은 특이하다. 왕에게 대표 3명을 파견했다. 왕은 이상하리만큼 겸손했다. 비록 허리를 굽히지는 않았지만, 우리들의 발에 입을 맞추고, 우리들의 발을 자신의 목에 올렸다. 그러나 왕은 자신의 신하들에게는 매우 엄격하게 대했다. 우리의 칼을 훔친 도둑을 잡아 우리에게 칼을 돌려주었으

그림 4-6. 흔섬에서 연주하는 네덜란드 악대 모습
출처: Schouten, 1618

그림 4-7 할보스의 유토피아(트럼펫을 부는 네덜란드 악단)
출처: Ogilby, 1671

며, 즉시 도둑을 죽였다.

하루는 헤 마이레와 항해사 클라준(Arias Claeszoon)이 왕을 방문했다. 왕과 왕자는 이들에게 자신들의 왕관을 머리 위에 씌어 주었다. 그런 다음 작고 빨간 그리고 녹색의 새털을 흔들며 이들을 칭송했다. 그리고 이들에게 날개는 희지만 등은 흑색, 그리고 배는 적색인 비둘기를 선물로 주었다. 이들이 머무르는 동안 이웃 섬의 왕이 방문했다. 그런데 이들의 인사 방식은 무례했다고 기록했다. 그러나 이곳의 왕과 왕자는 친절해서 왕자가 직접 코코넛 나무에 올라가 열매를 따서 헤 마이레에게 즙을 마시게 했다. 달밤에 선원들은 특이한 경험을 했는데, 벌거벗은 여인들이 작은 북의 소리에 맞추어 왕 앞에서 춤을 추는 모습을 보았다고 기록했다.

다음 날 다른 섬에서 온 왕과 푸투나의 왕이 다시 만났는데 이들의 인사법이 기괴했으며, 당시 왕은 손을 머리에 얹은 다음 머리를 땅에 대면서 우상에게 절을 했다고 기록했다. 그리고 할보스는 원주민들의 주된 산업이 어업인데, 생선을 날로 먹는다고 기술했다. 생선을 날로 먹는 부족은 1세기 플리니우스의 『박물지』에 기록된 바와 같이 미개인을 지칭하는 의미로 사용되었다. 그리고 이들의 성 풍속에 대해서도 언급했다. 섬의 여인들의 가슴은 크며, 모든 사람이 보는 앞에서 매춘을 해도 부끄러워하지 않는다고 기술했다. 재미있는 내용은 섬사람의 신장이 너무 커서 가장 작은 사람도 네덜란드 선원 중 가장 키가 큰 사람보다 크다는 것이다. 비록 할보스는 멸시의 의미를 포함시키기는 했지만, 이곳에 대해 매우 아름답게 기술하고 있다. 이곳 사람들은 선원들에게 돼지를 선물로 주는 등 매우 친절했다. 당시 네덜란드인들이 섬사람들의 환대에 보답하기 위해 네 명의 악단이 트럼펫과 북으로 연주했는데, 당시 청중의 수는 만 명이라고 기술했다. 이후 이들은 이곳을 떠나 뉴기니로 항해했다.

헤 마이레와 슈텐 다음으로 남태평양에서 낙원을 경험한 사람은 타스만이다. 판디멘 총독 당시 바타비아의 지도 제작자 가운데 유명한 사람은 1634년부터 동인도 회사의 지도와 그림을 담당한 이삭 힐서만(Isaac Gilsemans)이다. 그는 타스만의 1차 항해(1642~1643) 당시 두각을 나타내었다. 또 다른 지도 제작자는 비셔(Frans Jacobsz Visscher)이다. 그는 일본 배의 고용 항해사로 1630년대 초반에 통킹만 무역에 참여한 경험이 있었다. 비셔는 중국, 인도차이나 해안의 해도를 새롭게 개선했다.

타스만은 금과 은의 섬을 찾는 항해의 목적을 달성하지는 못했다. 오히려 뉴질랜드에서는 일부 선원을 잃기도 했다. 뉴질랜드 남섬 북단에 있는 골든만(Golden Bay)에서 타스만은 원주민들의 공격을 받아 선원 4명이 죽었다. 타스만은 이 만을 '살인자들의 만(Murderers Bay)'으로 명명했는데, 이후 골든만으로 지명이 변경되었다. 힐서만은 이곳에서 마주친 카누를 탄 마오리족의 모습을 그렸다(그림 4-8).

타스만은 이후 북쪽으로 항해했다. 그리고 통가에서 즐거운 경험(1643년 1월 21~31일)을 했다. 통가 남부에 위치한 통가타푸(Tongatapu)에 도착한 네덜란드인들은 따뜻한 환영을 받았다. 원주민들은 나체 상태였고, 피부색은 갈색이며 키가 컸다. 이들은 창과 진주 목걸이, 중국산 거울을 물물 교환했다. 원주민들은 해안에 모여 하얀 깃발을 흔들었고, 작은 카누는 깃발과 조개로 장식되어 있었다. 목 주변에 나무 잎을 두른 네 명이 탄 배가 도착했다. 네덜란드인들은 왕으로부터의 친선 사절로 생각했다. 배가 해안에 닿았을 때, 원주민들은 많은 선물을 가져왔다. 가죽 옷, 돼지, 코코넛, 얌을 주었고, 네덜란드인들은 보답으로 구리줄을 주었다. 힐서만은 원주민의 모습을 삽화로 그렸다. 그림 4-9는 두 부부의 모습을 그린 것이다. 왼쪽에 있는 남자는 어깨와 가슴에 흉터를 가지고 있다. 나뭇잎을 어깨에 두르고 있고 수염이 긴, 가운데 앉아 있는 남자는 부족의 장로로 타스만 일행이 이 섬에 도착했을 때 머리를 여러

그림 4-8. 골든만의 뉴질랜드 원주민(1642년 12월)
네덜란드 헤이그 국가 기록 보관소 소장

그림 4-9. 통가타푸 원주민 모습
네덜란드 헤이그 국가 기록 보관소 소장

번 땅에 대고 인사하며 환영했다. 왼손에 들고 있는 것은 파리채이다. 그의 부인은 조개로 만든 목걸이를 하고 있다. 이들은 선원들에게 코코넛과 물을 선물했다.[12]

타스만은 이들이 헤 마이레 일행이 만난 원주민일 수도 있다고 생각했다. 그는 항해 일지에 헤 마이레가 그린 카누와 유사한 모습의 카누를 그렸다. 통가타푸의 추장은 물과 돼지, 바나나, 닭 등 선원들이 필요한 모든 것을 주었다. 도착 다음날에는 타스만을 환영하는 축제가 열렸다. 60~70명이 해안에 앉아서 매우 평화로운 분위기에서 축제를 즐겼다. 그리고 섬 여자들의 성적 개방성에 대해서도 언급했다. 섬 곳곳에 먹을 것이 많았고, 아름다운 향기가 가득했다.

타스만은 할보스와 달리 이곳 여성들을 성적 방종과 연결시키지는 않았다. 그는 중립적인 관찰자로 여성이 너무 예쁘거나 못생겼다고 언급하지 않고 키의 크기 정도만 언급했다. 당시 이들이 원주민과 교환한 돌도끼는 코펜하겐 박물관에 전시되어 있다. 헤 마이레와 타스만의 여행기에서는 퀴로스의 유토피아에서 유발된 태평양의 낙원을 발견할 수 있다. 이후 이들의 낙원관은 프랑스의 부갱빌에게 이어졌다.

3. 바티비아호 비극 이후의 테라 오스트랄리스 개념 변화

네덜란드 동인도 회사는 처음에 희망봉과 마다가스카르, 그리고 인도를 거쳐 동아시아로 가는 바스코 다 가마 항로를 따라 인도네시아로 갔다. 1610년 로드 류(Rode Leeuwen) 제독과 후딕 브라우어(Houdick Brouwer) 제독은 유럽에서 희망봉을 돌아 연안을 따라 자카르타로 가는 항로 대신에, 희망봉을 돈 다음 남위 40도까지 내려가 편서풍을 타고 동쪽으로 항해해서 북쪽으로 돌아가는 항로를 발견했다. 이것이 바로 그 유명한 '포효하는 40도 항로(Roaring Forties)'이다. 당시 브라우어 총독이 탄 배는 네덜란드의 텍셀(Texel)을 떠난 지 5개월 24일 만에 인도네시아 바타비아에 도착했다. 이전에는 희망봉을 돌아 북쪽으로 간 다음 동인도 제도로 항해했는데, 해류가 역방향이어서 약 11개월이 소요되었다. 그런데 새로운 항로는 거리는 멀지만 바람을 이용하기 때문에 유럽과 바타비아 간의 항해 소요 시간을 최소 3개월 정도 줄이는 효과를 가져왔다. 문제는 남위 40도 지역에서 동쪽으로 지나치게 항해한다면 북쪽으로 올라오면서 오스트레일리아 서안의 섬들과 충돌할 수 있는 위험이 있다는 것이었다.

1616년 하르톡(Dirk Hartog)은 이 항로를 이용해서 항해했고 오스트레일리아의 하르톡섬을 발견했다. 하르톡이 타고 간 배의 이름이 엔드라흐트(End-racht)인데, 이후의 오스트레일리아 지도에는 '엔드라흐트의 땅(Lant van de Eederacht)'이 표시되었다. 동인도 회사의 총독 쿤(Jan Pieterszoon Coen)은 1616년 8월 14일에 동인도 회사의 선박들은 새로운 항로를 따라 항해하도록 명령했다. 그리고 이 항로를 이용해서 항해 기간을 줄이는 선원들에는 정해진 액수의 상여금을 지급하기로 약속했다. 이 항로는 추운 바다를 항해하는 구간이 길기 때문에 기온이 낮아 식량이 상하지 않았고, 항해 기간도 적게 소요되었기 때문에 선원들이 괴혈병에 걸린 확률도 줄었다.[13]

영국 역시 이 항로를 이용해서 동인도 제도로 항해하려 했다. 그러나 영국 동인도 회사의 화물선 트라이얼(Trial)호는 초보 선장의 무능으로 지나치게 동쪽으로 간 다음 북상하는 바람에, 1622년 5월 25일 오스트레일리아 북서해안의 엑스마우스(Exmouth)에서 침몰했다. 선장은 구명정으로 항해해서 6월 25일 바타비아에 도착해 구조를 요청했다. 결과적으로 128명이 사망했고, 36명이 구조되었다. 이 배의 선체는 1969년에 발견되었다. 이 사건으로 인해 네덜란드를 비롯한 유럽 국가들은 해도의 중요성을 다시 한번 인식하게 되었다. 물론 해도가 있었어도 바다 위에서 자신의 위치를 찾는 기술이 부족한 당시로서는 이러한 사건은 발생할 수밖에 없었다.

1623년 1월에 페라(Pera)호와 안헴(Arnhem)호가 남방 대륙을 찾아 얀 카르스텐스(Jan Carstensz)의 지휘하에 출발했다. 뉴기니에 도착했는데, 이들의 발견은 류우(Arent Martensz de Leeuw)의 해도에 수록되어 있다. 당시 뉴기니 원주민들은 이들과 격렬하게 싸웠다. 4월에 카르스텐스는 오스트레일리아 내륙을 조사한 최초의 백인이 되었고, 그는 나무가 약간 있고 경작하기에 좋은 토양이 있으나 물이 부족하다고 기록했다. 그리고 4월 26일 바타니아로 귀항하는 과정에서 그의 배의 이름을 딴 아넘랜드(Arnhem Land)를 발견했다.[14]

카르스텐스는 자신의 항해기에서 자신이 방문한 아넘랜드의 땅은 건조하여 과일이나 열매, 신선한 물 등 인간에게 유익한 것이 없다고 기록했다. 또한 벌거벗은 원주민들은 금과 은에 대한 개념을 가지고 있지 않으므로 무역의 가능성이 없다고 평기했다.

그리고 상인 출신인 피이터 누이트(Pieter Nuyts)가 1626년 5월 항해를 시작했다. 당시 배에는 바타비아에서 근무하는 남편과 합류하기 위해 6명의 여성이 승선했다. 1627년 1월 이 배는 오스트레일리아 남서 해안에 도착했다. 그런데 북쪽으로 바로 가는 대신 동쪽으로 항해했다. 그리고 오스트레일리아 남부의 시두나(Ceduna)에 도착했고, 다시 반대 방향으로 항해해서 오스트레일리아 남서부로 간 다음 북쪽으로 항해해서 바타비아에 1627년 4월 10일 도착했다. 누이트는 이 발견의 공적으로 일본 대사로 임명되었다. 그러나 일본인들과의 소통의 문제로 타이완으로 전출되어 갔다. 그리고 원주민과 재혼했으나 많은 스캔들 때문에 바타비아로 소환되었다. 그는 1636년에 네덜란드로 돌아가 1640년 다시 결혼했고 새로운 아내는 사망했다. 이후 그는 지주가 되었고 작은 도시의 시장이 되었다. 다시 재혼했고 1655년에 사망했다. 그의 사후 아들은 그가 세금을 전혀 내지 않은 것을 발견했고 결국 상속자들이 세금을 납부했어야 했다. 그는 오스트레일리아 남부 해안선을 좀 더 길게 지도에 그릴 수 있게 한 대가로 세속적인 명예와 부를 얻었다. 단 노블레스 오블리주와는 거리가 멀었다.

태즈메이니아와 뉴질랜드를 발견한 것은 타스만이다. 그는 1642년 8월 바타비아를 출발했다. 이들은 인도양을 항해해 남위 44도에서 동쪽으로 이동하여 편서풍대에 진입했다. 타스만과 다른 탐험가들이 발견한 내용은 테베노(Melchisédech Thévenot)의 1661년 「뉴홀랜드지도(Hollandia Nova detecta)」에 표시되어 있다(그림 4-10).

네덜란드 동인도 회사는 계속해서 포효하는 40도 항로를 이용해 바타비아로 가는 것에 성공했다. 그러나 이 시기 네덜란드 최고의 비극이 발생했다. 동인도 회사 이사장은 11척의 배를 새로 건조해서 계속 이 항로를 이용하도록 지시했다. 길이 47m, 650톤의 당시로서는 최대 규모의 상선인 바타비아호는 314명의 인원이 승선한 가운데 1628년 10월 27일 암스테르담을 출발했다. 그러나 바타비아로가 항해하다가 1629년 6월 4일, 오스트레일리아 북서 방향의

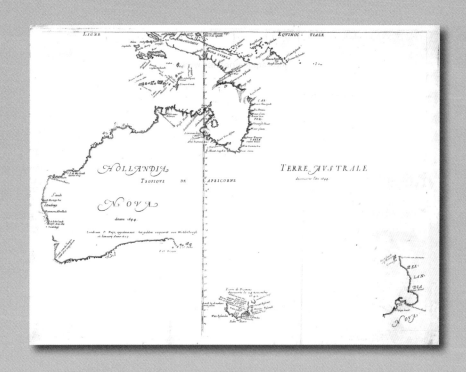

그림 4-10. 테베노 지도의 뉴홀랜드와 뉴질랜드
프랑스 국립도서관 소장

제럴턴(Geraldton)에서 50km 정도 떨어진 하우트먼 애브롤호스 제도(Houtman Abrolhos Islands) 근처의 산호초에서 파선했다.

배의 선장은 동인도 회사의 이사인 프란시스코 펠사에르트(Francisco Pelsaert), 화물 관리 책임자는 예로니무스 코르넬리스(Jeronimus Cornelisz)였다. 이 배에는 많은 화물과 12개의 은화 상자가 실려 있었는데, 하나의 상자에 8,000개의 은화가 담겨 있었다고 한다. 코르넬리스는 항해사인 아리아엔 야콥스(Ariaen Jacobsz) 등과 공모하여 배를 탈취할 계획을 세우고 있었다. 그리고 배가 좌초하기 일주일 전부터 이상한 기류가 감지되었다. 선원들 간의 폭행이나 여성 승객 성추행 등의 사건이 발생했다. 비록 당시 장거리의 해상 운송에서는 동성애나 폭력 사건이 발생하곤 했지만, 철저한 신교도 정신으로 무장한 동인도 선박에서는 발생하기 어려운 일이었다. 동인도 회사의 선박은 당시로서는 최고의 부를 제공하는 수단이기도 했지만, 독립된 국가의 역할을 했다. 그리고 동인도 회사의 선박은 네덜란드인들이 적그리스도로 생각한 스페인으로부터 자신들을 지켜 주고, 또 원주민들을 스페인의 마수로부터 구하는 노아의 방주와 같은 역할을 했다. 그래서 엄격한 규율을 유지하고 있었다. 해상 사고는 피할 수 없지만, 이후의 사건이 너무나 이상했다. 동인도 회사의 고용 계약서에는 사고가 발생하면, 모든 선원들이 힘을 합쳐 승객과 화물 및 배를 구한다는 내용이 수록되어 있다. 이전에도 많은 해양 사고가 발생했지만, 동인도 회사의 선원들은 이 원칙을 준수해 왔다. 그런데 바타비아호의 경우는 완전히 달랐다.[15]

당시 난파된 승객들이 몸을 의지한 곳은 작은 산호섬이었다. 선장은 40여 명을 태운 보트를 타고 구조 요청을 위해 산호섬을 떠나 바타비아로 떠났다. 이때 남은 이들의 지도자로 등장한 것이 코르넬리스였다. 이미 반란을 통해 배의 화물을 훔칠 생각을 하고 있었던 코르넬리스는 선장이 떠나간 이후 자신의 계획을 실행에 옮기기로 했다. 하지만 식수와 식량 문제를 우선적으로 해결해야만 했다. 그가 찾은 해결책은 생존자 수를 줄이는 것이었다. 문제는 동인도 회사에 소속된 군인들이 남아 있었다는 것이다. 특히 잘 훈련된 군인인 위베 하예스(Wiebbe Hayes)는 좌초 과정에서 많은 사람들을 구조해 당시 지도자로 부각되고 있었다. 그래서 코르넬리스는 하예스로 하여금 인근의 섬으로 가서 식수를 찾아보라고 권유했다. 그리고 무거운 무기는 탐사에 방해가 되므로 버려두고 가라고 조언했다. 만일 식수를 구하지 못하면 이들은 죽을 것이고, 혹시 식수를 구해 온다 해도 이들이 비무장 상태이므로 쉽게 제압할 수 있다고 생각했다. 이들이 떠난 후 코르넬리스는 이후 1개월 반 동안 규율 위반 등 온갖 구실로 120여 명을 무차별 살육했다. 코르넬리스는 훗날 '바타비아호의 무덤'으로 불린 섬의 살아 있는 악마였다. 흥미로운 것은 학살의 주동자인 자신은 직접 살인을 하지 않았다는 것이다. 대신 심리나 상황을 교묘하게 조작해서 추종자들에 대한 지배력을 강화했고, 추종자들은 약자들을 살해했다. 식수를 구한 하예스가 돌아오자 반란군과의 전투가 벌어졌다. 하예스가 거의 패배 직전인 1629년 11월 16일, 펠사에르트가 탄 구조선이 멀리서 나타났다. 반란군은 즉시 항복했다.

펠사에르트는 재판을 통해 반란군의 일부를 사형에 처했다. 그리고 나머지 반란자들은 바타비아로 압송해서 재판을 받도록 했다. 바타비아호의 유물은 현재 서오스트레일리아 박물관의 난파선 전시장(Shipwreck Galleries)에 전시되어 있다.

펠사에르트는 승객들을 버리고 바타비아로 구조를 요청하러 왔다는 이유로 바타비아의 동인도 회사 총독 쿤(Jan Pieterszoon Coen)으로부터 심한 질책을 받고 즉시 바타비아호가 난파한 곳으로 돌아갔다. 그리고 역시 동인도 회사의 간부인 판 디멘(Antoine van Diemen)은 이사회에 그의 행동을 불명예스러운 것으로 보고했다.[16]

1630년 네덜란드인들은 바타비아호 소식을 접했다. 정부는 유감을 표했고,

사고의 원인을 분석하기 시작했다. 그렇지만 정부의 분석과는 별도로 일반인들은 이단 종파와 연관시켜 반응했다. 승선자들의 일부가 약탈할 마음을 가졌고, 또 성폭행을 한 것에 대해 신이 징벌을 내렸다는 것이다. 그리고 이들은 반란의 주역인 코르넬리스가 이단 종파의 일원이라는 것을 확인했다.

바타비아호가 출발하기 1년 전인 1627년, 하를럼(Haarlem)에서 활약하던 화가 토렌티우스(Johannes Torrentius, 또는 Jan Van der Beeck 1589~1644)가 이단죄로 유죄를 선고받았다. 뉴욕의 할렘은 이곳에 정착한 네덜란드인들이 이 하를럼의 이름을 따서 부락을 건설한 데서 비롯되었다. 당시 하를럼은 네덜란드 최고의 예술도시였다. 문제는 토렌티우스가 이단의 일종인 장미십자회(Rosy cross)에 소속되었다는 것이다. 당시 장미십자회는 일종의 사탄 숭배적 성향을 가진 것으로 알려져 있었다. 그리고 토렌티우스의 많은 작품들은 불태워졌다. 실제로 코르넬리스가 토렌티우스와 교류했다는 증거는 존재했다. 따라서 자연스럽게 코르넬리스가 장미십자회 소속이라는 소문이 난 것이다.

장미십자회는 1623년 프랑스의 파리에서 사람들을 공포에 떨게 한 적이 있었다. 실제로 이들이 특별한 문제를 일으킨 것은 아니지만, 사람들은 이들을 두려워했다. 그리고 이들은 비밀리에 자기가 원하는 곳으로 보이지 않게 이동할 수 있다는 것으로 알려져 있었다. 이후 이들은 예루살렘, 인도 또는 미지의 남방 대륙으로 떠난 것으로 알려졌고, 사람들은 장미십자회를 남방 대륙과 연관시켰다.

토렌티우스는 카메라 옵스큐라(camera obscura) 기법을 사용한 당대 최고의 정물화 작가였지만 1627년 유죄 판결을 받았다. 현재 그의 작품은 하나만 남아 있다. 그의 재능을 높이 산 당시의 영국 국왕 찰스 1세는 그를 아껴서 영국으로 데려가려 했으나 성사되지는 않았다.

일반인이 장미십자회와 바타비아호의 비극을 연관시킨 또 다른 이유는 상상의 여행기였다. 1623년 프랑스의 가브리엘 노데(Gabriel Naudé)는 『장미십자가 형제단의 역사의 진실에 대해 프랑스인이 알아야 할 기초』[17]를 집필했는데 그는 장미십자회 함대가 남방 대륙에 가는 것을 언급했다. 이 책이 발간된 이후 바타비아호가 남방 대륙을 지나다가 사건이 발생했고, 사람들은 이를 연관시켰던 것이다. 즉 상상의 여행기를 코르넬리스와 연관시켜 현실로 만들고 믿게 한 것이다. 토렌티우스가 장미십자회 단원이라는 증거는 발견되지 않았다. 하지만 술을 마시면서 장난으로 사탄을 위해 축배를 든 것과 같은 일탈된 행동이 그를 파멸시키고 말았다.

정확한 사고에 대한 내용이 언급된 보고서는, 사건 이후 20년이 지난 1648년 『동인도행 바타비아호의 불행한 항해』[18]라는 제목으로 출간되었다. 그런데 이 책은 정부에서 간행한 공식 보고서가 아니라 펠사에르트의 항해 일지 내용을 바탕으로 민간 출판사가 출간한 것이다. 책의 내용은 바타비아호의 비극보다는 이 사건을 처리한 펠사에르트의 활약에 중점을 두고 기술되었다. 그리고 네덜란드인의 강인함과 인내성을 예찬하는 내용이 주류를 이루었다. 출판사는 대중의 구미에 맞게 선과 악의 대립을 극명화했고, 권선징악의 결론을 강조했다. 상업적 목적을 위해 일부 내용을 각색한 것이다. 이 책에 수록된 삽화는 이 분위기를 대변한다. 그림 4-11은 반란을 진압한 후, 반란자들을 재판한 다음 교수형에 처하는 장면이다. 당시 네덜란드 정부는 동인도 회사에 사법권을 위임한 상태였다. 그리고 죄인 심문을 위한 고문은 당시 합법적이었다. 그림 4-11에서 위의 그림은 현지에서의 처형, 그리고 아래 그림은 바타비아 동인도 회사 본부에서의 재판과 처형 장면이다. 이 책은 혼돈 속에서도 승리하는 네덜란드인의 이미지를 강조했다. 반면 350명 중에 겨우 68명만 살아남았다는 사실은 언급하지도 않았다. 이렇게 바타비아의 동인도 회사가 불명예스러운 인물로 평가한 펠사에르트는 네덜란드의 영웅이 되었다.

당시 네덜란드 정부는 은행 대출과 세금을 통해 출판사를 통제했다. 따라서

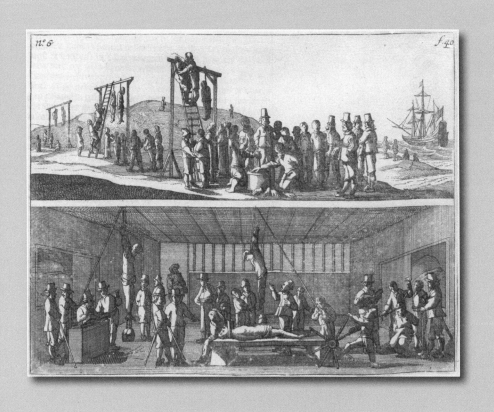

그림 4-11. 펠사에르트 항해기 속의 삽화들
프랑스 파리 국립도서관 소장

출판사 경영자는 정부와의 협의를 거쳐 책이나 지도를 간행하는 것이 관행이었다.[19] 따라서 펠라에르트의 항해기의 기술 방식은 정부의 '국가 만들기'의 일환이라고 볼 수 있다.

당시 네덜란드에서는 바다를 성경적 의미의 시련의 장소인 광야로 생각했다. 시련은 외부에서 주로 오지만, 내부가 원인인 경우가 많다. 바타비아호는 남방 대륙에서 좌초했지만, 동인도 제도에서는 보다 많은 배들이 침몰했다. 그리고 이들 배의 침몰을 기록한 보고서 또는 항해기들은 침몰의 원인을 인간의 지나친 욕망이라고 기록하는 경향이 많았다. 예를 들어 바타비아호의 보고서가 출간되기 1년 전인 1646년, 본테케(Willem Ysbrandtszoon Bontekoe)의 『동인도항해기』[20]가 출간되었다. 배가 침몰한 후 구조선을 타고 항해하는 이야기이다. 배에서 화약이 폭발해 배가 침몰하고 승선한 119명 중 2명만 생존한다는 이야기인데 출간된 책에는 잘못된 부를 추구하거나 비신앙적인 태도가 시련이 된다는 내용이 수록되어 있다.[21] 이것은 당시 네덜란드인들의 세계관을 형성했다. 결과적으로 이들은 바타비아호의 시련의 원인을 자신들의 죄악에서 찾았다. 두 서적이 부여하는 메시지의 공통점은 모세가 온갖 역경을 극복하고 가나안 땅으로 이스라엘 백성을 인도했듯이 동인도 회사는 네덜란드인을 젖과 꿀이 흐르는 땅으로 인도한다는 것과 네덜란드인은 세계 어느 민족보다도 강하고 인내심이 강하다는 이미지를 부여한다는 것이다.[22]

네덜란드인의 바다에 대한 이미지는 동시대 화가들의 항해 회화(marine painting) 작품을 통해서도 살펴볼 수 있다. 17세기 중반 네덜란드인이 그린 폭풍을 뚫고 항해하는 배를 그린 회화 작품의 이미지는 다른 나라의 배의 이미지와는 상당한 차이가 있다. 우리는 항해 회화의 대표적인 작가로 18세기 영국의 윌리엄 터너(Joseph Mallord William Turner)의 작품을 떠올린다. 터너는 자연의 위력을 보여 주는 그림을 많이 그렸는데, 그의 그림 속에서 배들은 대부분 폭풍 속에 위태로이 흔들거린다. 범선은 물결 속에 빨려 들어 가고, 배의 형태는 물결의 색채 속에 녹아 버린다. 터너의 그림에서 그나마 배가 잔잔한 바다 위에 떠 있는 경우에는 몰락이나 죽음 같은 부정적인 의미를 담고 있다.[23] 그러나 17세기 네덜란드 화가들의 바다 이미지는 다르다. 당시 네덜란드의 해양 화가들의 작품 속에 있는 배는 재난을 당하는 것이 아니라, 시련을 극복하는 이미지가 강하다. 터너의 감상적인 폭풍 속의 배 그림과 달리 이 그림들은 네덜란드인의 강인함과 인내를 보여 준다. 이 시기가 바로 네덜란드의 황금시대로 알려져 있다.

당시 네덜란드에서 배는 부의 수단이었을 뿐만 아니라 선교의 도구였다. 배는 선교지로 이동을 가능하게 했다. 따라서 재난과 같은 역경은 동인도 회사의 항해를 전혀 막을 수 없었다. 그러나 부는 선교보다 중요했다. 부를 위해서는 선교의 사명은 과감하게 포기했다. 그래서 네덜란드 동인도 회사는 1641년부터 일본의 데지마에 건설된 인공 섬에서 독점적으로 상관을 열 수 있었다. 원래 데지마는 포르투갈인을 수용하기 위해 건설되었지만, 1639년 로마 가톨릭 전교 활동을 하는 포르투갈인은 추방되었고, 대신 선교를 포기한 네덜란드인들이 이곳에서 무역 활동을 한 것이다.

이 사건 이후 군인인 하예스는 승진했고, 네덜란드의 국민적 영웅이 되었다. 승선 당시의 히예스의 나이는 겨우 21세였다. 프랑스와 영국에서도 이 이야기가 소개되었다. 그리고 비극보다는 오히려 남방 대륙의 탐사에 대한 욕망을 자극했다. 그리고 해상사고는 계속되었다.

바타비아호 사건 이후 동인도 회사는 오스트레일리아 서해안의 지도 제작이 필요함을 인식했다. 그래서 1636년 4월 풀(Gerritt Thomas Pool)로 하여금 암스테르담호와 베셀(Wesel)호를 이끌고 반다 동쪽의 땅과 남방 대륙을 조사하라고 했다. 풀은 페라와 아넘(Aernem)호가 13년 전 발견한 땅을 다시 방문했다. 그리고 동인도 회사는 풀에게 바타비아호에서 추방한 사람들이 생존하고 있을 장소로 예상되는 지역을 지나면서 이들이 발견하면 구조하라고 지시했다. 선장 풀은 해안에 상륙해서 과감하게 원주민과 대화를 시도했으나, 결국 살해당하고 말았다.[24]

1656년 3월 13일에는 '황금으로 만든 용'을 의미하는 베르굴드 드락(Vergulde Draeck)호가 18만 5천 길드어치의 값어치가 있는 화물을 싣고, 텍셀에서 출항했다. 선장 알베르준(Pieter Albertszoon)은 희망봉에서 선원들을 보충해, 총 193명이 희망봉을 떠나 바타비아로 향했다. 그리고 포효하는 40도 항로를 항해했으나, 4월 28일 웨스턴오스트레일리아주에 있는 무어강(Moore River) 북쪽의 산호초에서 좌초해, 118명이 사망했다. 생존자들은 소수의 선원이 탄 작은 구조선 한 척을 2,500km 떨어진 바타비아로 보내 구조를 요청했다. 이들은 41일이 지나 바타비아에 도착했다. 살아남은 68명은 해안에서 조를 나누어 물과 식량을 찾으러 나섰다. 동인도 회사는 즉시 구조선을 보냈으나, 구조대원의 일부가 사망하는 바람에 실패하고 말았다. 1658년 1월 1일에 다시 동인도 회사는 두 척의 배, 와에켄데 보에이(Waeckende Boey)호와 에메르루르트(Emerloort)호를 보내 베르굴드 드락호의 생존자 68명을 찾아 나섰다. 당시는 여름이라 탐색 작업은 용이했지만, 구조대원 일부가 사망했을 뿐, 생존자를 찾지는 못했다. 베르굴드 드락호의 선체는 1963년에야 발견되었다. 그리고 1694년에는 325명이 승선한 리데르스캅(Ridderschap van Holland)호가 희망봉에서 바타비아로 가는 항해 중 흔적도 없이 사라지고 말았다.

1700년대에 네덜란드는 더 이상 오스트레일리아 탐사에 적극성을 보이지 않았다. 영국의 윌리엄 댐피어(William Dampier)가 오스트레일리아를 탐사한 것을 알고 영국의 공격을 두려워했다. 비록 남방 대륙 탐사선은 아니지만, 오스트레일리아 인근에서 해상사고는 계속 발행했다. 1712년에는 동인도 회사의 선박 주이트도롭(Zuytdorp)호가 서부 오스트레일리아 연안에서 사라졌다.

동인도 회사는 구조대를 보냈지만 찾지 못했고, 배의 잔해는 1927년에야 발견되었다. 학자들은 이 배에 승선한 사람들이 원주민 사회로 통합되었을 것으로 추정하고 있다.

네덜란드의 남방 대륙은 1720년 프랑스에서 간행된 프랑스 왕실지리학자 기욤 드릴(Guillaume Delisle)의 「동반구도(Hémisphère Oriental)」에서 확인할 수 있다(4-12). 드릴은 18세기 동해가 지도상에서 한국해(Sea of Corea)로 표기되는 단초를 제공한 사람이다. 그런데 네덜란드 지도 제작자가 아닌 프랑스 지도 제작자의 지도로 네덜란드의 남방 대륙을 소개하는 이유는 네덜란드의 국력이 당시 쇠퇴해서 지도 제작에 투자할 여력이 없었기 때문이다. 프랑스는 당시 루이 14세가 통치한 시기로 그는 지도 제작을 국가의 우선순위에 올려놓았다. 그것은 정확한 지도가 없이는 국토 관리나 전쟁이 불가능하다고 생각했기 때문이었다. 그리고 당시 영국의 국력은 급격히 성장하고 있었지만, 지도 제작에는 관심을 기울이지 않았다. 그래서 18세기 전반부에 영국에서 제작된 세계지도는 프랑스 지도를 복제하는 경우가 많았다. 네덜란드 역시 프랑스의 지도를 복제해 사용했다. 실제로 네덜란드 지도 제작자인 피에트르 판 데르 아(Pieter van der Aa)나 니콜라 빗젠(Nicolaas Witsen)이 1720년경에 제작한 지도의 오스트레일리아는 드릴의 지도보다 정보량이 비약하다.

드릴의 지도에 그려진 오스트레일리아 대부분의 지역은 네덜란드인의 탐사에 의해 확인된 것이다. 그렇지만 오스트레일리아 동해안에 대한 정보는 전무하다. 그리고 일부 지명은 중복되어 표시되기도 한다. '판 디멘의 땅(Terre de Diemen)'은 오스트레일리아 북부 아넘랜드에 표기되어 있지만, 태즈메이니아에도 표시되어 있다. 뉴기니 남쪽의 케이프요크반도 연안에 그려진 강들은 동인도 회사 총독의 이름이나 다른 탐사자들의 이름을 따서 명명한 것인데, 이들 지명 중 다수는 현재도 사용되고 있다.[25] 현재의 카펀테리아만 오른쪽에는 'CARPENTARIE'로 표시되어 있는데, 해안선의 경계를 확정하지 못

그림 4-12. 기욤 드릴의 1720년 「동반구도」 일부
프랑스 파리 국립도서관 소장

한 상태로 남아 있다. 그리고 나머지 빈 곳의 정보는 이후 영국과 프랑스가 채우게 된다.

　네덜란드의 마지막 오스트레일리아 탐사는 1756년에 이루어졌다. 네덜란드 정부는 장 에디엔느 곤잘(Jean Etienne Gonzal)을 파견해 카펀테리아만을 조사하게 하고 북쪽 해안을 따라 서쪽으로 가게 했다. 그러나 조사 내용은 빈약했고 탐사는 실패로 끝났다. 이렇게 잦은 해상사고, 탐사실패, 그리고 영국의 위협은 네덜란드로 하여금 오스트레일리아 탐사에 소극적으로 접근하게 했다. 그러나 네덜란드가 탐사에 소극적이었던 가장 중요한 이유는 이 땅의 경제성이 없다고 판단했기 때문이었다. 만일 금과 은이 있었다면 결코 포기하지 않았을 것이다. 즉 네덜란드에게 테라 오스트랄리스는 더 이상 부의 희망을 주는 땅이 아니었다. 그리고 뉴홀랜드라는 지명도 사라지고 말았다.

제5장

곤느빌의 땅과 남태평양의
프랑스 낙원

1. 상상의 장소, 곤느빌의 땅[1]

지도의 역할은 공간 정보를 정확하게 전달하는 것이다. 그런데 지도의 역사를 살펴보면, 사실과 환상, 현실과 꿈, 심지어 의도적 왜곡이 지도의 내용 속에 혼재되어 있는 것을 발견할 수 있다. 프로파간다의 기능이 포함되는 것이다. 이 과정에서 지도 제작자(mapmaker)는 단순히 지도를 만드는 사람이 아니라, 지도 창작자(map-creator)가 된다. 대탐험의 시대에 지도는 항해의 도구이기도 했지만 발견을 위한 희망의 표현이기도 했으므로, 지도 제작자는 이를 위한 공간을 창조하는 역할을 했다. 그리고 창조된 공간에 가기 위해서는 위험을 감수해야 했다. 결과적으로 지도 창작자를 신뢰한 사람들의 다수는 사망했지만, 일부는 성공해서 역사적으로 그 이름을 남기기도 했다.

대항해 시대에 스페인과 포르투갈을 제외한 다른 유럽 국가들의 관심을 끈 두 개의 항로가 있었다. 바로 북서 항로와 북동 항로였다. 북서 항로란 북아메리카 대륙을 북쪽으로 우회해서 북대서양에서 북태평양으로 바로 가는 항로를 뜻한다. 반대로 북동 항로는 아시아 대륙을 북쪽으로 우회해서 북대서양에서 태평양으로 가는 항로이다. 다른 유럽 국가들이 이 항로에 집착한 이유는 포르투갈과 스페인이 각각 희망봉과 마젤란 해협을 통과해서 동인도 제도로 가는 항로를 독점했기 때문이었다. 그러나 북서 항로와 북동 항로 개척은 어느 나라도 성공하지 못했다.

프랑스는 이미 캐나다 북동부 지역에 16세기 초에 진출했지만, 남아메리카에는 16세기 중반에 진출했다. 프랑스 해군 제독 가스파르 드 콜리니(Gaspard de Coligny)는 1555년에 탐사대를 브라질의 리우데자네이루에 보내 프랑스 정착촌을 만들었다. 그러나 1560년 포르투갈군의 공격에 의해 정착촌은 파괴되고 정착민들은 내륙으로 피신했다. 이후 프랑스는 종교 전쟁에 휩쓸렸고, 아메리카 진출을 주장하던 콜리니는 1572년의 성 바르톨로메오 축일의 대학살의 희생양이 되고 말았다.

그런데 신대륙 개척을 위한 새로운 주장이 등장했다. 1582년 역사학자 랑서롯 포프리니에르(Lancelot Voisin de la Popelinière)는 『세 개의 세계(Les Trois Mondes)』에서 아시아, 유럽, 아프리카를 제1세계, 아메리카를 제2세계, 그리고 아직 발견되지 않은 남반구에 위치한 미지의 대륙을 제3세계로 명명했다. 그는 이 세 개의 세계에 대해 순차적으로 기술했다. 다만 제3세계에 대해서는 알려진 정보가 없었으므로 남태평양과 남대서양을 항해한 경험이 있는 마젤란의 기록을 인용하여 기술했다. 그는 「세 개의 세계」를 자신의 책 속에 수록된 그림 5-1의 지도에 근거해 구분했다. 그런데 이 지도는 오르텔리우스의 1570년 「세계지도(Typus Orbis Terrarum)」를 복제한 다음, 제목만 바꾼 것이었다. 오르텔리우스는 세계를 세 개로 구분하진 않았지만, 세 개의 세계라는 제목을 염두에 두고 이 지도를 보면 실제로 육지가 크게 구대륙, 신대륙, 그리고 남방 대륙 이렇게 세 개로 구분됨을 인지할 수 있다. 이처럼 제목과 같은 어떤 단서를 주면 지도 해석을 그 기준점에 맞게 하는 것은 '닻 내림 효과(Anchor effect)' 때문이다.

그는 이 책에서 콜리니의 실패를 애통해 한다. 프랑스의 완성을 위해 남위 23도에 정착지를 건설했는데, 폭력에 의해 쫓겨났다고 묘사했다. 그는 적도 이남의 프랑스 땅을 남반구의 프랑스란 의미의 'France Antarctique'란 용어를 사용했다. 원래 이 단어는 '남극 지방의 프랑스'란 의미이지만, 그는 적도 남쪽의 프랑스 영토란 의미로 사용했다.[2]

그는 제3세계에 대한 내용의 대부분을 포르투갈과 스페인의 아메리카 탐사

테라 오스트랄리스

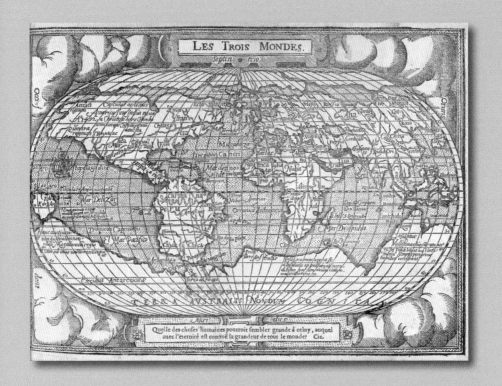

그림 5-1. 포프리니에르의 「세 개의 세계」
프랑스 파리 국립도서관 소장

내용으로 채웠다. 그리고 말라카 제도 이야기도 첨가했다. 콜리니의 정착지 이야기도 지나치게 길게 언급했다. 한 가지 흥미로운 것은 이 책에서는 대척 지란 지리적 용어에 종교적 의미를 첨가했다는 것이다. 그래서 야고보 사도 가 죽은 스페인과 도마 사도가 죽은 인도를 대척지라고 기록했다. 스페인의 지리적 대척지는 실제로는 뉴질랜드 근처의 바다이다. 그러면 그는 제3세계 에 대해 어떤 구체적인 새로운 내용을 기술했을까?

아쉽게도 그는 어떠한 새로운 내용도 기술하지 않았다. 그는 이 땅의 자연 이 아름답다는 것을 전제하고, 그는 프랑스가 다른 나라들처럼 발견을 위해 탐사를 실행해야 한다는 말만 계속적으로 반복했다. 그리고 아무도 그의 의 견에 동의하지 않자, 자신이 이 계획을 실행에 옮겼다. 그는 1589년 5월 프랑 스 위그노의 거점이었던 서부의 항구 도시 라로셸을 출발해 남방 대륙을 찾 아 항해하기 시작했다. 하지만 불행히도 서아프리카의 모리타니아 근처에서 돌아올 수밖에 없었다.[3]

포르니에르의 시도는 실패했지만, 60여 년이 지나 프랑스인들은 다시 남방 대륙 탐사의 분위기에 빠졌다. 16세기 프랑스 설화의 주인공인 곤느빌 이라는 역사적인 인물이 실존했다는 믿음이 형성된 것이다. 그런데 이 설화 를 현실로 받아들이게 한 사람은 노르망디 지방의 성직자인 장 폴미에(Jean Paulmier de Courtonne, 1620~1673)[4]였다.

폴미에는 1654년 『남방 대륙이라 불리는 제3세계에 대한 선교 보고서』[5]를 출간했다. 이 책에서 그는 곤느빌(Binot Paulmier de Gonneville) 설화를 언급 하면서, 프랑스의 곤느빌이 마젤란이 항해하기 이전인 1504년 남방 대륙을 발견했으므로 프랑스가 이 대륙을 당연히 되찾아야 한다고 주장했다.

이 설화에는 곤느빌이 방문한 장소의 지명이 언급되지 않았지만, 폴미에는 그기 남방 대륙에 다녀왔다고 기록했다. 이 책에 수록된 곤느빌의 이야기는 다음과 같이 요약된다.

프랑스 노르망디 옹플레르의 선원 곤느빌이 동방 무역의 거점 도시인 리스본을 방문한 다음, 자신도 동방 무역에 참여하기로 결심했다. 그리고 프랑스로 돌아와 배를 구입한 다음 1503년 6월 24일 옹플레르를 출발했다. 그런데 항해 도중 폭풍을 만나 표류하다가 1504년 1월 5일 육지를 발견했다. 곤느빌일행은 이곳의 원주민들로부터 환대를 받았고, 그는 이곳을 남방 대륙의 일부라고 생각했다. 1504년 7월 새로운 학문과 기술을 전수하는 명목으로 추장의 아들 에소메리크(Essoméricq, 승선 당시 15세)를 데리고 프랑스로 출발했다. 그리고 추장 아로스카(Arosca)에게는 아들을 20개월 후에 보내 주겠다는 약속을 했다. 그러나 귀환 도중 해적의 공격을 받아 항해 기록을 상실했고, 옹플레르에는 1505년 5월 20일 귀환했다. 항해 시작 당시 출발 인원은 66명이었으며, 귀환 인원은 에소메리크를 포함해 28명이었다. 문제는 항해 일지를 분실한 상태였기 때문에, 곤느빌이 당시 출입국 사무소 역할을 하던 노르망디해군성에 자신의 기억에 의해 작성한 항해기를 제출할 수밖에 없어서 자료가부정확하다는 것이다.

모든 항해 기록이 사라졌기 때문에 아로스카에게 한 약속을 지키는 것은 불가능했다. 대신 그는 에소메리크를 자신의 조카와 결혼하도록 했다. 그리고 곤느빌 자신의 이름인 폴미에를 에소메리크의 이름으로 사용하도록 했다. 그리고 에소메리크는 노르망디 지방에서 행복하게 살았다.

전설로만 받아들여졌던 이 이야기는 폴미에 신부가 에소메르크의 후손이라고 주장함으로써 점차 사실로 받아들여지게 되었다. 폴미에는 1658년 외국인 거주세 납부고지서를 받은 것을 계기로 곤느빌이 해군성에 제출했던 서류를 열람한 결과, 자신이 에소메리크의 후손이라는 것을 알게 되었다는 것이다. 그리고 동족에 대한 사랑의 표시로 선교를 결심했다는 것이다. 그러면 폴미에의 주장은 거짓말일까?

반드시 그렇지는 않을 것이다. 왜냐면 폴미에는 성서를 인용하면서 남방 대륙 선교의 중요성을 주장했는데, 사제가 자신의 출생에 대해서는 거짓말을 하면서 성경 구절에 근거해 선교를 주장한다는 사실은 자기 모순적 행위이기 때문이다.

그는 신이 부여한 선교의 사명을 감당할 세 나라가 포르투갈, 스페인, 프랑스이고 각각 동인도, 서인도, 그리고 남인도를 담당해야 한다고 주장했다. 그는 곤느빌의 땅을 남인도로 간주했다. 그리고 이 세 개의 인도를 '해 뜨는 인도', '해 지는 인도', '정오의 인도'로 불렀다. 그는 선교를 통해 이들을 무지에서 구해야 한다고 주장했다. 그리고 이들을 선교하는 방식은 칼과 정복을 통한 이전의 방식에서 벗어나야 한다고 주장했다. 그는 남인도의 면적이 신성로마 제국 면적의 2배라고 기록했다. 그리고 이곳의 모든 땅이 비옥하거나 이곳 주민들이 모두 행복하게 사는 것은 아니라고 했다. 또 프랑스에서 이곳까지의 거리는 중국이나 일본보다 멀다고 명시했다. 더욱이 흥미로운 것은 모슬렘이 이곳을 먼저 차지하고 선교할 가능성이 있으므로, 프랑스가 서둘러야 한다고 주장한 것이다.

그는 이곳에 진출해 있는 유럽인의 수가 너무 적어 선교의 사명을 감당할 수 없다고 했다. 또한 이 지역에 모슬렘들이 진출해 있는데 우리들이 선교를 하지 않는 것은 그리스도 앞에서 부끄러운 일이라고 했다.[6]

그는 미지의 남방 대륙의 지리적 범위를 저서 속에 삽입한 프랑스 지도 제작자 니콜라 드 페르(Nicolas de Fer)의 「세계지도(Typus Orbis Terrarum)」를 통해 남방 대륙의 지리적 범위를 설명했다(그림 5-2). 그렇지만 그는 이 모든 땅을 선교 대상으로 주장하지는 않았다. 그가 선교 대상으로 정한 땅은 앞에서 말한 남인도 지역인데, 그는 이곳이 동인도 제도에서 가깝다고 주장했다. 그리고 그는 곤느빌이 발견한 땅은 광대한 남방 대륙의 일부로 네덜란드인이 발견한 뉴홀랜드가 아니라 남아프리카 남동쪽에 있다고 기술했다. 이 땅이

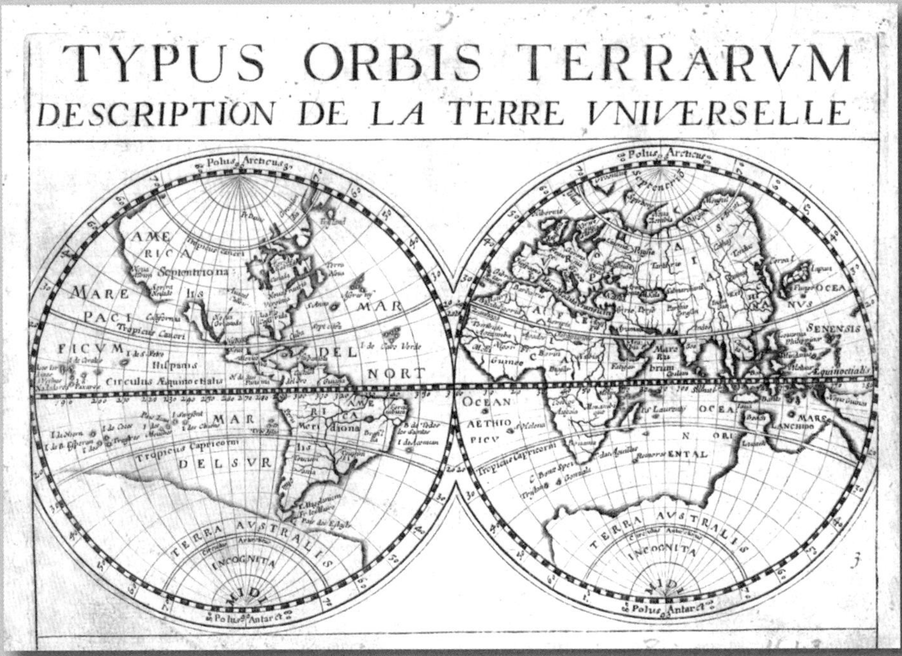

그림 5-2. 니콜라 드 페르의 1643년 세계지도
프랑스 파리 국립도서관 소장

이후 곤느빌의 땅으로 지도상에 표시된다. 그는 이 땅이 상춘의 땅으로 풍부한 수확량이 있으며, 과일과 곡물이 풍성한 곳이라고 주장했다. 그렇지만 부가 많은 곳이라고 주장하지는 않았다. 그는 이 땅에서 솔로몬의 황금을 발견할 가능성을 언급은 했지만, 기존의 논리와는 완전히 다른 차원에서 이 땅을 발견해야 하는 당위성을 주장한다. 그는 「누가복음」 19장에 언급된 솔로몬과 시바의 여왕의 이야기를 우선 언급한다. 그리고 「야고보서」 2장 3절에 언급된 사람들이 부자와 가난한 사람을 교회에서 차별하는 모습을 인용하면서, 중국의 비단, 페루의 포토시 광산에는 관심이 많지만 자원이 없는 제3세계에는 관심이 없음을 한탄한다. 그러면서 선한 사마리아인이 되어 이 사람의 영혼을 구원해야 할 책무가 있음을 주장한다.

그는 남방에 이렇게 넓은 땅이 있는데 프랑스는 전혀 탐사하지 않는다고 비판했다. 그는 프랑스가 탐사에 나서지 않는 이유로, 다른 유럽 국가들에 비해 비옥한 토지를 보유하다 보니 개척 정신이 결핍되었기 때문이라고 지적했다.

폴미에는 마다가스카르에서 몇 주만 항해하면 곤느빌의 땅에 도착할 수 있다고 주장했다. 그리고 그는 자신의 선교 계획을 기술하며, 마다가스카르를 본부로 한 새로운 선교 단체 설립의 필요성을 역설했다. 그러나 그의 선교 계획보다는 폴미에가 언급한 곤느빌의 땅의 지리적 위치, 즉 '몇 주'가 다음 세기에 프랑스가 이 지역을 탐사하도록 만들었다.

곤느빌의 저서가 출간된 17세기 중엽에 곤느빌의 땅이 일부 지도에 표시되기 시작한다. 그렇지만 위치는 폴미에가 말한 남인도 지역과는 거리가 있었다. 피에르 뒤발(Pierre Du Val)이 1676년 그린 「남방 대륙 지도(Terres Australes)」에서는 앵무새의 땅(Terre des perroquets)이 희망봉 서쪽 아래에 표시되어 있다(그림 5-3). 그런데 아래에 "1504년 아로스카 추장의 아들 에소메르크를 노르망디로 데려가 곤느빌이 이곳에 도착했다."라는 문장이 수록되어 있다.[7]

앵무새의 땅은 1500년 브라질을 발견한 포르투갈의 항해가 카브랄(Pedro

그림 5-3. 앵무새의 땅과 곤느빌의 땅을 동일한 장소에 표시한 피에르 뒤발의 1676년 지도
프랑스 파리 국립도서관 소장

Alvares Cabral)이 캘리컷으로 항해하던 도중 남서풍으로 인해 도착한 곳으로, 앵무새가 많아 앵무새의 땅으로 불린 곳이다. 이곳은 브라질일 가능성이 높다. 브라질과 곤느빌의 땅은 같은 장소가 아니지만, 지도에 따라 앵무새의 땅과 곤느빌의 땅은 동일한 장소에 표기되기도 했다.

곤느빌의 땅을 남인도로 지칭한 지도도 존재한다. 지도의 예술성이 뛰어나 당시 판매량이 높았던 장 밥티스트 놀린(Jean-Baptiste Nolin)은 1700년 제작한 「지구양반구도」[8]에서 아프리카 남쪽에 앵무새의 땅을 그렸고, 이보다 15도 정도 동쪽에 곤느빌과 관련한 내용을 기록했다(그림 5-4). 내용은 다음과 같다.

비노 폴미에 곤느빌이 이 땅을 1503년 발견했고, 그가 도착한 땅의 해안 지역을 통치하는 에소메르크라고 불리는 아르스카 추장의 아들을 데려왔다. 그는 이 땅을 남인도(Indies Meridionales)로 명명했고, 상당한 무역의 가능성이 있으며, 주민들이 온순함을 발견했다. 그리고 1503년 이 땅이 곤느빌에 의해 알려졌고 남인도(Indes Meridionales)로 명명했다.

그러나 놀린과 동시대에 활약했던 루이 14세 시절의 왕실 수석 지리학자 기욤 드릴은 곤느빌의 땅과 앵무새의 땅은 물론 남방 대륙 자체를 그리지 않았다. 당시 프랑스는 세계 최초로 삼각 측량에 의거해 프랑스 전체의 지도를 제작하던 시기였다. 당시 프랑스 지도 제작을 담당한 학자는, 루이 14세가 이탈리아에서 초빙한 천문학자 장 도미니크 카시니(Jean-Dominique Cassini)였다. 그는 목성의 위성을 관측하는 방법을 사용해 경도를 측정했을 뿐 아니라 지구의 형태에 대해 뉴턴과 논쟁을 벌이기도 했던 인물이었다. 또한 지구의 정확한 형태를 측정하기 위해 프랑스는 중국, 인도, 남태평양, 아메리카에 학자들을 파견하기까지 했다. 따라서 곤느빌의 이야기와 같은 전설은 왕실 지리

그림 5-4. 장 밥티스트 놀린의 1700년 지도의 곤느빌의 땅
프랑스 파리 국립도서관 소장

학자의 관점에서는 배제되어야 할 지리 콘텐츠였다.

그러나 국민 정서는 과학에 우선한다. 당시 네덜란드와 영국은 남태평양에서 새로운 섬들을 발견하고 있었다. 따라서 곤느빌의 이야기는 프랑스의 애국심을 자극하기에 충분했다.

곤느빌이 역사적으로 실존했는지의 여부 자체는 불명확하지만, 일부 학자들은 그가 실존 인물이며, 또 그의 탐사가 실제로 이루어졌다고 믿었다. 곤느빌의 이야기로 인해 17세기와 18세기 프랑스 고지도에는 곤느빌의 땅이 표기되었으며, 또 이 이야기는 18세기까지 프랑스의 남태평양 탐사의 동력이 되었다. 지금도 남태평양에 위치한 프랑스 영토에는 곤느빌의 땅을 찾고자 했던 탐사자들의 이름을 딴 지명이 존재하고 있다.

2. 상상의 지도로 이루어진 항해, 그리고 지도

영국의 사략선 선원이었던 윌리엄 댐피어(William Dampier)는 1697년 『새로운 세계일주기(A New Voyage Round the World)』 그리고 1699년 『항해와 묘사(Voyages and Descriptions)』를 연이어 출간했다. 그리고 댐피어는 1699년 오스트레일리아 해안을 탐사했다. 댐피어는 처음에는 단순한 사략선 선원이었으나 저서 출간 즈음에 영국의 국가적 인물로 부각된 상태였다.

댐피어의 탐사에 자극을 받아 프랑스에서는 남방 대륙을 찾기 위한 탐사 분위기가 형성되었다. 곤느빌의 땅이라고 특정하지는 않았으며, 일단은 미지의 남방 대륙 탐사를 시도해 보기로 했다. 처음에는 상선의 선원들 일부가 어디선가 남방 대륙을 보았으니 자신의 항해를 지원해 달라며 정부에 요청하는 방식으로 일이 시작되었다. 해군장교 게데온 니콜라 드 부트롱(Gédéon Nicolas de Voutrons)은 1699년 해군성에 남방 대륙을 식민지로 만들기 위한 탐사를 제안했다. 그는 프랑스 정부가 1687년 시암(현재의 태국)에 대사를 파견하는 군함에 승선했었다. 당시 케이프타운에서 태국으로 가는 여정 중 오스트레일리아 서부의 스완강 유역을 지나쳤는데, 당시 본 땅을 그는 남방 대륙이라고 주장하면서 스완강 주변에 정착지를 건설해야 한다고 주장했다. 그러나 그의 제안은 거부되었다. 그 외에도 여러 사람들이 곤느빌의 땅을 찾기 위한 항해를 제안했으나, 정부는 이를 지원하지 않았다.[9]

프랑스 동인도 회사의 장 밥티스트 로지에 부베(Jean-Baptiste Lozier de Bouvet)는 폴미에의 책을 읽고, 곤느빌의 땅이 실제로 존재한다고 믿었다. 그는 1733년 프랑스 동인도 회사에 곤느빌의 땅을 찾을 것을 제안했다. 그는 폴미에의 주장을 인용하여 마다가스카르에서 몇 주만 동쪽으로 항해하면 곤느빌의 땅에 도착할 수 있다고 주장했다. 그는 곤느빌의 땅을 찾아야 할 이유를 다음과 같이 제시했다.[10]

첫째, 당시 프랑스는 모리셔스를 인도양의 항해 기지로 사용했는데, 식민지 전초 기지로는 위치가 적합하지 않다. 따라서 곤느빌의 땅을 발견하면 순다 해협이나 말레이반도를 지나지 않고 중국으로 갈 수 있고, 또 인도로 항해하는 것도 훨씬 용이하다.

둘째, 인구가 많아서 프랑스에서 생산된 물품을 팔 수 있는 무역 거점이 될 수 있고, 이 지역의 주민들을 노예로 활용할 수 있다.

셋째, 당시 프랑스 과학원은 스칸디나비아반도 북쪽의 라플랑드에서 지구의 형태를 측정하는 연구를 수행하고 있었는데, 만일 남방 대륙에서 남극권 관측을 한다면 지구의 극지방 연구를 종합적으로 할 수 있는 이점을 가진다.

동인도 회사의 목적에 부합하게 부베는 선교의 목적 대신 정치적·경제적인 목적에서 남방 대륙 탐사를 주장했다. 곤느빌의 땅에서 경제적 이익을 창출할 수도 있을 것이라고 판단한 프랑스 동인도 회사는 마침내 부베의 항해를 허락했다.

부베는 1738년 7월 19일 출발했다. 그리고 1739년 1월 1일 남위 54도 40분에서 부베섬을 발견했다. 기상 조건이 좋지 않은데다 섬 주변의 빙하 때문에 상륙은 불가능했다. 그리고 안개로 인해 관찰마저 어려웠다. 그는 1월 12일까지 섬 주변에 머물며 이 땅이 섬인지 육지인지를 결정하려 했으나, 배의 상태가 니빠서 프랑스로 돌아왔다. 그리고 그는 프랑스 동인도 회사에 남방 대륙이 너무 남극 쪽으로 치우져 있어서 인도로 항해하기 위한 배들이 정박하는 기지로 사용하는 것은 어렵다고 보고했다.

다음 해인 1740년 부베는 『남방 대륙 탐사 보고서』[11]를 출간했다. 그는 자신이 발견한 섬이 남위 54도에 위치하는데, 이 지역과 대칭되는 북위 54도에 프랑스 북부 지역 또는 브뤼셀이 위치하므로, 이 지역이 프랑스 북부 지역의 기후와 동일한 기후를 가진다고 주장했다. 부베는 자신이 발견한 땅이 거대한 남방 대륙의 일부이며 빙하 너머에는 온화한 기후의 땅이 펼쳐져 있을 것이라고 판단했다.

그리고 새로운 탐사를 주장했다. 그러나 프랑스 내에서도 부베의 주장에 동조하지 않는 사람들이 많았다. 이들은 폴미에가 주장한 곤느빌의 땅 자체에 대해서도 회의적이었지만 그 땅이 남극에 치우쳐 있기 때문에 발견하더라도 유용하지 않을 것이라고 주장했다. 결국 프랑스 동인도 회사는 부베의 후속 탐사를 허용하지 않았다.

부베의 탐사 이후 곤느빌의 땅을 찾는 항해는 보류되었다. 그러나 당대 프랑스 최고의 과학자들이 부베섬 근처에 곤느빌의 땅이 있으므로 다시 탐사에 나서야 된다고 주장했다. 수학자인 피에르 루이 모페르튀이(Pierre Louis Maupertuis)와 박물학자 조르주 루이 뷔퐁(Georges Louis Leclerc de Buffon)이 이 주장의 선봉에 섰다. 모페르튀이는 1742년 프랑스 과학원 원장으로 선출되었다. 그리고 1746년에는 프러시아의 프리드리히 2세의 요청에 의해 프러시아 왕립과학원 원장에 취임했다. 그러나 독일과 프랑스가 적국으로 참전한 7년 전쟁이 발발해 그는 난처한 입장에 처했고, 양편 모두에게서 비난을 받았다. 뷔퐁은 파리 왕립식물원 원장으로 식물원을 단순히 식물을 보여 주는 장소가 아닌 생물 연구의 장소로 탈바꿈해 준 사람이다. 그는 인종학 연구에도 기여했는데 인종을 피부색, 기질, 생김새와 키를 기준으로 분류했다.

모페르튀이는 1752년 『과학 발달에 관한 고찰(Lettre sur le progrès des sciences)』에서 많은 논문에 남방 대륙이 언급되는 것 자체가 남방 대륙이 존재하는 증거라고 주장했다. 즉 그는 지도에 남방 대륙으로 들어가는 곳이 표시된 것은 누군가가 그곳에 가 보았기 때문이라고 생각했다. 그런데 여기서 의문을 가질 수 있는 것은 왜 수학자인 모페르튀이가 이런 비논리적인 주장을 했느냐이다. 그는 이 책에서 과학을, 국왕이 그 결과를 바꿀 수 없는 과학과 국가의 주권과 관련된 과학으로 구분했다. 여기서 전자는 순수 과학을 지칭한다. 그는 후자는 비용이 많이 소요되지만 특별한 결과는 없는 연구, 그렇지만 국가의 발전을 위한 과학이라고 기술했다.[12] 그리고 남방 대륙에 대해서는 후자의 접근법을 채택해야 한다고 주장했다.

모페르튀이는 부베가 너무 일찍 포기했다고 비판했다. 그리고 남반구에 완전한 여름이 되는 한 달쯤 뒤에 이곳에 도착했으면, 빙하가 녹아서 육지에 접근할 수 있었을 것이라고 주장했다. 그리고 빙하 지역을 항해하는 핀란드인의 항해 기술을 배워야 한다고 주장했다.

뷔퐁 역시 비슷한 주장을 했다. 뷔퐁은 『자연사(Histoire Naturelle)』에서 부베가 잘못된 계절을 선택해서 항해했기 때문에 실패했고, 만일 한여름에 항해했으면 빙하나 안개가 없어서 탐사가 가능했을 것이라 주장했다. 그리고 여름에도 빙하가 존재할 가능성을 완전히 배제할 수는 없기 때문에 위험을 최소화하기 위해 대서양보다는 태평양 쪽에서 접근하는 것이 유리하므로, 칠레에서 출발해서 남위 50도를 따라 항해하는 항로를 추천했다.[13]

그는 북반구와 남반구가 계절은 다르지만 위도에 따른 기온 차는 존재하지 않는다고 보았다. 따라서 북위 52도에서 발견되지 않는 빙하가 남위 52도에서 발견된 것은 일반적인 현상은 아니라고 보았다. 그는 또 빙하가 장애라는 부베의 주장에 동의하지 않았다. 그는 염분이 있는 바닷물은 결빙이 어렵기 때문에 대부분의 빙하가 육지에서 형성되어 강을 통해 바다로 유입된다고 생각했다. 그래서 부베가 본 빙하들이 내륙에서 생성되어 바다로 흘러들어 왔

다고 주장했다. 즉 빙하 근처에 남방 대륙이 존재한다는 것이다.[14]

일반인의 주장이 아닌 과학자들의 주장은 무게가 다를 수밖에 없다. 특히 과학원장과 식물원장의 주장은 과학계를 대표하는 목소리라고 볼 수 있다. 왕실 수석 지리학자인 부아쉬는 이러한 분위기를 감안하여 1754년 「남방 대륙 지도(Carte des terres australes)」에 남극 주변에 두 개의 육괴를 그린 다음, 곤느빌의 땅을 그려 넣었다(그림 5-5).[15]

이 지도에서 부아쉬는 곤느빌의 땅을 남위 52도 동경 55와 65도 사이에 위치시켰다. 아프리카 남쪽에 위치한 육괴에 분홍색으로 표시된 곳이 곤느빌의 땅(Terre de Gonneville)이다. 그리고 이보다 약 15도 서쪽에 앵무새의 땅(Terre des Perroquets)을 그렸다. 그리고 남극점 부근에는 '빙해로 추정됨(MER GLA-CIALE Conjecturée)'이라는 문장이 기록되어 있다. 지도에서 남극 대륙은 가운데 큰 바다를 중심으로 두 개로 나뉘어져 있다. 부아쉬는 아래편에 위치한 대륙에 수록한 주기에서 이 땅의 존재에 대한 의문점을 표시했다.

이번에는 부아쉬의 지도가 정부 당국자나 대중이 남극 근처에 남방 대륙이 존재한다고 생각하도록 유도했다. 즉 일부 과학자들의 주장이 부아쉬로 하여금 남극에 대륙을 그리도록 만들고, 또 지도가 다시 이번에는 학자와 대중늘로 하여금 남극권에 대륙이 존재한다고 믿도록 했다. 앞에서 언급한 학자들의 의견과 부아쉬의 지도에 고무되어 프랑스 동인도 회사는 다시 곤느빌의 땅을 탐험하기 위한 계획을 수립했다. 그런데 1769년 프랑스 동인도 회사는 파산하고 말았다. 하지만 이 회사에 근무했던 마리옹(Marion du Fresne)은 모리셔스 행정관을 설득해 배 두 척을 지원받아 1771년 곤느빌의 땅을 찾기 위해 인도양을 항해했다. 그는 곤느빌의 땅을 발견하지 못하고 1772년 마오리족에게 살해당했다. 쉬르빌(Jean François de Surville) 역시 태평양을 중심으로 1768년에 시작해서 1770년까지 항해했으나, 괴혈병으로 많은 선원들이 죽었

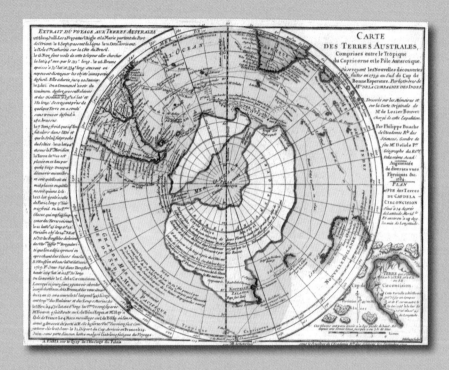

그림 5-5. 부아쉬의 1754년 남극지도
프랑스 파리 국립도서관 소장

고 곤느빌의 땅을 찾지 못했다.

프랑스 해군의 케르겔렌(Yves Joseph de Kerguelen de Trémarec) 역시 1770년 프랑스 해군에 곤느빌의 땅을 찾기 위한 항해를 제안했고, 마침내 허락받았다. 그는 부갱빌이 세계 주항을 마치고 데리고 온 타히티 추장의 아들을 돌려보내는 약속을 지켜야 한다는 사실과, 남방 대륙 탐사를 명분으로 프랑스 해군에 항해 계획을 제안했다. 그리고 국왕의 승낙을 받았다. 당시 국왕인 루이 15세는 남인도양에 위치한 세인트폴섬과 암스테르담섬 남쪽의 남위 45도와 남극점 사이에 큰 대륙이 위치할 것으로 추정되므로, 그곳에 정박할 수 있는 항구를 찾으라고 지시했다. 아울러 과학 탐사와 동시에 원주민과 좋은 관계를 유지하면서 상업적 가능성을 탐색하라고 지시했다.[16] 또한 모리셔스에서 인도의 벵골만 연안에 위치한 코로만델 해안을 따라 향료 제도로 가는 새로운 항로를 탐색하라고 지시했다. 케르겔렌은 1771년 두 척의 배에 60개의 대포와 600명을 태우고 모리셔스를 출발해서 곤느빌의 땅을 찾기 위해 남쪽으로 항해했다.

이들은 모리셔스에서 1772년 1월을 보냈는데, 타히티 추장의 아들인 아오투루(Aotourou)는 이곳에서 사망하고 말았다. 케르겔렌은 1772년 2월에 케르겔렌 제도를 발견했다. 그런데 케르겔렌은 자신이 본 사실을 왜곡해서 기록했다. 추위와 눈, 그리고 폭풍이 심해 섬에 상륙하지도 못했는데 항해 일지에는 녹색의 풍요한 땅 그리고 많은 인구를 가진 곳이라고 기록했다. 그리고 프랑스에 귀환해서는 거대한 대륙을 발견했다고 보고했다. 그는 자신이 본 땅이 남방 대륙의 중심이며, 토목 공사와 조선 공사에 사용할 풍부한 목재와 원료가 많고 제염과 포경 및 광물 채취가 매우 유리할 것이라고 거짓으로 보고했다. 그는 프랑스를 위한 새로운 엘도라도를 꿈꾸었고, 새로운 콜럼버스가 되고 싶었다.[17] 그는 안개와 추위는 물론 자신이 상륙하지 못했다는 내용도 언급하지 않았다. 케르겔렌은 이 탐사의 성과로 진급했고, 훈장도 받았다.

케르겔렌 함대의 일원으로 다른 배를 지휘한 생 알루아른(Francois Marie Aleno de Saint Aloüarn)은 폭풍우로 인해 케르겔렌과 떨어진 후 뉴홀랜드 방향으로 항해했다. 당시 생 알루아른의 배에는 후일 프랑스 해군 제독이 된 프랑스와 에티엔느 드 로실리 메스로(François Étienne de Rosily-Mesros)가 승선하고 있었다. 1772년 3월 30일 생 알루아른은 샤크베이 입구에 위치한 더크 하르톡섬에 도착했다. 이 섬은 이미 156년 전에 네덜란드령으로 선포된 바가 있었다. 그러나 정복 차림의 병사 5명과 해군 장교인 로실리 네스로는 이곳에 상륙해서 이곳을 프랑스의 영토로 선포했다. 그리고 증거를 남기기 위해 두 개의 병에 프랑스 은전과 문서를 넣어 땅속에 묻었다. 병 하나는 1998년 1월 발견되었고, 또 다른 병은 4월 1일 근처에서 발견되었다. 루이 15세의 얼굴이 그려진 은전은 그대로 있었지만 문서는 남아 있지 않았다.

케르겔렌의 거짓 보고에 고무된 프랑스 정부는 그로 하여금 두 번째 탐사를 허락했다. 그는 1773년 3월 항해를 시작했다. 그런데 케르겔렌은 10대 소녀인 루이즈 세귄(Louise Seguin)을 자신의 배에 승선시켰다. 여성이 프랑스 해군의 배에 승선한 것이 최초는 아니지만, 선원들은 불길한 징조라고 생각했다. 실제로 선원들은 이전의 항해에 비해 많은 고통을 겪었다. 1773년 12월 14일 안개가 자욱한 육지를 발견했는데 이전에 그가 발견한 케르겔렌섬의 북단이었다. 몇 주 동안 상륙을 시도했으나 악천후로 인해 상륙은 불가능했다. 1월 중순에 케르겔렌은 항해를 포기했다. 케르겔렌은 1774년 9월 귀환했는데, 이번에는 그 땅에 어떤 자원도 없으며, 인간이 거주하지 않는다고 보고했다. 그리고 마다가스카르의 내륙에 곤느빌의 땅이 존재할 가능성이 있으므로 마다가스카르 탐사를 제안했다. 그러나 루이 15세는 마다가스카르를 식민지로 만들 계획을 별도로 가지고 있었기 때문에 그의 제안을 거부했다.

더욱이 1775년 1월에는 승선했던 장교 중 한 명이 그를 고소하기까지 했다. 케르겔린이 배를 이용해 노예 무역으로 사적 이익을 챙겼다는 것이다. 그리고 여성을 승선시킨 죄목도 추가되었다. 루이즈 세귄은 최초로 남극권을 탐사한 여성이 되었지만, 그녀를 승선시킨 케르겔렌의 형량이 높아지는 데 기여했다. 케르겔렌은 20년 형을 선고받았으나, 6년으로 감형되었다. 그리고 프랑스가 1778년 영국과의 전쟁이 발발하자 그는 즉시 석방되었다. 더구나 프랑스 혁명기인 1793년에 혁명정부는 케르겔렌의 공과에 대한 정확한 판단도 없이, 그를 구체제의 희생양으로 간주하고 그의 지위와 명예를 회복시켰다.

이러한 과정에 남극권을 항해한 제임스 쿡의 2차 항해(1772~1775년) 결과가 프랑스에 알려졌다. 그리고 이 항해로 인해 남반구에 거대한 육지가 있다고 주장한 이전의 남방 대륙 주장은 근거를 상실하게 되었다. 물론 이전에도 곤느빌의 땅이 남방 대륙에 존재하는 것은 아니라는 의견이 프랑스 내에 존재했다. 아메리카의 루이지애나주를 탐사했던 베르나(Jean-Baptiste Bénard de La Harpe)가 대표적 인물이다. 그는 곤느빌의 이야기에 대해 의문을 품었고, 만일 곤느빌이 실제로 존재하고 항해했다면 아마도 남방 대륙은 버지니아주 또는 메릴랜드주 인근의 해변일 것이라고 주장했다. 더불어 곤느빌의 땅이 마다가스카르일 것이라는 또 다른 주장도 제기되었다.[18] 이후 프랑스는 거대한 남방 대륙을 찾는 것은 포기하고 남방 대륙의 일부로 여겨지는 오스트레일리아나 남태평양 지역의 탐사에 나섰다.

비록 곤느빌의 땅을 찾는 탐사는 실패했지만, 이들의 항해가 전혀 의미 없는 것은 아니었다. 이들의 항해는 인도양 남쪽에 위치한 땅에 대한 관심을 유발했다. 프랑스인들은 곤느빌의 땅을 미지의 남방 대륙과 연관시켜 생각했고, 당시 프랑스인들이 발견한 케르겔렌 제도와 크로제 제도는 현재 남반구에 위치한 프랑스 영토로 지정되어 있다. 그리고 이 땅들은 네덜란드인들이 먼저 발견했지만, 프랑스인이 후일 차지한 생폴섬과 암스테르담섬과 함께 '프랑스령 남방 및 남극(Terres australes et antarctiques françaises, TAAF)'으로 불리고 있다.

3. 남방의 유형지 건설

1763년 7년 전쟁의 패배로 인해 프랑스는 캐나다의 아카디아(Acadia) 지역을 영국에게 할양했다. 아카디아는 북아메리카 북동부의 옛 프랑스 식민지를 부르던 이름으로, 퀘벡 주의 동쪽과 노바스코샤주, 뉴브런즈윅주, 프린스에드워드아일랜드주, 뉴펀들랜드 래브라도주, 그리고 미국의 뉴잉글랜드 지역이 여기에 해당한다. 아카디아에 거주하던 프랑스 정착자들은 프랑스로 귀환하거나 아니면 다른 곳으로 떠나야만 했다. 당시 캐나다에 거주하고 있던 프랑스 출신의 앙리 페이루(Henri Peyroux de la Coudrèniere)는 스페인과 협약을 맺고 프랑스인들을 루이지애나로 이주시키기로 했다. 루이지애나는 원래 프랑스령이었으나 1762년 11월 스페인과의 동맹 강화를 위해 프랑스가 스페인에게 제공했고 1763년 2월 공식적으로 스페인령이 되었다. 페이루는 1785년 5월에서 10월 사이에 1,600명을 루이지애나로 이주시켰다. 그리고 그는 케이준(Cajun) 사회의 지도자가 되었다. 케이준은 '아카디아'의 형용사형 '아카디안'이 미국 인디언에 의해 잘못 전해지며 생긴 이름인데, 아카디아 사람 또는 이들의 요리방식을 지칭하는 의미로 현재 사용되고 있다.

1785년 페이루는 스페인 군대에 입대하여 루이지애나 프랑스 정착민들의 통역을 담당하고 있었는데, 스페인이 태즈메이니아를 차지해야 한다고 주장했다.[19] 그는 보고서를 통해 태즈메이니아를 스페인이 차지하면 영국이 페루와 멕시코를 공격하는 것을 예방할 수 있다고 했다. 그리고 러시아가 캄차카반도에서 남진하여 태평양으로 진출하는 것 역시 막을 수 있다고 주장했다.[20]

그러나 스페인이 자신의 주장에 대해 반응하지 않자, 이번에는 프랑스 정부에 서신을 보내 태즈메이니아의 기후가 온난하고 토양이 비옥하므로 프랑스 정착민들을 태즈메이니아로 이주시켜야 한다고 주장했다.[21]

그는 태즈메이니아를 프랑스 식민지로 만들면 아시아, 아메리카 서안, 아프리카 동안, 그리고 인도양과 태평양의 섬들과 교역이 용이하다고 주장했다.[22] 태즈메이니아 주변의 해류와 풍향이 이들 지역과의 교역에 매우 유리한 조건이라는 것이 그의 의견이었다. 또한 이곳을 차지하면 오스트레일리아 전체를 차지할 수 있으며, 경쟁국인 영국과 러시아로부터 오스트레일리아를 지킬 수 있다고 주장했다.[23] 그러나 그의 제안에 프랑스 정부는 반응하지 않았다.

프랑스는 1807년 오스트레일리아에 정착촌을 건설했다. 이를 지휘한 사람은 페론(François Péron)인데, 그는 보댕 탐사대의 박물학자로 1802년 포트 잭슨에서 5개월을 보낸 적이 있었다. 그는 1807년 『남방 대륙 탐사기』[24]를 출간했는데, 이 보고서에서는 오스트레일리아와 태즈메이니아의 자연환경과 문화에 대해서만 주로 기술했고 식민지 개척 가능성에 대해서는 언급하지 않았다. 그런데 그는 프랑스에 귀국해서는 보터니만에 프랑스도 진출해야 한다고 주장했다.

프랑스가 관심을 보인 또 다른 땅은 서부 오스트레일리아이다. 제임스 쿡은 1770년 동부 오스트레일리아를 영국령으로 선포했다. 그리고 생 알루아른은 2년 후인 1772년 서부 오스트레일리아의 샤크베이를 프랑스령으로 선포했다. 프랑스는 생 알루아른의 선포에도 불구하고 후속 조치를 취하지 않았다. 영국은 1788년 현재의 시드니 인근인 보터니만에 식민지를 건설했지만, 프랑스는 국내 정치 상황으로 인해 이곳에 진출할 엄두도 내지 못했다. 영국이 이곳에 유형지를 설치한 다음 성공적으로 지역경제가 성장하고 있다는 소식을 듣고 난 후 프랑스는 서부 오스트레일리아에 관심을 표명하게 된다.

나폴레옹이 실각한 다음 루이 18세가 왕으로 취임했고, 그는 프랑스 해군을 1821년 새롭게 정비했다. 그리고 태평양에 뒤퍼리(Louis Isidore Duperrey) 탐사대를 보내기로 결정했다. 당시 이 배에는 지리학자인 블로스빌(Jules de Blosseville, 1802~1833)이 승선했다. 그는 16세에 해군에 입대했는데, 블로스빌의 아버지는 당시 해군 장관과의 친분을 이용해 아들을 이 탐사대의 장교로 승선시켰다. 이 배는 1822년 8월 11일 출항했다. 탐사대의 가장 중요한 임무는 과학 탐사였지만, 오스트레일리아 서부 지역에서 유형지를 건설할 만한 장소를 물색하라는 과업도 지시받았다. 그러나 뒤퍼리는 폭풍우로 인해 오스트레일리아 서부 지역에 상륙하지 못했다. 대신 시드니로 가서 1824년 1월 약 한 달 동안 정박하면서 정보를 수집했다. 당시 블로스빌은 이 지역의 상황을 조사했고 보고서를 작성했다. 그리고 뛰어난 영어와 천문학 실력 덕분에 당시 이 지역 총독인 토마스 브리즈번 경(Sir Thomas Brisbane)이 건립한 천문대에서 함께 천문관측을 하기도 했다. 그는 영국이 이 지역에 식민지를 건설한 방식에 감탄했고 프랑스가 향후 지향할 방향에 대해 고심했다. 그는 영국이 시드니에 유형지를 건설한 것을 보고 프랑스 정부로 하여금 오스트레일리아 남서부 또는 뉴질랜드에 프랑스가 죄수들을 보내어 정착지를 만들라고 제안했다. 블로스빌은 뉴질랜드를 답사한 후 이 지역의 각 섬과 항구에 대한 지리조사보고서를 제출했다.[25]

당시 프랑스는 죄수 이송을 사회문제의 해결책으로 생각했다. 블로스빌은 이송에 찬성하는 보고서를 내무성에 제출했고, 뒤르빌을 파견해 오스트레일리아 남서 해안 지역을 조사하도록 했다. 조사결과 영국 해군이 이미 웨스턴 오스트레일리아의 킹 조지 사운드(King George Sound)에 정착해 있다는 사실을 알게 되었다. 그가 보고서와 함께 제출한 지도(그림 5-6)는 당시의 오스트레일리아 상황을 비교적 정확하게 표시하고 있다. 내륙에 대한 정보는 없지만 해안선은 비교적 정확하게 표시되어 있는데 이 지역에 도착한 탐험가와 선박의 명칭들이 지명으로 수록되어 있다.

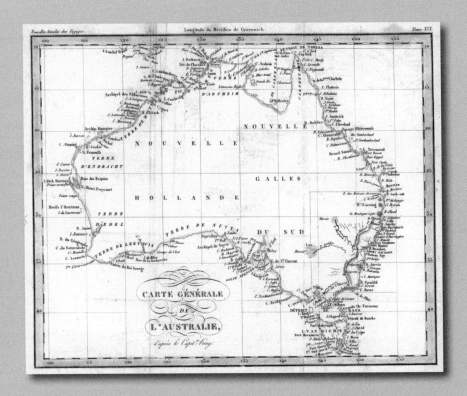

그림 5-6. 블로스빌의 오스트레일리아 지도
오스트레일리아 국립도서관 소장

이 지역의 가장 큰 단점은 영국이 이 지역의 주권을 주장하고 있다는 것이었다. 당시 프랑스 해군에서는 이 지역에 대한 자신들의 입장을 표명하지 않았다. 해군은 이 지역에 1822년과 1824년 두 번에 걸쳐 탐사대를 파견했으나, 탐사대는 이곳을 방문하지 않고 개략적인 보고서만 제출했을 따름이다. 이는 이들 탐사대가 이곳에 유형지를 건설하는 것을 최우선의 탐사 목적으로 삼지 않았기 때문이다. 당시 프랑스 해군은 지중해의 제해권에만 집중하고 있었다. 그리고 프랑스 해군은 오스트레일리아에 대해 특별한 계획을 수립하지는 않았다. 이는 영국 해군을 이 지역 활동을 위한 중요한 장애로 생각했기 때문이다. 결국 프랑스 정부는 1827년 영국과의 관계를 고려하여 이 지역에 정착하는 것에 대해 부정적인 입장을 피력했다. 이미 프랑스는 1826년 오스트레일리아가 아닌 뉴질랜드를 유형지의 대체 후보지로 고려하고 있었다. 그리고 탐사대를 뉴질랜드로 파견했다. 탐사대는 1829년에 귀국해서 뉴질랜드가 유형지에 적합하다고 보고했다.

그런데 뉴질랜드에 유형지를 건설하는 결정은 매우 느리게 진척되었다. 그것도 정부가 아니라 민간이 먼저 시작했다. 뉴질랜드 주변 해역에는 많은 고래가 서식하고 있었다. 1837년과 1839년 사이에 뉴질랜드와 오스트레일리아 주변에 약 60척의 프랑스 포경선이 작업한 것으로 알려져 있다. 뉴질랜드는 포경 전진기지로 매우 유용한 장소였다. 1838년 프랑스 포경선 선장 장 프랑스와 랑글와(Jean-François Langlois)는 마오리로부터 뉴질랜드 남섬에 위치한 뱅크스반도의 아카로아(Akaroa) 지역을 구입했다.

남섬은 해군 기지와 포경 기지를 건설하기 좋은 지리적 여건을 가지고 있었다. 비옥한 토양과 온화한 기후는 정착지 건설을 가능하게 했다. 원주민의 수는 적었고, 군사적으로 도전받을 확률도 적었다. 해군과 포경 선원들은 마오리족이 거주하고 있는 장소에 대한 정확한 정보를 파악했다. 엘리 더카

테라 오스트랄리스

제(Elie Decazes) 공작은 크라이스트처치 동남쪽에 위치한 아카로아의 항구를 루리 필립항(Port Louis-Philippe)으로 명명하려고 했다. 다른 장소들 역시 프랑스 귀족들의 이름을 부여했고, 또한 프랑스의 도시들의 지명에 '새로운'의 의미를 가진 형용사 누보 또는 누벨을 첨언하여 '누벨 노르망디(Nouvelle Normandie)'와 '누보 보르도(Neaveau Bordeaux)'를 건설하려고 했다.

탐사대는 프랑스로 돌아와 이곳을 식민지로 개척할 수 있는 자금을 조달하기 위해 낭트 보르도 회사(Compagnie Nanto-Bordelaise)를 설립했다. 그리고 이들의 지원 요청을 받은 국왕 루이 필립은 1839년 배를 대여해 이들이 이 지역에 정착하는 것을 돕기로 했다. 그렇지만 프랑스 당국은 남섬을 군사적인 방법으로 점령할 경우 영국의 보복이 있을 것을 예상하여 보다 신중하게 접근하기로 했다. 프랑스 정부에서 파견한 탐사대는 파리 백작호(Comte de Paris)에 53명의 이주자를 싣고 1840년 3월 아카로아로 향했다. 그리고 1840년 8월 아카로아에 도착했다.

그러나 영국은 이들이 도착하기 6개월 전인 1840년 2월 마오리족과 와이탕이 조약(The Treaty of Waitangi)을 맺었다. 이 조약은 마오리 부족장이 영국 여왕에게 주권을 이양하는 대신 부족장의 토지와 자원 소유권은 보장하고, 마오리 부족에게는 영국 시민과 같은 권리와 특혜를 받는다는 조건으로 체결되었다. 이 조약을 근거로 영국은 5월 21일 뉴질랜드의 남섬과 북섬 모두를 영국령으로 선포했다. 영국은 프랑스 함선의 선발대가 남섬으로 향하는 것을 인지하고 전함을 아카로아로 파견했다. 그리고 파리 백작호가 8월 17일 아카로아에 도착했을 때는 영국의 유니온 잭이 그곳에 이미 휘날리고 있었다.

이렇게 뉴질랜드 남섬을 식민화하려는 프랑스의 시도는 실패하고 말았다. 그러면 프랑스는 왜 오스트레일리아 서부 지역이나 뉴질랜드 진출에 미온적으로 대처하여 영국에 주도권을 내주고, 이 지역을 완전히 포기할 수밖에 없었을까? 비교적 신속하게 유형지 건설에 합의한 영국과 달리, 유형지 건설의 정당성에 대한 논의에 너무 많은 시간을 소비했기 때문이다.

프랑스 혁명의 후유증으로 인한 사회적 혼란 등도 의사결정이 지체되는 데 영향을 미쳤겠지만, 유형지 건설이 범죄와 징벌에 대한 철학적인 논쟁으로 발전했다는 사실 역시 간과할 수 없다. 다른 나라로 보내는 이송은 프랑스에서 추방된다는 것을 의미하는데, 과연 추방이 징벌로서 정당한 것인지가 쟁점이었다. 결국 이들은 논의를 통해 유형이 가능하다고 판단하고, 유형지를 선정하기로 했다. 그런데 프랑스 국내에는 이러한 조건에 부합하는 장소를 확보할 수 없어서 해외에 이주지를 마련하기로 했다.

그런데 유형지 선정은 갑자기 난관에 봉착했다. 외교 정책을 담당했던 프랑스와 바르베-마르보아(François Barbé-Marbois)가 반대했기 때문이었다. 그는 프랑스 혁명 시기에 정치범으로 프랑스령 기아나에 유배된 경험이 있었는데, 당시의 경험을 통해 유형이 매우 비인도적 행위임을 인지하고 있었다. 그는 보고서를 통해 유형지의 농업이 실패할 경우 기아에 처할 것이라고 경고 했다. 또한 죄수들의 교화 효과도 미미하다는 것을 강조했다. 그리고 죄수들도 시민으로서의 권리를 가지고 있기 때문에 인권 보호의 측면에서 이송은 용납되지 않는다고 주장했다.[26]

프랑스 정부는 1840년경 교도소 개혁을 위한 위원회를 구성했는데, 위원장은 알렉시 드 토크빌(Alexis de Tocqueville)이었다.[27] 당시 프랑스에는 약 11만 명이 교도소에 있었다. 위원회는 교도소 관리 비용 문제를 이송을 통해 해결하기로 결정했다. 그리고 보터니만 사례를 긍정적으로 평가했다. 단 흉악범을 바로 이송하는 것은 형평성의 문제가 있으므로, 프랑스 국내에서 5년간 독방에서 감금한 후에 이송하기로 결정했다. 그리고 프랑스는 1842년 타히티섬에서 북동쪽으로 약 1,200km 떨어진 곳에 위치한 마르키즈 제도(Marquesas Islands)를 보호령으로 만들었고, 1850년 정치범을 위한 이송지로 선포했다.[28]

그리고 프랑스는 누벨칼레도니를 1853년 프랑스령으로 선포한 다음, 1864년 유형지로 만들었다. 이후 유형이 공식적으로 폐지되는 1897년까지 약 22,000명의 죄수가 누벨칼레도니로 이송되었다. 이 가운데 7,500명은 1871년의 파리 코뮌에 연루되어 기소된 죄수들이었다. 1873년에서 1876년 사이에 4,200명의 정치범들이 이곳으로 이송되었다. 유형수들은 강한 불만을 표시했고 소요사태를 일으키기도 했다. 심지어 코르시카섬 출신의 경비원들이 반란 세력에 가담하기도 했다.[29] 당시 죄수 중에는 유력한 언론인으로 파리 코뮌에 호의적인 기사를 실은 적이 있는 앙리 드 로슈포르(Henri de Rochefort)가 포함되어 있었다. 그는 빅토르 위고의 선처 노력에도 불구하고 이곳에서 유형생활을 했는데, 투옥된 지 2년이 지난 1874년 배를 타고 섬을 탈출했다. 그리고 스위스에 숨어 살다가 1880년에 사면되어 귀국했다. 그리고 그의 이야기를 전해들은 인상파 화가 에두라르드 마네는 「로슈포르의 탈출(The Escape of Rochefort)」이란 제목의 그림을 그렸다.

비록 오스트레일리아 대륙에 프랑스의 유형지를 만들지는 못했지만, 누벨칼레도니는 오세아니아에 위치한 프랑스의 시드니가 되었다. 그러나 1878년에는 원주민의 저항이 7개월 동안 지속되었고, 당시 원주민 인구의 5%에 해당하는 사람들이 희생될 정도로 원주민의 피해는 엄청났다.

여기서 흥미로운 것은 지금은 마르키즈 제도와 누벨칼레도니가 낙원의 이미지를 가진 땅이 되었다는 것이다. 이제 유형지의 이미지는 완전히 사라져 버렸고 프랑스인들이 선호하는 휴양지가 되었다. 프랑스인들은 남태평양의 섬에서 이상적인 낙원과 이상적인 감옥을 동시에 추구했다.[30] 이상적인 감옥은 사라지고, 이상적인 낙원만 남은 것이다. 마르키즈 제도에는 화가 폴 고갱의 무덤이 있다. 이제 프랑스인의 또 다른 낙원인 타히티에 대해 알아보자.

4. 부갱빌의 유토피아, 타히티

루이 앙투안 부갱빌(Louis-Antoine Bougainville, 1729~1811)은 하급 귀족 출신으로 수학자, 천문학자, 항해가 및 군인이었다. 1754년 런던에 외교관으로 파견되었다가 미적분에 대한 연구 실적을 인정받아 1755년 영국 왕립 학회 회원이 되었다. 그는 학회에서 영국인들이 남방 대륙에 대해 많은 관심이 있는 것을 알았고, 프랑스 역시 남방 대륙 탐사에 나서야 한다고 주장했다.

그는 1763년 남방 대륙 탐사 계획서를 당시 재상인 슈아쇨 공작(Étienne-François de Choiseul)에게 제출했으나 스페인과의 외교 문제 및 7년 전쟁으로 인한 재정 문제로 거절당했다. 그는 국왕에게 자신이 항해 비용을 부담한다는 조건으로 배와 선원, 보급품을 지원해 달라고 다시 요청했다. 국왕이 이를 승인함에 따라 부갱빌은 1763년 9월 출항해서, 포클랜드에 기지를 설치했다. 부갱빌은 포클랜드가 남방 대륙 탐사를 위해 좋은 지리적 위치를 가지고 있다고 생각했다.

그러나 스페인은 자신들의 영역이라고 생각하던 포클랜드에 프랑스 기지가 설치된 것에 대해 강력하게 반발했다. 당시 프랑스와 스페인은 동맹 관계를 유지하고 있었는데, 이는 7년 전쟁에서 영국이 우위를 점하는 상황에 이르자 프랑스가 스페인에게 지원을 요구했기 때문이었다. 프랑스는 포클랜드를 스페인에 돌려주기로 결정하고 마드리드에서 협상을 시작했다. 당시 프랑스의 협상 대표는 부갱빌이 맡았다. 재상 슈아쇨은 부갱빌로 하여금 반대급부로 마닐라를 요구하도록 했다. 당시 프랑스는 포클랜드가 스페인의 필리핀만

큼이나 중요하다고 생각했다. 그래서 이렇게 터무니없는 요구를 스페인에게 한 것이다. 당연히 스페인은 이 제안을 거부했고, 결국 항해 비용을 보상받는 선에서 협상은 마무리됐다. 프랑스인들은 이런 협상 결과에 만족했으며, 부갱빌이 귀국하자, 루이 15세는 그에게 배로 세계를 일주하는 임무를 다시 부여했다.

1766년 11월 15일 부갱빌은 두 척의 배로 태평양 항해를 시작했다. 배 한 척에는 부갱빌을 비롯한 관료와 군인들이, 그리고 다른 한 척에는 과학자들이 승선하고 있었다. 이들이 탄 배는 마젤란 해협을 거쳐 남태평양으로 들어가 타히티섬, 사모아 제도, 뉴헤브리디스 제도, 솔로몬 군도, 파푸아 뉴기니 등 남태평양 일대를 돌고 자카르타에 입항하였다.

1768년 4월 부갱빌은 타히티에 도착했다. 그림 5-7은 타히티섬에 도착했을 때 배의 선원 중 한 명이 그린 경관화이다. 타히티섬은 1767년 6월 영국의 사무엘 월리스가 방문했고 영국령으로 선포한 경험이 있어서, 이들은 서양인들을 대하는 방법에 대해 어느 정도 익숙해져 있었다. 선원들은 섬의 여인들의 관능미에 반했다. 또 아름답고 풍요한 자연환경에 반해서 부갱빌은 이 섬을 그리스 신화의 사랑과 미와 풍요의 여신인 아프로디테가 태어난 섬과 비유해 '신 키테라(Nouvelle Cythère)'로 명명했다. 로마 신화에서는 아프로디테를 비너스로 부른다. 아프로디테 숭배는 그리스 전역에서 이루어졌는데 특히 키프로스섬, 키테라섬, 코린토스가 중심이었다.

지친 탐험대는 타히티에서 충분한 휴식을 취하고 선박도 수리했다. 그리고 이 섬이 프랑스 국왕의 영토임을 선포한 후 1769년 3월 귀국하였다. 7곳의 새로운 프랑스 식민지를 개척하고 그가 돌아오자 프랑스 국왕까지 나서 환대했으며, 그는 일약 유명인사가 되었다. 그의 항해 기록은 『세계일주기(Voyage

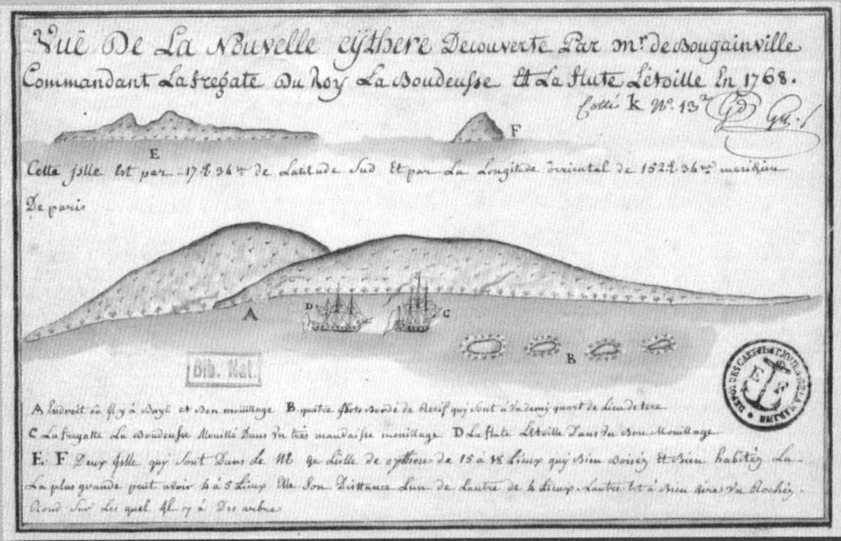

그림 5-7. 부갱빌 탐사대의 화가가 그린 '신 키테라' 전경
프랑스 파리 국립도서관 소장

autour du monde, 1771)』로 출판되었다.

　귀환 당시 부갱빌은 추장의 아들인 아오투루(Aotourou)를 프랑스로 데려왔다. 당시 나이는 20세 정도였다. 파리에서 아오투루는 유명인사가 되었다. 프랑스인들은 선한 야만인을 보면서 대단히 즐거워했다. 그는 프랑스의 11개월을 체류했는데, 프랑스어를 거의 모르면서도 파리 시내를 활보하고 다녔다. 부갱빌은 아들을 데려다 주겠다는 타이티 추장과의 약속을 지키려 했다. 그는 자기 재산의 1/3을 지출하면서까지 아오투루를 모리셔스로 보냈다. 그곳에서 프레스네(Marion du Fresne)로 하여금 배를 준비해서 열 달 후 아오투루를 타히티에 데려다 주기로 계획되어 있었다. 그러나 1771년 11월 보급을 위해 배가 마다가스카르에서 정박했을 때, 아오투루는 천연두로 사망하고 말았다.

　부갱빌의 태평양 항해에 동행한 과학자 중에는 유명한 루소주의자인 식물학자 필베르 코메르송(Philibert Commerson)도 승선하고 있었다. 그의 조수인 장 바레(Jean Baret)도 함께였다. 장 바레는 코메르송의 연인으로 그의 아이를 출산한 사실이 나중에 밝혀졌다. 당시 장 바레는 자신이 남자도 아니고 여자도 아닌 제3의 성을 가진 사람이라고 공표했다. 이후 타히티에서 귀환하면서 코메르송과 장 바레는 모리셔스에 하선해서 현재의 팜플러무스 정원(Jardin des Pamplemousses)에 해당하는 왕실 식물원 건설에 몰두하게 된다. 새롭게 발견한 식물의 학명을 정하는 등의 과학적 업적을 남긴 코메르송은 1773년 사망했다. 이후 그의 식물 표본은 파리로 보내졌고, 파리의 자연사 박물관은 현재 그의 표본을 전시하고 있다. 장 바레의 이야기는 프랑스에서 유명한 스캔들로 사람들의 입에 오르내렸다. 코메르송이 모리셔스에서 사망한 후 장 바레가 카바레를 열고 가톨릭 미사 시간에 술을 팔아서 사람들이 미사에 참여하는 것을 방해했으며, 또 하급 장교인 젊은 군인과 결혼해서 비극적으로 삶을 마감했다는 유언비어가 널리 퍼졌다. 그러나 이 이야기는 사실이 아님

이 밝혀졌다. 오히려 그녀는 루이 16세의 하사금을 받을 정도로 과학적 업적을 인정받았고, 1807년 사망하였다.[31]

18세기 말 부갱빌의 『세계일주기』에서 이상적으로 묘사된 타히티섬은 루소주의적 자연 유토피아 사상과 맞물려 유럽 사회에 타히티 열풍을 일으켰다. 부갱빌의 여행기에 소개된 타히티는 유럽인들에게 현실의 이상향으로 다가왔다. 아름답고 온화한 기후, 풍부한 열대 과일이 있어서 땀 흘리지 않고도 생존이 보장되는 곳이었다. 특히 프랑스인들은 이러한 분위기에 휩쓸렸고, 이러한 분위기는 100년 이상 지속되었다. 그리고 현재도 유럽인들은 이곳을 낙원으로 간주하고 있다.

부갱빌의 여행기는 유럽 사회에서 선풍적 인기를 얻었다. 이러한 인기의 근원에는 원주민들의 생활 방식에 대한 철학자들의 찬사가 기여했다. 루소의 자연주의와 결합하여 타히티는 유럽의 이상향으로 칭송되었다.

그러나 그의 『세계일주기』는 타히티에 대한 모순된 이미지를 보여 준다. 타히티에 대한 기술의 초반부에서는 유토피아 사회의 여유로운 이미지를 보여주고, 이후에는 현실을 사실적으로 묘사한다. 즉 하나는 문학적이고 신화적인 것이며 다른 하나는 민속지학적이며 과학적인 것이다.

후자는 부갱빌과 동행한 타히티 원주민 아오투루와, 함께 승선했던 선원들이 돌아와 전한 것이다. 그 속에서 몽테뉴가 말한 선한 야만인의 이미지를 발견할 수 있다. 그러나 책 속에 언급된 타히티인에 대한 객관적인 설명에는 아무도 관심을 기울이지 않았다. 단지 비너스의 재탄생, 그리고 야자수 아래에서의 사랑만 독자들은 기억했다.[32]

타히티에 대한 부갱빌의 첫인상은 유럽인들에게 황금시대의 감성을 주었고, 유토피아의 꿈을 상기시켰다. 사실 타히티는 유토피아가 아니었고, 아무 곳에도 없는 장소도 아니었다. 하지만 그에게는 '아름다운 장소', 그리고 '진정한 유토피아'였다. 그는 실제로 "내가 살아 있는 동안은 행복한 키테라섬, 진

216

정한 유토피아를 찬양할 것이다."라는 문구를 그의 여행기에 기록했다.[33]

　이러한 경향은 신화와 문학의 영향뿐만 아니라 원시 사회 속에서 쾌락주의적 환상을 보고자 했던 18세기의 유럽의 시대적 흐름과 그대로 일치한다.[34] 그의 저서는 인류학적 증거를 제시하고자 노력하는, 당시로서는 균형 잡힌 보고서였다. 그는 계급의 불평등을 보았다. 추장은 노예와 하인의 생사를 결정했다. 타히티는 아름다운 사회는 아니었다. 부갱빌은 게으른 철학자에게는 자신이 바보와 거짓말쟁이로 보일 것이라고 말했다.

　철학자 디드로는 부갱빌의 탐험에 열광적으로 반응했다. 디드로는 부갱빌을 평가하면서 미적분학을 공부하면서도 세계 일주기를 가지고 다니는 진짜 프랑스인이라고 추켜세웠다. 부갱빌의 세계 일주기가 나온 다음 해인 1772년 디드로는 『부갱빌 여행기 보유(Supplément au Voyage de Bougainville)』를 출간했다. 이 책은 부갱빌이라는 탐험가의 여행기를 바탕으로 그에 대해 서로 다른 관점에서 의견을 나누는 두 사람을 가정하고, 두 사람의 대화나 문답형식으로 구성했다. 이 책에서는 타히티의 풍속과 일상의 기록을 대상으로 사람들이 대화를 나누면서 자연 상태에 있거나 혹은 다른 가치를 가진 인간에게 유럽의 도덕 관념을 적용시키는 것은 불합리하다는 것을 전달한다. 예를 들어 타히티인의 자유로운 성 풍속은 섬의 생존전략이라는 것이다. 적과 싸우기 위해서는 군인이 필요하고, 또 이웃의 강한 국가가 노예를 원할 경우 바쳐야하기 때문에 어쩔 수 없이 다산이 필요하며 또 다산을 위해서는 자유로운 성문화가 필수적이기 때문에 이러한 풍습이 생겼다는 것이다.[35] 또한 다른 해석도 존재하는데, 이들이 어릴 적부터 방이 제대로 분리되지 않은 집에서 부모의 성행위를 보고 성에 대한 신비스러움을 가질 수 없게 되었고, 자연 속에서 관찰되는 동물들의 성처럼 자연스럽게 성행위를 했다는 것이다. 또 유럽인과의 성행위는 매춘이 아니라 호기심의 결과일 따름이라는 것이다. 즉

성에 대해 자연스럽고 열린 생각만 가지고 있었다고 보아야 한다고 주장한다.[36] 이러한 분위기와 함께 프랑스 화가 고갱(1848~1903)이 1891년 이곳에 도착한 다음 10여 년간 섬에 머물며 작품 활동을 했다. 그는 이곳에서 생활하면서 '타히티의 여인들'과 같은 유명한 작품을 발표했고, 이후 타히티는 낙원의 이미지로 세계인에게 각인되었다. 타히티는 동시대의 공간이면서도 섬의 지리적 특징으로 인해 동시대에서 좀 더 거슬러 올라간 문화와 역사를 간직하고 있다. 타히티가 단순히 이국의 공간이라는 사실보다는 문명 이전의 자연 상태를 지니고 있는 이상적인 공간으로서 존재하고 있어서 고갱은 타히티를 선택했을 것이다. 즉 원시 자연을 가진 낙원을 타히티에서 구한 것이다.[37] 타히티는 남방 대륙에서 낙원을 찾으려는 유럽인의 오랜 심성에 부합하는 장소이다.

5. 프랑스 문학 작품 속의 남방 대륙

남방 대륙은 프랑스에서도 문학 작품의 배경 또는 소재로 활용되었다. 남방 대륙을 소재로 한 문학 작품을 연구한 뉴질랜드 출신의 평론가 데이비드 포세트(David, Fausset)는, 당시 프랑스에서 출간된 여러 작품 중 가장 대중에게서 호응을 받았던 작품들을 소개했다.[38] 여기서는 그가 소개한 작품들 중 인용 빈도가 높은 것들을 선정해 보았다.

먼저 17세기의 작품으로, 1676년에 출간된 가브리엘 드 프와그니(Gabriel de Froigny)의 『알려진 남방의 땅(La Terre australe connue)』과 1675년에 출간되기 시작하여 1679년에 완간된 드니 베라스(Denis Veiras)의 『세바랑비 사람들 이야기(L'histoire des Sévarambes)』를 살펴보기로 한다.

『알려진 남방의 땅』의 저자 프와그니는 30대까지 프랑스의 프란시스코 수도회의 수사였다. 그는 방탕한 생활로 인해 성직을 박탈당했고, 스위스의 제네바에 가서 신교도가 되었다. 그런데 제네바에서도 성적으로 문란한 생활을 해서 투옥되기도 했으며, 다시 추방되어 이번에는 스위스의 로잔으로 가서 생활했다. 그러나 워낙 자주 술에 취하다 보니 이곳에서도 직업을 잃었다. 결국은 프랑스로 되돌아가 다시 가톨릭 신자가 되어 여생을 보냈다.

그가 집필한 이 소설은 14장으로 구성된 모험 이야기이다. 서론에서는 남방 대륙과 관련된 기존의 스페인과 네덜란드의 탐사내용을 언급한다. 그리고 4장의 제목은 '남방 대륙에 대한 기술, 남방 대륙의 지도'이다. 그는 이 땅이 프톨레마이오스의 지도를 참조할 때 남위 40도에서 남위 52도 그리고 동경 40도에서 동경 340도에 이르는 지역이며, 인구는 1600만이라고 기술했다. 주된 내용은 다음과 같다.

소설의 주인공 자크 사되르(Jacques Sadeur)는 자웅동체로 태어났다. 그는 항해를 떠났지만, 파선하여 널빤지를 타고 미지의 남방 대륙에 도착한다. 그런데 그를 발견한 남방 대륙의 사람들 역시 자웅동체였다. 이곳 사람들은 자웅동체가 아닌 이방인을 죽이는 관습이 있는데, 다행히 주인공은 그들과 성정체성이 동일하여 죽임을 면하고, 오히려 주민들의 환영을 받아 이곳에서 다양한 경험을 한다. 그는 도착한 지 5개월 만에 이곳의 언어를 완벽하게 습득해서 이곳의 언어와 종교, 관습, 감정 그리고 동식물에 대해 상세히 조사하고 기록하게 된다.

이곳에서 출생한 아이는 2년 동안 먹지 않고 생존하며 배설하지도 않는다. 교육 환경은 완벽하여 30세가 되면 모든 사람의 지식과 능력이 동일하게 된다. 하루 일과는 아침에 조용한 명상을 즐긴 다음, 학교에서 공부한다. 그리고 방과 후에는 정원에서 시간을 보낸다. 이곳에서 사용하는 언어는 매우 논리적이어서 어떠한 혼돈도 발생하지 않고, 말하기를 조금만 배워도 누구나 철학자가 된다. 35세가 되면 성인이 되는데, 의회에 요청해서 승인을 받으면 안락사가 가능하다. 그리고 죽은 사람의 이름과 주택은 다른 사람이 승계한다. 따라서 이곳의 인구는 늘 일정하게 유지된다. 이곳 사람들은 거대한 새를 교통수단으로 이용한다. 그리고 이들에게도 적이 있다. 인근 지역에 거주하는 반인반수의 종족인데, 간혹 이들을 공격한다. 그는 35년간 이곳에 머물면서 두 번 전쟁에 참전한다. 그리고 그는 참혹한 전쟁으로 인해 이곳이 유토피아가 아니라 디스토피아임을 알게 된다. 그는 적군 출신의 소녀를 사랑하게 되어 자살형을 선고받았지만, 자신이 길들인 거대한 새를 타고 도망간다. 이후 다른 곳에서 모험을 더 한 다음에 이탈리아로 돌아간다.

이 소설은 남방 대륙을 사회정치적 유토피아의 관점에서 접근했다. 흥미로운 것은 1691년에 번역된 영어판[39]에서는 번역자 존 던톤(John Dunton)이 이 땅의 지명을 오스트레일리아로 명명했다는 것이다.

영문학자들은 성과 젠더에 대한 기존 관념에 대해 급진적인 의문부호를 달았다는 측면에서 어슐러 르 귄(Ursula K. Le Guin)의 1968년 『어둠의 왼손』의 "왕은 임신했다."라는 문장을 영문학사에서 위대한 문장 중 하나라고 칭송한다.[40] 그런데 프와그니는 르 귄보다 300년이나 앞서 성 정체성과 젠더에 대해 의문을 제기했다. 이 소설은 17세기 당시의 이분법적 성별과 성 관념이 초래한 문제들을 탐구할 기회를 제공하고 있다.

드니 베라스(Denis Veiras)의 『세바랑비 사람들 이야기』는 환상적인 내용으로 가득 차 있다. 당시 프랑스는 루이 14세가 집권하던 시기였다. 이 책의 서문인 '독자에게 고함'에는 다음과 같은 내용이 있다.

플라톤의 『공화국』, 토마스 모아의 『유토피아』, 프란시스 베이컨의 『뉴 아틀란티스』는 모두 새로운 발견과 관련이 있다. 이 사람들은 신중하며, 절대로 거짓을 말하지는 않는다. 콜럼버스가 대서양 서쪽에 대륙이 있다고 말해서 영국과 프랑스에서 바보로 취급당했지만, 결국 아메리카를 발견했다. 남방 대륙의 존재 역시 대중들은 믿지 않지만, 존재하는 것은 엄연한 사실이다.

이렇게 그는 역사적 사실을 인용하여 자신의 소설을 독자들로 하여금 사실로 믿도록 유도한다. 내용은 다음과 같다. 저자는 자신의 이름 'Denis'의 철자를 바꾸어서 주인공의 이름을 시덴(Siden)으로 하였다.

시덴은 바타비아로 동인도 회사의 선박 골든 드라곤호를 타고 1655년 4월 12일 출항한다. 그런데 8월에 배가 미지의 남방 대륙 연안에서 침몰해서 표류하다가 남방 대륙에 도착한다. 그리고 그곳에서 유토피아의 행복을 누리는 주민들을 보게 되고 군주에 대한 이야기를 듣게 된다. 그래서 그는 최고 통치자의 의지와 결정이 유토피아를 이루는 요소인 법, 종교, 도덕, 관습, 풍속 등의 토대가 된다는 것을 알게 된다. 또한 이곳에서 통치 형태에 따라 주민의 본성까지도 변한다는 것을 확인한다. 이는 세바랑비 사람들도 다른 사람들과 같이 마음 속에 모든 악덕의 씨앗을 품고 태어났으나 사려 깊은 법의 조처로 그 악덕의 씨앗이 발아할 수 없었다는 것을 강조한 것이다. 그리고 이곳의 모든 주민들은 공동체 생활을 하고 농업에 종사해야 하며, 사유재산은 허용되지 않는다는 것을 알게 된다.

베라스는 독자로 하여금 유토피아가 구축되고 유지될 수 있는 토대, 그리고 서술된 모든 내용을 절대 왕정 치하라는 현실과 비교하도록 책 속에서 유도한다. 특히 법으로 상징되는 통치의 문제와 종교의 문제에 집중했다. 지역 주민들은 태양을 숭배하는데, 사원에 위치한 수정 지구본에서 빛이 나온다. 하지만 이들은 종교를 강요하지 않는다. 이들의 종교는 종교 축일과 종교 의식 등을 통해 공동체 의식을 고취시키며 단일한 목표를 향해 하나가 되도록 묶어 주는 역할을 할 따름이다. 유토피아 세바랑비에서는 절대 왕권제에 대한 약간의 비판이 주민들의 대화를 통해 언급되기는 하지만, 국왕이나 종교 지도자를 직접 비판하지는 않는다. 여기서는 여자는 18세, 남자는 21세가 되면 반드시 결혼해야 한다. 그리고 이곳에서도 불평등은 존재한다. 하급 장교는 두 명의 아내, 상급 장교는 세 명의 아내, 총독은 열 두명의 아내를 가질 수 있다. 그리고 각 계층은 유니폼으로 구분된다.

18세기의 작품으로는 니콜라 애듬 레스티프(Nicolas Edme Restif de La Bretonne)가 1781년 출간한 『하늘을 나는 사람에 의한 남방의 발견』[41]이 있다. 줄거리는 다음과 같다.

평민 비토린(Victorin)은 영주의 딸을 사랑하게 된다. 계급의 차이로 이들의 사랑은 결실을 맺는 것이 불가능하다. 그렇지만 그는 하늘을 날 수 있게 하는 기계 장치를 몸에 연결해서 접근이 불가능한 산 정상에 왕국을 건설한다. 그리고 사랑하는 여인을 데려와 함께 산다(그림 5-8). 세 명의 아이를 낳았는데, 이들 역시 하늘을 날 수 있게 된다. 인구가 계속 늘어남에 따라 주인공은 아들들과 함께 남쪽으로 가서 새로운 식민지를 건설하고자 한다. 이들은 그곳에서 파타고니아의 거인을 만난다. 그리고 비토린의 첫째 아들은 파타고니아인과 결혼한다. 그리고 또 다른 아들은 반인반수와 결혼한다. 비토린의 후손들은 유럽의 대척지인 이곳에서 계속 탐사 활동을 하는데 이 지역의 수도를 'Sirap'으로 정했다. 이는 'Paris'의 철자를 반대로 적은 것이다.

이곳 사람들은 디드로, 볼테르 그리고 루소를 존경한다. 그리고 남반구 사람들은 북반구 사람들의 교만을 정죄한다. 또한 인간과 동물의 평등을 주장한다. 2년마다 계약 결혼을 하는데, 이혼은 자유롭고 아이는 국가가 돌본다. 이들은 평등을 행복의 기원으로 간주한다. 어느 누구도 사유재산을 가질 수 없으며, 식사도 함께해야 한다. 어떠한 특권도 이 사회에서는 존재하지 않는다. 이 작품은 프랑스 혁명의 정신 중 하나인 평등을 남방 대륙의 이미지를 통해 표명한 것으로 볼 수 있다.

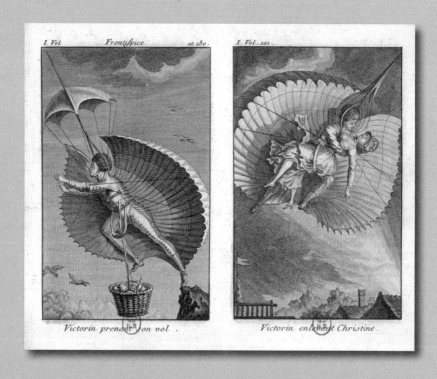

그림 5-8. 『하늘을 나는 사람에 의한 남방의 발견』 속에 수록된 삽화
프랑스 파리 국립도서관 소장

제6장

오스트레일리아,
영국의 테라 오스트랄리스

1. 엘리자베스 1세 시대에서 빅토리아 시대까지의 남해 탐사

엘리자베스 1세(재위 1558~1603)는 영국이 최대의 제국으로 성장할 기반을 만들었다. 이 시기에 영국은 세계의 바다로 뻗어 나갔고, 그런 움직임을 도운 것이 해적들이었다. 섬나라 영국이 세계를 지배하게 된 이유를 설명한 닐 퍼거슨의 『제국』은 영제국의 출발을 해적 이야기로 시작한다. 영국이 세계의 바다를 장악하기 위해서는 우선 당대 최강국인 스페인을 이겨야 했다. 이를 위해 영국은 해적을 적절히 활용했다.[1]

당시의 해적에 대한 의미는 오늘날의 의미와는 다르다. 약탈을 당하는 나라의 입장에서는 해적이지만, 적의 부를 자국으로 이전한다는 측면에서는 이들은 애국자들이었다. 그런데 해적이 애국자가 되려면 정부로부터 해적 허가증을 받아야만 했었다. 당시 유럽에는 사략선(privateer) 제도가 존재했는데, 사략선은 정부로부터 적국의 선박을 공격할 수 있는 나포 면허장(Letter of Marque and Reprisal)을 가지고 있는 선박을 의미한다. 이 제도를 이용하여 정부는 해군을 양성하고 운영하는 데 사용되는 비용을 아낄 수 있었다. 사략선은 국제법에 따라 지위가 인정되고 적국에 나포되더라고 해적 행위로 기소되지 않고 포로로 대우받았다.[2]

1572년 멕시코에서 무역활동을 하던 영국인 상인 헨리 호크스(Henry Hawks)는 스페인의 멘다냐가 솔로몬의 섬을 발견했다는 보고서를 입수하고 이 내용을 영국에 전달했다. 이 소식을 들은 영국인들은 자신들도 남태평양 지역에 영국의 식민지를 구축하려는 계획을 수립했다. 당시 이 계획의 수립은 영국 남서부의 데번(Devon) 지역 상공인들이 주도했는데, 이들은 남방 대륙이 남위 30도 주변에 위치할 것으로 판단했고 이를 탐사하기로 했다. 이들 역시 멘다나와 마찬가지로 남방 대륙에는 금광이 존재하고, 또 주민들은 금과 보석을 많이 지니고 있을 정도로 부유하다고 생각했다. 그래서 이 지역과 무역을 하면 영국이 큰 이익을 볼 것으로 생각했다. 이들은 마젤란 해협을 통과해서 남방 대륙을 발견하기로 하고, 북쪽 지역으로 항해한 다음 북동 항로나 북서 항로를 발견해서 영국으로 돌아오기로 했다. 여왕은 이 계획을 승인했다. 그리고 이 계획의 실행을 사략선장인 프란시스 드레이크(Francis Drake)에게 맡겼다.[3] 드레이크는 1577년 항해를 시작하여 1578년 8월에 마젤란 해협을 통과했는데, 남방 대륙과 관련해 중요한 한 가지 사실을 발견했다. 이전에 마젤란은 남방 대륙이 남아메리카 끝 부분에 있다고 말했는데, 마젤란의 주장이 틀렸다는 것이다. 마젤란 해협을 통과하면서 티에라델푸에고 남쪽까지 항해했지만, 그는 거대한 육지를 발견하지 못했다. 그는 단지 티에라델푸에고 남쪽에 섬들이 이어져 있다는 것만 발견했다. 그리고 남방 대륙이 존재한다면, 보다 남극 쪽에 위치할 것이라고 기록했다. 당시 드레이크 선단의 사제인 플레처(Francis Gletcher)도 남위 55도 이남으로 항해했으나, 바다만 발견했다고 기록했다.[4] 드레이크는 마젤란 해협을 빠져 나온 다음 더 이상 남방 대륙 탐사를 시도하지 않았는데, 그가 남방 대륙 탐사를 포기한 이유에 대해 학자들은 영국을 출발하기 직전 여왕이 항로 변경을 지시했기 때문이라고 판단하고 있다.[5] 이후 그는 남아메리카 연안의 스페인 도시들을 약탈하고, 북위 65도까지 항해했다. 드레이크는 샌프란시스코 내륙 지역 근처에서 북서 항로를 탐색했지만 실패하고 말았다. 대신 이 지역을 뉴 알비온(New Albion)이라고 이름 짓고 엘리자베스 1세의 소유로 선포했다. 알비온은 그레이트브리튼 섬의 옛 명칭이다. 그리고 그 지역에는 아직도 그의 이름을 딴 드레이크 항만이 존재한다.

드레이크는 1579년 태평양을 가로질러 필리핀에 정박했다가 인도양을 지나고 아프리카를 돌아서, 1580년 9월 26일 상당량의 금은보화를 싣고 마침내 영국의 플리스머 항구로 귀환했다. 엘리자베스 1세 여왕은 세계일주 항해에 성공한 드레이크를 친히 마중했으며 그에게 기사 작위를 내려 그를 영웅으로 대우했다. 드레이크의 항해 이후 유럽인들은 남방 대륙 탐사에 대해 다음과 같이 생각하게 되었다.

첫째, 남아메리카 대륙 남쪽 끝에 있는 티에라델푸에고 제도가 남방 대륙의 일부가 아니라고 생각하게 되었다. 그림 4-2에서 소개한 혼디우스의 1595년 「진정한 전체 해양 탐사지도(Vera Totivs Expeditionis Navticæ)」에는 티에라델푸에고가 대륙이 아닌 섬으로 그려져 있다. 대신 드레이크가 1578년 엘리자베스섬으로 명명한 섬이 표시되어 있다. 이 섬은 영국이 남아메리카 대륙에서 자신의 영토로 선언한 최초의 땅이었다. 그런데 이후 그 누구도 이 섬을 다시 발견하지 못했다. 이 섬은 드레이크 일행이 잘못 본 일종의 유령 섬인 것이다. 그리고 남방 대륙 북쪽에는 이전과 달리 넓은 해협이 위치하는 것으로 표시되어 있으며, 여전히 남쪽에는 거대한 남방 대륙이 존재하고 있다. 즉 혼디우스는 드레이크의 항해 정보를 지도에 반영했지만, 티에라델푸에고 남쪽에 남방 대륙이 여전히 존재한다고 생각했다. 반면 영국의 지리학자로 영국의 북아메리카 식민지 개척에 크게 영향을 미친 리차드 해클루트(Richard Hakluyt)[6]는 1599년 간행한 『항해 기록』[7]에서, 남방 대륙이 삭제되어 있는 수학자 에드워드 라이트(Edward Wright)[8]의 「세계지도(Hakluyt's Edward Wright World Chart)」를 첨부했다(그림 6-1). 지도의 카르투슈에는 "1577년 드레이크가 마젤란 해협에서 섬 몇 개만 발견했다."라는 내용이 기술되어 있다.[9] 이제 영국인들은 남방 대륙이 존재하지 않는다는 것을 어렴풋하게 인식하게 된 것이다.

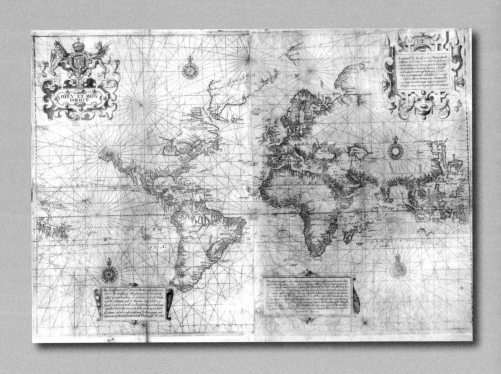

그림 6-1. 에드워드 라이트 지도
미국 존 카터 브라운 도서관 소장

둘째, 드레이크는 당시 페루에서 방어가 약한 스페인의 도시들을 공격해서 엄청난 재화를 획득했다. 그의 성과를 보고 영국인들은 남방 대륙을 탐사하는 것보다 남아메리카를 약탈하는 것이 수익성이 높다고 생각하게 되었다. 이후 영국은 남방 대륙의 탐사를 오랜 기간 시도하지 않았고, 아메리카 대륙의 스페인 정착지를 공격하는 것을 선호했다.

드레이크의 탐사 이후 영국은 향료 무역에 동참하려고 했다. 그래서 1600년 12월 31일 영국 동인도 회사를 설립했다. 그러나 결국 네덜란드 동인도 회사와의 경쟁에서 패하고 말았다. 1620년 네덜란드 동인도 회사가 향료 제도를 완전히 장악했고, 영국 동인도 회사는 네덜란드 동인도 회사의 허락하에 향신료 무역을 할 수밖에 없었다. 영국 동인도 회사는 대신 인도에 정착지를 건설하는 데 집중했다.

그런데 동인도 회사의 선장이나 귀족이 아닌 해적 출신의 학자가 나타나 영국의 남방 대륙의 발견에 큰 족적을 남겼다. 바로 윌리엄 댐피어(William Dampier, 1651~1715)이다. 댐피어는 서인도 제도에서 군인으로 근무하다 퇴역한 후 스페인 상선을 습격하는 해적 생활을 했다. 1686년 남아메리카 태평양 연안에서 스페인의 함대에 포위되는 바람에, 그는 남미대륙을 거쳐 대서양으로 돌아오지 못하고 서쪽으로 항해할 수밖에 없었다. 몇 개월간 표류한 후 1688년 1월 8일 오스트레일리아 북서 해안의 루윈곶에 도착했다. 하지만 이곳은 모든 것이 실망스럽기만 했다. 광활한 평원에는 과수 한 그루 없었고, 먹을 수 있는 식물을 찾아볼 수 없었다. 당시 그는 이곳이 도대체 섬인지 대륙인지조차 확실히 알 수가 없었다. 단지 그는 자신의 경험에 비추어 이곳이 아시아 대륙의 일부가 아니라는 것만은 확신했다. 그는 해적 출신으로 교육을 제대로 받지는 못했지만, 자신이 본 것을 매우 상세하게 기록하는 재주를 가지고 있었다. 그는 영국인 출신으로는 남방 대륙에 대해 가장 뛰어난 탐사 기록을 남겼다.

1691년 댐피어는 런던으로 돌아온 후 영국 해군에 항해 기록을 전달했다. 그의 보고에 커다란 흥미를 느낀 해군은 그의 해적 행위를 추궁하지 않은 것은 물론 그를 위대한 탐험가로 예우했다. 당시 댐피어가 기록한 오스트레일리아의 자연과 인간에 대한 관찰 내용은 1697년 『새로운 세계일주 항해(A new voyage round the world)』란 제목으로 출간되었다. 이 책의 제 1장의 제목은 '남방 대륙으로의 항해'이다. 이 책에는 해안의 지형 스케치와 이 지역에 서식하는 동물과 식물의 삽화가 수록되어 있다. 댐피어는 원주민의 모습에 대해서도 상세하게 기록했다. 댐피어는 오스트레일리아 서부 해안 지역에서 1688년 조우한 원주민의 외모에 대해 다음과 같이 기술했다.

이곳 원주민들은 세계에서 가장 불행한 사람들이다. 키는 크며 몸은 곧고, 다리는 가늘다. 이마는 둥글다. 그들의 눈꺼풀은 반쯤 감기어 있다. 이는 파리가 눈에 들어가지 않도록 하기 위한 것이다. 아무리 팔을 휘저어 바람을 일으켜도 얼굴에 파리가 앉는 것을 막을 수 없다. 양손을 사용하여 막고, 또 입을 다물지 않으면 파리가 콧구멍과 입으로도 기어들어 간다. 어릴 때부터 이 곤충에 괴롭힘을 당해서 이들은 눈을 완전히 뜨지 않는다. 그래서 머리를 잡아 젖히지 않으면 멀리 볼 수 없다.[10]

댐피어는 원주민들의 문명화 정도가 유럽인들이 알고 있는 그 어떤 야만 민족보다도 낮다고 생각했다. 그래서 남아프리카의 호텐토트인들이 피부가 검은 이 사람들에 비해 훨씬 더 귀족적이고 신사적이라고 기록했다. 그는 이와 같이 원주민들의 육체적 특성과 위생 상태를 근거로 원주민들을 비하했다.

그런데 이 글에 언급된 원주민을 괴롭히는 파리를 문학 평론가들은 대척지로 비유하기도 한다. 파리는 물체의 아랫면에 붙어서 걸을 수 있기 때문에 대척지의 이미지와 연관시킬 수 있다. 동시에 파리는 악마의 이미지와도 연계된다. 17세기에 파리는 썩은 동물의 사체에서 생겨난다고 믿는 사람들이 많았다. 영국의 의사이며 곤충학자인 토마스 머펫(Thomas Moffett, 1553~1604)은 파리를 더러운 곳만 찾아다니는 곤충으로 묘사했는데, 그의 주장에 많은 사람들이 동의했기 때문에, 댐피어의 원주민 묘사에 나오는 파리가 원주민과 이들이 거주하는 땅을 사탄의 이미지와 연관시켰을 가능성이 높다.[11] 현대 작가인 윌리엄 골딩(William Golding)의 『파리대왕』 역시 파리와 연관시켜 인간의 악마성을 고찰한다. 즉 대척지 인간의 악마성을 파리를 통해 댐피어가 표현했을 가능성이 있다는 것이다.

그러나 이러한 인문학적 해석이 옳은 것일까? 과연 댐피어를 인종 차별주의자로 간주할 수 있을 것인가? 평론이란 모름지기 개인들의 주관적인 관점이 개입하기 마련이라 객관성을 보장할 수 없다. 실제 댐피어의 항해기를 자세히 읽어 보면, 아메리카 원주민이나 필리핀 원주민들에 대해서 후한 평가를 하고 있음을 알 수 있다. 예를 들어 필리핀 최북단에 위치한 바타네스 제도를 방문했을 때 대부분의 남자는 나뭇잎으로 나체를 가리거나 바나나 잎으로 만든 옷을 입는데, 이렇게 조잡한 옷을 본 적이 없다고 기록했다. 그렇지만 그는 원주민들에게서 바시(Bashee)라 부르는 술을 접대 받고 나서 이들의 문화를 칭송했다. 따라서 댐피어는 인종차별적 입장이 아닌, 상호 작용의 입장에서 원주민을 평가했을 가능성이 있다. 댐피어는 사실 제대로 된 사략선 선장이 아니었다. 그는 해적 활동보다는 지리적 사실을 기록하는 것에 관심이 많았다.[12] 그리고 그는 자신이 항해한 지역의 정보를 관찰한 다음 다른 지역의 정보와 비교하면서 이를 일반화하여 이론을 만들었다. 대표적인 사례가 바람이 표층 해류의 원인이라는 그의 주장이다. 이는 당시로서는 획기적인 일이

었다. 또한 그가 제작한 무역풍 지도는 18세기 최고의 해양학적 업적으로도 간주되고 있다.[13]

원주민의 반쯤 감긴 눈꺼풀은 눈병과 연관시켜 보는 것도 가능하다. 이 지역의 원주민들은 현재도 트라코마에 민감하다고 한다.[14] 이들이 트라코마에 잘 걸리는 가장 결정적인 원인은 안면 청결 문제 때문이라고 한다. 수자원이 부족한 지역 사정상 원주민들은 세면을 잘 할 수 없었을 것이고, 이로 인해 눈병으로 고통 받았을 것이다. 그리고 파리 역시 트라코마의 발생을 촉진하는 곤충이다. 비록 당시에 트라코마 병원균이 실제로 이 지역에 존재했는지는 명확하지 않지만,[15] 파리나 원주민의 얼굴 상태 묘사로 볼 때 댐피어가 원주민이 눈병에 걸려 고통 받는 상태를 단지 세밀하게 묘사했을 가능성이 높다.

댐피어의 저서는 당시 영국 사회에 많은 영향을 미쳤다. 예컨대 『걸리버 여행기』와 『로빈슨 크루소』는 댐피어의 여행기에 영감을 받아 쓴 소설이다. 영국 정부는 댐피어를 태평양과 뉴홀랜드 탐사대 대장으로 임명하여 남방 대륙을 탐사하도록 했다. 그는 로벅호(HMS Roebuck)를 타고 영국을 1699년 1월 24일 출발했고, 8월 10일 웨스턴오스트레일리아주 서부에 있는 샤크만에 도착했다. 그는 자연사를 중심으로 현지 조사를 수행했다. 이때 수집한 자료를 바탕으로 1703년 『뉴홀랜드 항해(A Voyage to New Holland)』를 출간했다. 그는 항해 중에 네덜란드의 타스만이 그린 지도를 발견했고, 이 지도를 바탕으로 뉴홀랜드의 형태를 추정했다. 그는 지도를 통해 오스트레일리아가 대륙이 아니라 두 개의 큰 섬으로 이루어졌거나, 아니면 열도라고 판단했다. 그리고 그는 뉴홀랜드와 남방 대륙이 별개의 땅이라고 생각했다. 그리고 뉴질랜드 주변에서 남방 대륙을 찾으려 했다. 그림 6-2는 댐피어의 1699년 항해 경로를 보여 주고 있지만 남방 대륙에 대해 새롭게 발견한 것은 없었다. 그의 책은 3권으로 구성되어 있는데 3권의 제목이 '남방 대륙으로의 항해'이다. 그는 오스트레일리아의 샤크베이를 비롯한 해안 지역의 지도를 그렸고, 토양과 식수원을 조사했다(그림 6-3). 그는 땅을 파고 나무를 잘라 보았지만, 식량이 될 식물이나 식수를 찾을 수 없었다. 그는 원주민과 조우했는데, 자신이 만난 사람들 중 가장 불쾌하고 못생겼다고 기술했다.[16] 그리고 이들이 앞에서 소개한 1688년에 만난 원주민과 동일한 부족일 것이라고 예측했다. 이 원주민들 역시 못생겼으며, 이전에 만난 원주민처럼 쉬파리를 몰고 다닌다고 했다. 이전에 만난 원주민과 같이 피부는 흑색이며 곱슬머리를 하고 있지만, 이 사람들이 이전에 만난 원주민들처럼 앞니 두 개가 없는지는 확인하지 못했다고 했다. 또한 이들이 불을 핀 자리에서는 조개껍질이 많이 쌓여 있는 것을 발견하고 이들이 어패류를 주식으로 한다고 기술했다. 그렇지만 줄을 이용하여 고기를 잡는지는 확인하지 못했다고 기술했다.[17] 이러한 내용은 그가 철저하게 관찰를 통해 원주민의 삶의 양식을 묘사했다는 것을 의미한다.

댐피어는 원래 학자의 자질을 타고났다. 그는 영국 남서부에 위치한 서머셋(Somerset)의 왕립 학교(King's school) 출신이다. 그러나 부모가 일찍 사망하여 계속 교육을 받는 것이 불가능해지자 사략선 선원 생활을 하게 되었다. 그는 해적 활동보다는 관찰하고 기록하는 것에 더 관심이 많았다. 그래서 수익이 높은 해적선보다는 새로운 장소로 가는 해적선에 승선하는 것을 좋아했다. 그 결과 그는 세계를 배로 세 번 일주했으며, 총 7권의 저서를 남겼다. 그가 탐사한 지역의 정보 분량이 워낙 방대하고 체계적으로 기술되었기 때문에 영국의 계몽주의 철학자 존 로크가 "댐피어의 탐사로 인해 유럽 제국의 영역이 세계의 끝까지 확장되었고, 다른 항해자들이 그를 모방하도록 했다."라고 말할 정도였다. 이것은 그의 항해기로 인해 미지의 땅이 줄어들었다는 의미도 있지만, 그가 기록한 방식이 과학적이면서 정밀해서 이후의 과학 기술의 발달로 이어졌다는 의미 역시 가진다.[18]

댐피어는 남방 대륙을 발견하고자 했으나, 오스트레일리아 서해안의 암석

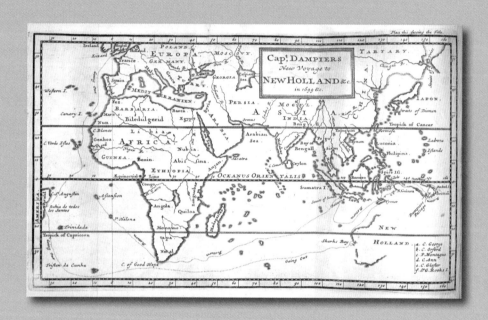

그림 6-2. 1699년 댐피어 항해기 속의 지도
출처: Dampier, 1703

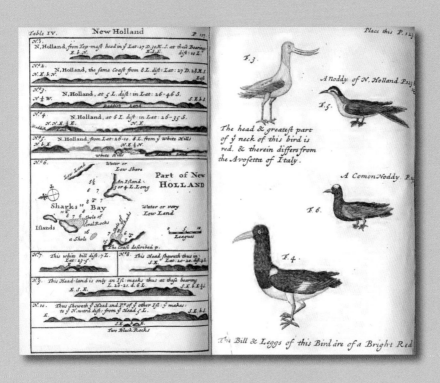

그림 6-3. 1699년 댐피어 항해기 속의 해안선과 조류 묘사
출처: Dampier, 1703

해안을 발견했을 따름이다. 그는 뉴홀랜드의 황량함에 실망했다. 이러한 그의 보고는 남방 대륙에 대한 영국의 관심을 멀어지게 했다. 그리고 영국 동인도 회사 역시 남방 대륙에 대해서는 별다른 관심을 기울이지 않았다. 이제 남방 대륙의 꿈은 영국에서 잊혀져 갔다.

그런데 남방 대륙에 대한 관심이 남해 회사(South Sea Company)의 설립과 함께 다시 시작되었다. 남해 회사는 1711년 영국에서 설립되었는데, 당시 동인도 회사의 성공을 보고 영업 영역을 대서양으로 한정하는 회사를 새로 만들면 엄청난 수익이 있을 것이라 예상하고 영국 정부가 설립했다.

1713년의 위트레흐트 조약에서 영국은 스페인에게서 노예 무역의 독점권을 얻었다. 이를 아시엔토 조약(Asiento contract)이라 하는데, 아시엔토는 '계약', '청부 약속' 등을 뜻하는 단어로 조약의 핵심은 영국이 차후 30년 동안 연간 노예 4,800명 정도를 스페인 식민지에 공급하는 권리를 얻었다는 것이다. 영국 정부는 이 특권을 남해 회사에 양도했다. 이 노예 무역은 1739년까지 계속되었으며 노예 무역의 황금시대를 이루었다.[19]

영국 정부는 국채 보유자에게 이 회사의 주식과 바꾸는 프로그램을 진행했다. 이 계획은 성공적이어서 단기 국채 보유자의 97%가 남해 회사 주식으로 전환했다. 그런데 스페인과의 적대관계로 남해 회사의 수익도 기대처럼 높지 않았다. 이 아시엔토를 남해 회사에 대한 투자 호기로 생각한 투자자들이 실제 가치보다 지나치게 높게 평가하고 투자해서 큰 손실을 입은 거품 현상이 발생했다.[20]

남해 회사가 설립되면서 영국에서는 남방 대륙 탐사의 필요성이 다시 제기되었다. 당시 알려진 남방 대륙은 오스트레일리아 서부의 뉴홀랜드, 오스트레일리아 동부 해안 지역인 뉴브리튼[21], 티에라델푸에고 남쪽 지역, 뉴기니, 남태평양의 섬들 정도였다. 남방 대륙을 발견하면 이들 지역과의 무역을 통해 이윤을 창출할 수 있을 것이고, 이는 항해 기술의 발달 및 해군력의 증가로

이어지는 이점이 있다고 보았다.[22]

그런데 남해 회사는 회사명 및 당시의 사회적 분위기와는 달리 남방 대륙에 단 한 척의 탐사선도 보내지 않았다. 이는 회사의 영업 범위를 정한 정관 때문이었다. 정관에 의하면 남해 회사의 영업 범위는 남아메리카 대륙의 남단인 티에라델푸에고를 기점으로 동쪽 해안과 서쪽 해안 즉 남아메리카에 제한되었다. 그리고 해안에서 300리그를 벗어나지 못하게 되어 있다. 그림 6-4는 남해 회사의 영업 범위를 표시한 지도이다. 해안선에서 가장 멀리 떨어진 장소에 그려진 점선에 '회사의 해양 경계(The company's sea limit)'라는 문구를 확인할 수 있다. 남해 회사는 이 지역 내에서는 독점권을 행사한다. 그렇지만 다른 지역으로 항해하는 것은 불가능했다. 따라서 남해 회사는 남방 대륙 탐사의 분위기만 고취했을 뿐이었다.[23]

댐피어 다음으로 오스트레일리아를 조사한 사람은 조셉 뱅크스(Joseph Banks)이다. 그는 1768년에서 1771년까지 인데버호(HMS Endeavour)로 이 지역을 조사했는데, 그의 탐사 기록은 『뱅크스의 인데버 저널(Endeavour Journal of Joseph Banks)』이란 제목으로 출간되었다. 그는 이 출판물에서 원주민들의 빠른 달리기 속도나 민첩성, 신체 능력을 들어 '동물과 같은 사람들'로 기술했다. 그리고 캥거루를 비롯한 동물과 식물을 그려서 기록으로 남겼다. 그는 1769년 타히티 근처를 항해하나가 타히티의 큰 섬인 타히티 누이(Tahiti-Nui)에 위치한 산을 보고, 바다 밑으로 가라앉은 아틀란티스 대륙의 일부라고 생각했다. 그리고 바다 속에 위치한 남방 대륙의 정상부가 산이라고 생각했다. 그는 플라톤의 아틀란티스와 남방 대륙을 연관시켜 이러한 생각을 했을 것이다.[24]

남방 대륙의 존재에 대해 종지부를 찍은 사람은 제임스 쿡이다. 쿡의 항해의 주된 목적은 금성의 태양면 통과 관찰이었다. 금성 관찰은 지구와 태양과의 거리를 계산하기 위한 학술적 목적에 사용된다. 그런데 이러한 목적을 가

그림 6-4. 남해 회사의 영업 범위를 표시한 지도(1732년)
출처: David Rumsey Collection.

진 제임스 쿡의 항해가 가능하게 된 것은 핼리 혜성으로 유명한 천문학자 에드먼드 핼리(Edmund Halley)의 역할이 절대적이었다. 핼리는 1699년 영국 해군의 의뢰를 받아 북위 50도에서 남위 50도에 이르는 지역의 지구 자기를 측정하는 임무를 수행했다. 왕실 천문학자인 그에게 영국 정부는 1761년 6월과 1769년 6월에 있을 것으로 예측되는 금성의 태양 일식 현상을 관찰할 것을 요청한다. 핼리는 1742년 85세의 나이로 사망했지만, 1761년의 금성 관측에는 9개 국가의 120명이 참여했다. 구름과 항해의 지연, 전쟁, 부실한 관측 도구로 인해 금성 관찰의 결과는 성공적이지 못했다. 왕립 학회는 1769년 금성 관찰을 다시 시도하기로 했다. 그리고 제임스 쿡을 선장으로 임명했다. 제임스 쿡의 제1차 항해의 명목상의 목적이 바로 이 금성 관측이었다. 1769년의 금성 관찰을 위해 제임스 쿡은 1768년 8월, 금성의 태양면 통과 관측과 남방 대륙 탐색을 임무로 프리머스항에서 인데버호를 이끌고 출항했다. 1769년 예정대로 금성의 태양면 통과 관측을 성공한 뒤, 그는 남방 대륙 탐사를 시작했다. 10월에 뉴질랜드에 상륙해서 섬의 원주민인 마오리족과 접촉했다. 그리고 1770년 오스트레일리아 해안에 도착했다. 뱅크스는 식물학자의 자격으로 제임스 쿡과 동행했는데, 당시 그는 보터니만을 영국의 영토로 선포했다. 그리고 1778년에는 영국 왕립 학회장으로 임명되었다.[25] 뱅크스 외에도 식물학자 시드니 파킨슨(Sydney Parkinson)과 기상학자 알렉산더 부찬(Alexander Buchan) 등이 항해에 참여해서 원주민과 동식물을 관찰하고 스케치했다. 제임스 쿡은 3년 후인 1771년 천문 관찰 자료와 함께 뉴질랜드 해안, 오스트레일리아 동해안, 타히티섬 등의 관측자료를 가지고 돌아왔다.

제임스 쿡의 1차 항해 이후 영국 국왕은 남방 대륙의 존재 여부에 대한 확인을 요구하였고, 영국 정부는 1772년 제임스 쿡으로 하여금 2차 탐사를 하도록 명령했다. 그리고 가급적 남쪽으로 멀리 진출하는 항로를 채택하도록 했다. 레졸루션(Resolution)호와 어드벤처(Adventure)호는 1772년 7월에 남방 대륙으로 향했다. 제임스 쿡은 1774년 2월 3일에는 서경 106도 54분, 남위 71도 10분에 도달했다. 그리고 더 이상 남방 대륙은 존재하지 않는다고 보고했다.

그는 미지의 남방 대륙이 자신이 항해한 곳보다 더 남쪽에 있다면 따뜻하고 살기 좋은 곳이 아니라, 그저 춥고 얼음으로 뒤덮인 땅이라고 결론지었다. 그는 이렇게 고대와 중세, 그리고 르네상스 시기의 지도 제작자들이 가지고 있던 지리적 환상에서 남반구를 벗어나게 했다. 그가 그린 지도에는 남극 대륙이 위치하는 장소에는 경위선만 표시되어 있을 뿐 어떠한 육지의 흔적도 존재하지 않았다. 상상의 땅 대신 경위선만 그려져 있다는 사실은 이제 이전의 남방 대륙 신화가 제거되었다는 것을 의미한다.

2. 뉴사우스웨일스: 기대와 현실

네덜란드가 오스트레일리아 서부와 북부 지역을 발견하고 그곳을 뉴홀랜드로 명명했지만, 실제로 오스트레일리아를 식민지화한 것은 영국이다. 1770년 제임스 쿡은 오스트레일리아 동남부 해안 지역에 상륙한 다음, 이곳이 영국의 웨일스 지방과 흡사하다고 생각하여 '새로운 웨일스'라는 뜻의 뉴웨일스라는 지명을 붙였다. 그런데 쿡은 자신의 보고서에서는 이 지역의 이름을 다시 뉴사우스웨일스로 변경했다. 뉴사우스웨일스는 현재 오스트레일리아 남동부에 있는 주의 이름으로 사용되고 있으며 주도는 시드니이다. 이 지역은 현재 오스트레일리아에서 가장 살기 좋은 지역으로 전국 인구의 40% 이상이 거주한다. 그러나 영국인들이 이곳에 정착한 초기에는 많은 어려움이 있었다.

오스트레일리아의 식민지화는 영국의 유형지로 시작되었다. 산업 혁명 이후 도시 빈민이 급증하면서 영국 전역에선 범죄자들이 늘어났다. 더욱이 범죄를 막기 위해 법을 더 엄격히 적용하다 보니, 죄수는 기하급수적으로 늘었고 교도소는 죄수들로 넘쳐났다. 영국 정부는 미국 독립 이전에는 버지니아 등지에 죄수들을 보내 교도소 문제를 해결해 왔다. 당시 법률에 따르면 경범죄를 범한 자들은 태형이나 낙인을 찍는 대신에 7년 동안 유형에 처할 수 있으며, 사형선고를 면한 죄수들은 14년 동안 유형에 처할 수 있었다.[26] 이렇게 죄수를 먼 유형지로 보내는 행위를 당시는 '이송(transportation)'이라고 불렀다. 여기서의 이송은 강제 추방 판결을 받은 죄수들을 수송한다는 의미였다.

미국이 독립하자 영국은 새로운 죄수 이송지가 필요했다. 그래서 영국 의회는 1785년 뷰챔프 위원회(Beauchamp Committee)를 설립했다. 이 위원회에서는 죄수를 보낼 장소로 아프리카 서부 지역에 있는 감비아강의 맥시섬(Lemain Island 또는 MacCarthy Island)이 거론되었다. 당시 아프리카에 주재하던 영국의 상인들은 이 죄수들을 아프리카에 정착시켜 지역을 개발하고 상업 거점으로 활용하려는 계획을 가지고 있었다. 또한 맥시섬에 죄수를 계속 보내어 일정 인구에 도달하면, 식량자립이 가능하고 농업을 기반으로 한 무역이 번성할 것이라고 생각했다. 그렇게 되면 죄수들이 스스로 치안을 유지하고 발전을 도모하는 유토피아가 될 것이라고 판단했다.[27]

그러나 감비아의 기후 조건이 인간의 생존에 열악하다는 것이 문제였다. 실제로 1782년 영국은 350명의 죄수들을 아프리카의 황금 해안에 보낸 적이 있었다. 1785년에 확인한 결과 단지 7명의 생존 여부만 확인이 가능했다. 일부 죄수들은 네덜란드 점령지로 도망가거나 해적이 되었고, 대부분의 죄수들은 풍토병으로 사망했다.[28] 이로 인해 감비아에 유형지를 건설하려는 계획은 부결되었다.

뷰챔프 위원회의 제임스 마리오 마트라(James Mario Matra)는 시드니 근교인 보터니만의 기후가 유럽인의 정주에 완벽하다고 보고했다. 마트라는 제임스 쿡의 1차 항해 시 제임스 쿡이 탄 인데버호의 선원으로, 보터니만에 1770년 4월 29일 상륙한 경험이 있었다. 따라서 마트라의 주장은 상당한 설득력이 있었다.

조셉 뱅크스 역시 1785년 이 위원회에서 참고인 자격으로 이와 관련된 긍정적인 의견을 개진했다. 그는 뉴사우스웨일스의 동부 지역은 토양이 비옥해 영국의 농업 방식을 그대로 적용하면 많은 인구를 부양할 수 있다고 주장했다. 그리고 1786년에는 이 지역의 기후가 남부 프랑스 지방의 기후와 유사해서 건조하지만, 지중해식 농업이 가능하고 플랜테이션 농업 역시 가능하다고 주장했다. 실제로 이 지역은 지중해식 기후 지역으로 분류된다.

그런데 뱅크스가 보터니만에는 원주민이 거의 거주하지 않으며, 비록 일부 적대적인 원주민이 존재하지만 전혀 두려워할 필요는 없다고 보고한 것은 문제였다. 그는 유럽인들이 이곳에 정착하면, 원주민들은 즉시 다른 곳으로 떠나갈 것이라고 확신했다.[29]

그리고 해군의 조지 영(Sir George Young) 역시 1785년 뉴사우스웨일스에 대해 다음과 같은 기대감을 피력했다.[30]

남위 44도와 남위 10도 사이의 지리적 위치는 세계에 알려진 모든 산물을 생산할 수 있는 조건을 가지고 있다. 이러한 지리적 위치에 있는 국가는 중국, 일본, 태국, 인도, 아라비아, 페르시아, 이집트, 그리스, 터키 그리고 지중해, 이탈리아, 스페인, 남부 프랑스, 포르투갈, 멕시코 등이다.

1786년 영국 내각은 죄수를 이송할 만한 다른 대안을 찾을 수 없었다. 그래서 보터니만에 에반 네페안(Evan Nepean)을 파견하여 조사하게 했는데, 조지 영이나 뱅크스의 증언과 대체로 일치함을 확인했다. 당시 내각의 국무장관이었던 시드니경은 차고 넘치는 감옥, 그리고 이로 인한 전염병의 위협 때문에 다른 곳을 고려할 여유도 없이 보터니만을 유형지로 결정했다. 그리고 나페안이 이송 계획을 수립했다.[31]

한편으로 보터니만은 동남아시아와 근접해 있어 향료 및 중국과의 접근이 용이하며, 동아시아 지역과의 무역로를 안전하게 지키기 위한 군사기지를 설치하기에 좋은 장소였다.[32] 따라서 프랑스, 스페인 및 네덜란드와 벌이고 있는 동아시아 지역의 무역 경쟁에 유리한 장소이기도 했다.

드디어 1788년 1월 26일, 총독 필립(Arthur Phillip)은 6척의 죄수 수송선, 3척의 보급선, 2급의 호위함으로 유형수 754명과 군인 259명을 데리고 최초의 식민지 건설을 현재의 시드니인 포트잭슨(Port Jackson)에서 시작했다. 당시 유럽은 혁명과 전쟁의 광기에 사로잡혀 있었던 상태였다. 이러한 상황에서 역설적으로 낙원 같은 교도소, 새로운 삶을 시작하는 장소로 보터니만의 가능성을 보여 주게 되었다.

보터니만의 기후 조건은 좋았지만, 대규모의 이주민이 동시에 이곳에 정착하는 것은 별개의 문제였다. 때마침 이들이 이곳에 도착했을 때는 비가 많이 내렸다. 쿡이 말한 좋은 목초지도 없었고, 토양은 사질 토양으로 비옥하지 않았다. 퇴비가 없어서 곡물이나 야채는 잘 자라지 않았고, 이로 인해 비타민을 공급할 야채가 부족해서 괴혈병이 증가했다. 또 해안 지역을 제외한 내륙 지역의 강수량은 부족했다. 현재도 이 지역과 주변 지역은 건조 기후로 인해 지표에 염분이 집적되어 목장 또는 곡물 지대에 광대한 염전이 가끔 생성될 정도로 염해가 발생하고 있다.[33]

1789년 9월 공급선 가디안호가 출발했으나 사고가 생겨 도착하지 못했고, 식량난은 더욱 심해졌다. 그리고 1790년 6월 733명의 죄수를 실은 제2함대가 도착했다. 그러나 이들이 가져온 보급품으로는 생존이 불가할 정도였다. 이후 후속 보급선 역시 1790년에 난파해서 혹독한 식량난에 직면했다.

실제로 음식물을 도둑질한 자에 대한 교수형 집행이 이루어지는 가운데서도 정착민들은 경작지를 새롭게 확보해 나갔다. 이주 첫 해인 1788년 11월에 시드니 서쪽 근교의 패러매타(Parramatta)에서 비옥한 화산 토양의 땅을 찾아 일부 죄수들을 이주시켰고 목축을 시작했다. 1792년에는 1,000에이커가 넘는 농장을 만들었다. 또 시드니 인근의 다른 지역에는 과실수를 심었다. 특히 생산된 포도의 질이 우수했다. 필립 총독은 1792년 12월 이곳을 떠나면서, 죄수들이 이곳에 성공적으로 정착했다고 정부에 보고했다.

실제 영국인들은 이 지역에 비교적 성공적으로 정착해 나갔다. 그러나 이들이 생활하고 정착하는 가운데 이곳에 정착한 죄수들과 원주민들 간의 분쟁이 살인 사건으로 번지는 등의 갈등 관계가 형성되기 시작했다.[34]

1789년 4월에는 시드니에 천연두가 발생했다. 천연두에 대한 면역력이 없어 사망한 원주민의 시체가 시드니 주변에 널려 있었다고 한다. 천연두의 발병 원인에 대해서는 여러 의견이 존재한다. 1789년에 이곳을 방문한 프랑스의 라페루즈 함대나 북부 오스트레일리아의 동남아시아 출신 무역상들이 옮겼다는 설 등이 존재하지만, 이곳에 최초로 도착한 영국인들이 옮겼을 확률이 가장 높다.[35]

또한 원주민 학살 사건도 발생했다. 특히 바다 건너에 있는 태즈메이니아에서도 원주민 학살의 비극이 발생하여, 1876년 최후의 태즈메이니아인이 사망함으로써 태즈메이니아인은 지구상에서 사라지고 말았다. 그래서 현재 오스트레일리아 원주민들은 처음 이 대륙에 영국인들이 상륙한 것을 기념하는 '오스트레일리아의 날(Australia Day)'을 '침략의 날(Invasion Day)'이라 부른다. 그리고 오스트레일리아의 날 행사에 성난 원주민들의 항의 시위가 발생하곤 한다.[36]

원주민들에게는 비극의 역사이지만, 영국인들에게 뉴사우스웨일스는 완전한 기회의 땅이었다. 기회의 땅으로 만드는 데 기여한 가장 중요한 사람은 뉴사우스웨일스 총독 라클란 매쿼리(Lachlan Macquarie, 재직 1809~1821)이다. 그는 죄수들을 시민으로 변화시킬 수 있다고 확신했다. 그는 자유에 대한 기대는 나쁜 습관을 고치는 가장 큰 유인이라 판단했다. 그는 이송선을 수리해서, 이송되는 과정에서 발생하는 죄수들의 사망자 수를 줄였다. 그리고 형기를 마친 죄수에게 토지를 무상으로 불하했고, 재범자들은 노퍽섬과 같은 외진 장소에 격리시켰다. 병원을 설립했고, 1817년에는 오스트레일리아 최초의 은행인 뉴사우스웨일스 은행(Bank of New South Wales)을 설립했다. 그의 정책이 성공하여 죄수들의 일부는 지역사회의 유지가 되었다. 마침내 1828년에는 죄수들보다 자유인의 수가 더 많아졌다. 매쿼리 정책의 성공으로 뉴사우스웨일스는 번영하는 식민지로 바뀌었다.

오스트레일리아 역사에서 주목할 만한 사실은 영국에서 추방된 사람들이 거주하는 식민지로 출발한 나라가 영제국에게 아주 오랫동안 충성심을 보여주었다는 것이다. 청교도들이 건립한 나라가 아니라, 죄수들이 주역인 나라가 영국에 충성했다는 사실은 일종의 역설이라 볼 수 있다. 역설은 다음과 같이 설명할 수 있다. 유형수 중의 다수는 경미한 죄를 저지른 사람들이었고, 형기를 마치고 석방되면 자신의 노동력을 팔아 부를 형성할 수 있었다. 심지어 수감 중인 상태에서도 일부 죄수들은 자신에게 할당한 토지를 경작할 수 있도록 오후 휴무를 얻는 경우도 있었다.[37]

그러나 아직 오스트레일리아는 축복의 땅이 되지는 못했다. 특히 내륙 지방으로 유럽인들은 진출하지 못했다. 내륙 지방 개발 계획은 한 퇴역 군인의 상상력에서 시작되었다.

토마스 마스렌(Thomas John Maslen)은 영국 동인도 회사 군인 출신으로 오스트레일리아를 인도와 유사한 땅으로 판단하고 인도의 식민화 경험을 이곳에 적용하는 것이 바람직하다고 생각했다. 그는 1830년 집필한 『오스트레일리아의 친구(The Friend of Australia)』에서 오스트레일리아의 개발 구상안을 제안한다.

그는 오스트레일리아 내륙 지방에 거대한 호수가 있다고 생각했다. 그래서 이 수원에서 큰 강이 만들어져서 인도양 즉 오스트레일리아의 북서 해안으로 흐를 것이라고 생각했다. 그림 6-5의 지도는 그가 1827년에 세작한 것이다.

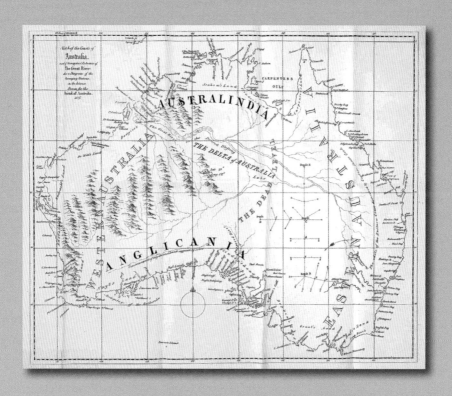

그림 6-5. 마스렌의 오스트레일리아(1827년)
오스트레일리아 국립도서관 소장

그는 북동부로 흐르는 강을 '거대한 강 또는 원하는 축복(The Great River or Desired Blessing)'으로 명명했다. 강의 남쪽에 '오스트레일리아 델타(the Delta of Australia)'를 위치시키고 이 강의 북쪽을 오스트랄인디아(Australindia)로 명명했다. 이름에서 알 수 있듯이 이곳은 인도인의 영향력이 강한 곳, 또는 인도인이 거주하는 곳이라고 판단했다. 그리고 오스트레일리아 남쪽 지역은 앙글리카나(Anglicana)로 명명했는데, 이는 영국 국교인 성공회의 땅이라는 의미이다. 그리고 이후 오스트레일리아를 대영 제국에서 독립시키는 것이 기독교 정신과 자유에 부합한다고 주장했다.[38] 단 미국과 같은 공화국보다는 왕정이 더 적절하다는 개인 의견을 남겼다. 한 가지 특이한 점은 그가 원주민이 사용하던 지명을 사용해야 한다고 주장한 것이다. 구세계에서 사용한 지명을 그대로 가져오는 것은 새로운 국가 건설에 부합하지 않고, 우울감만 야기한다고 주장했다. 다만 개발의 편의를 위해 북반구의 해당 위도에 위치한 도시의 지명을 차용하는 것은 좋다고 했다.[39]

흥미로운 것은 그가 제시한 제안이 오스트레일리아의 정책에 반영되었다는 것이다. '백오스트레일리아의(White Australia Policy)'라 부르는 백호주의가 그것이다. 그는 오스트레일리아 동부 지역을 '남반구의 낙원'으로 만들어야 한다고 주장했다. 그는 오스트레일리아 동부 지역에 백인들만 거주하는 진정한 영국을 만들기 위해서는 계속 영국인 죄수를 이곳에 보내야 한다고 강조했다. 그렇지 않으면 노동력의 부족으로 유색 인종과 다른 종교를 가진 사람들 예를 들어 뉴질랜드, 타히티, 하와이, 말레이시아, 심지어 미국인이 이곳에 이주할 것이라고 주장했다.[40] 그는 당시 오스트레일리아에 약간의 원주민들이 있다는 것은 인지하고 있었다. 그렇지만 원주민 여자들을 백인 죄수와 결혼 시키면 결국 그 문제는 해결될 것이라고 주장했다. 그러면 현재의 영국 섬에 쾌적한 하늘 그리고 장엄한 경관을 더해 주는 것이라고 주장했다. 그런데 그의 주장에 영향을 받았는지는 모르지만, 곧 현실에서 적용된다.

    마스렌의 정책과는 별도로 웨이크 필드(Edward Gibbon Wakefield)에 의해서도 반이민 정책은 추진되었다. 그는 15세 소녀를 유혹하고 이중 결혼 등 온갖 악행으로 3년형을 선고 받은 전과가 있는 지역의 유력 정치인이었다. 당시 지역 언론인인 로버트 구저(Robert Gouger) 역시 무차별적 이주는 실수라고 비판했다.[41]

    백오스트레일리아의 분위기는 1850년대 골드러시(Gold rush) 시대에 본격적으로 사회의 전면에 등장한다. 뉴사우스웨일즈의 인구가 20만 명에 불과한 당시 중국인 이민자의 숫자는 순식간에 5만 명까지 급증했고, 사탕수수 농장의 인부로 들어오는 남태평양 섬 출신 계약 노동자의 증가로 말미암아, 유럽계 백인들은 임금 감소를 감당해야 했다. 더구나 유럽계 백인들에게 유색인의 증가는 '혈통 오염'의 위협으로 다가왔다. 당시 오스트레일리아의 상황을 바라보는 영국의 식민주의자들의 눈에는 혈통의 순수성을 지키지 못한 북아메리카에서의 경험이 완전한 실패로 비추어지고 있었다. 그들에게는 순수한 혈통을 보존한다는 것은 오스트레일리아 정착지의 '식민지인'이 아닌, 영제국의 일부로서 오스트레일리아 식민지의 '영국인'이라는 정체성을 지킬 수 있다는 것을 의미하였다.[42] 백오스트레일리아의는 1901년 '이민 제한법(Immigration Restriction Act)'으로 공식화되었다.[43]

    비록 거대한 축복의 강이 있다는 마스렌의 주장은 사실이 아니었지만, 오스트레일리아는 새로운 기회를 갖게 된다. 금광이 발견된 것이다. 오스트레일리아의 골드러시는 에드워드 하그레이브스(Edward Hargraves)로부터 시작한다. 시드니에 거주하던 그는 1848년 캘리포니아에서 금광이 발견되자 미국으로 떠났다. 당시 캘리포니아로 금광을 찾아 떠난 사람들이 1849년에 많았으므로 이들을 'Forty-Niner'라 부른다. 일확천금을 노리는 사람이란 의미로 현재도 통용되고 있다. 그런데 하그레이브스는 캘리포니아에서 광산을 찾는 것은 실패하고 1851년 미국의 금광 채굴 기술자들과 뉴사우스웨일스로 돌아왔다. 그리고 이들은 뉴사우스웨일스의 배서스트(Bathurst) 주변에서 1851년 2월 금광 발견에 성공했으며 이 땅에 솔로몬의 황금이 유래했다는 성서 속의 지명인 오빌(Ophir)을 부여했다. 하그레이브스는 금광을 직접 채굴하진 않았고, 5월에 신문에 이 장소를 공포하여 정부로부터 보상금을 받았다. 6월에는 오빌에 약 2천 명의 채굴자들이 몰려들었으며, 금광 채굴 지역은 빅토리아주로도 확장되었다. 특히 빅토리아주에 많은 금광이 발견되었다. 당시 너무 많은 사람들이 몰려들어 이 지역은 거의 광산촌이 되었고, 배를 운항할 선원이 부족할 지경이었다. 심지어 경찰들도 모두 사임하고 이 일에 뛰어들었다. 그러나 다른 지역들과 마찬가지로 여기에서도 처음에는 지표면 가까운 곳에서 금광석을 발굴할 수 있었으나 점차 금을 채굴하기가 어려워졌다.

1851년에서 1860년 사이에 영국과 아일랜드 출신 이민자 약 50만 명이 멜버른과 시드니에 정착했는데 이것은 골드러시의 영향이라 볼 수 있다.[44] 이후 1860년대에는 뉴질랜드 남섬의 오타고(Otago), 그리고 1890년대에는 웨스턴 오스트레일리아주의 캘구리볼더(Kalgoorlie-Boulder)에서도 금광이 발견되었다. 결과적으로 금이 많은 땅, 오빌의 전설은 이곳에서 구현되었다.

3. 오스트레일리아 지명의 탄생

오스트레일리아 대륙을 최초로 발견한 것은 네덜란드인이다. 그리고 많은 네덜란드 탐사가들이 서부 해안에 상륙했다. 아벨 타스만은 1644년 이 땅의 이름을 최초로 뉴홀랜드(Nieuw Holland)로 표기했다. 그러나 1788년 영국인들이 시드니에 도착한 후에는 대륙의 동쪽을 뉴사우스웨일스로 불렀고, 뉴홀랜드는 대륙의 서쪽 지역을 지칭하는 명칭으로 범위가 축소되었다.

그런데 이런 뉴홀랜드는 영국과 프랑스가 벌이는 지도 경쟁의 경기장이 된다. 흔히 중앙아시아의 패권을 차지하기 위한 대영 제국과 러시아 제국 간의 전략적 경쟁이자 냉전을 총칭하는 용어로 '그레이트 게임'을 사용한다. 이 게임은 1813년의 러시아-페르시아 조약부터 시작하여 1907년의 영러 협상으로 끝을 맺는다. 그런데 소설가 데이비드 힐은 오스트레일리아를 먼저 지도로 그리기 위한 영국과 프랑스의 경쟁을 '그레이트 레이스(Great race)'라고 불렀다.[45]

아더 필립 총독의 포트 잭슨 정착은 모험의 시대가 끝나고 이제 오스트레일리아 대륙을 조금씩 알아가는 단계에 진입했다는 것을 의미한다. 항구를 건설하기 위해서는 해안선이 정밀하게 표시된 지도가 필요했다. 필립 총독은 포트 잭슨을 측량하도록 지시했다. 지도 제작자들은 해안선의 형태와 수심을 조사하고 지도로 그려서 배가 정박할 수 있는 장소를 표시했다. 그림 6-6은 1788년 당시 조사한 잭슨 포트 주변의 지형을 묘사한 그림이다. 화가는 영국에서 몇 달 전에 유배 온 죄수 출신의 포우크(Francis Fowkes)이다.

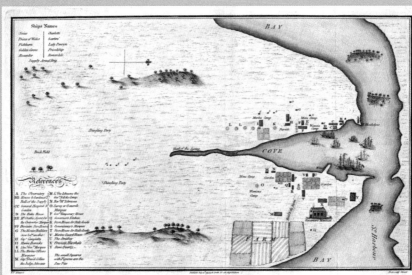

그림 6-6. 잭슨 포트 주변의 경관
출처: Wikimedia.org

1790년 4월, 새로운 보급품이 도착하기도 전에 시리우스호가 노폭섬에서 좌초했다. 총독 필립은 오스트레일리아 동부 해안과 노폭섬의 지도를 보다 정교하게 그리도록 지시했다. 그리고 영국 정부는 조지 뱅쿠버(George Vancouver)로 하여금 1791년 케이프타운, 오스트레일리아 서남부, 뉴질랜드, 타히티, 하와이를 조사하도록 해서 식물 표본을 수집하고 해안 지역을 지도로 그리게 했다. 이에 그는 태평양 연안을 따라 북아메리카로 항해했다. 현재의 밴쿠버시와 밴쿠버섬의 지명은 그의 이름을 딴 것이다. 이렇게 서서히 오스트레일리아 대륙의 해안선이 지도로 그려지기 시작했다. 필립 총독이 1792년 12월 뉴사우스웨일스를 떠났을 때는 오스트레일리아 동부 해안선은 매우 정확하게 지도로 그려진 상태였다.

조지 배스(George Bass)는 1797년 시드니 남쪽 해안을 탐험하고 그곳에서 석탄 매장지를 확인했다. 그리고 1798년 오스트레일리아의 남동 해안을 탐험하는 중에 태즈메이니아섬과 본토 사이에 위치한 해협을 발견하였다. 이 해협을 그의 이름을 따서 배스 해협이라 부르는데 이 해협의 발견을 통해 태즈메이니아는 섬으로 규정되었다. 1642년 네덜란드의 타스만이 최초로 태즈메이니아를 발견한 이후 제임스 쿡, 조지 밴쿠버 등이 주변 지역을 지나갔지만 아무도 섬인 것을 확인할 수 없었는데, 조지 배스가 이를 명확히 한 것이다. 조지 배스는 동물 연구에 몰두했는데 1797년 웜바트, 백조, 그리고 앨버트로스에 대한 연구로 린네 학회 회원으로 선출된 바 있다.

조지 배스와 플린더스는 1798년 10월에서 다음해 1월까지 이 지역의 해안선을 지도로 그렸다. 플린더스는 조사한 내용을 보고서[46]로 작성했는데, 배스 해협을 조사한 결과 이 해협을 통과하는 항로는 매우 안전한 것으로 판명되었다. 유빙도 없었고, 갑작스런 바람 때문에 부닥치게 되는 해안 절벽도 없었다. 또한 그는 태즈메이니아를 조사해 타마(Tamar)강과 더웬트(Derwent)강을 발견했다. 이 조사 내용은 플린더스의 1802년 「뉴홀랜드 지도」에 표시되

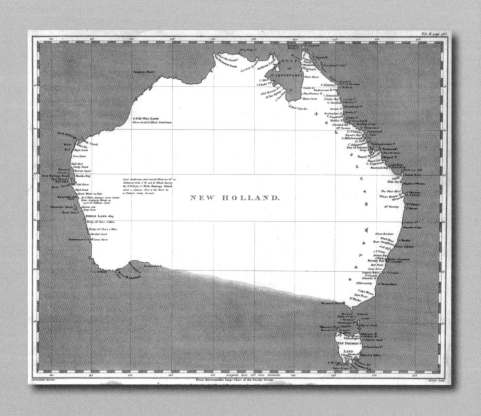

그림 6-7. 플린더스의 1802년 뉴홀랜드 지도
오스트레일리아 국립도서관 소장

어 있다(그림 6-7). 그리고 1802년 말에는 배스 해협을 통과하는 항로가 유럽에서 이 지역으로 가는 항로로 채택되었다.

프랑스 역시 뉴홀랜드를 식민지화하려는 의도를 가지고 있었다. 그러나 프랑스 혁명으로 인해 이 지역에 진출할 여력이 없었고, 1799년 나폴레옹이 집권해서야 다시 이곳에 탐사대를 보내기로 결정했다. 나폴레옹은 1800년 10월 과학 탐사의 목적으로 각각 지리학자와 박물학자라는 의미를 가진 제오그라프(Géographe)호와 나튀랄리스트(Naturaliste)호를 오스트레일리아 남서부에 파견했다. 당시 지도 제작을 담당한 사람은 자연 과학자인 니콜라 보댕(Nicholas Baudin)과 해군장교 루이 드 프레이시네(Louis de Freycinet)[47]였다. 두 척의 배는 르 아브르를 1800년 10월 18일 출발해, 오스트레일리아 본토의 남서쪽에 있는 루윈곶에 1801년 5월 27일 도착했다. 일행의 한 명인 프랑스와 페론(François Péron)은 '모래로 뒤덮인 완벽한 황폐함'이라고 이 대륙을 본 소감을 적었다.

프랑스가 오스트레일리아로 출발했다는 소식을 듣고 영국도 탐사 작업을 서둘렀다. 영국의 탐사는 영국 왕립 학회 회장을 역임한 뱅크스(Joseph Banks)가 기획했다. 그는 1801년 플린더스(Matthew Flinders)를 보내어 오스트레일리아의 서부와 남부를 조사하도록 했다. 플린더스는 조사자라는 의미의 인베스티게이터(Investigator)호를 타고 루윈곶에 1801년 12월 7일 도착했다. 영국과 프랑스 배의 이름을 보면 이들의 탐사 목적이 표면적으로는 과학적인 것임을 알 수 있다. 플린더스는 1802년 4월 8일에 오스트레일리아 남부에 위치한 인카운터만(Encounter Bay)에서 보댕 일행과 우연히 조우했다. 보댕과 플린더스는 각자 이 지역을 최초로 방문한 탐사자라고 주장할 수 없다는 사실을 슬퍼했다.

플린더스는 11월과 12월에 카펜테리아만 연안을 조사했고, 1803년 2월에는 아넘랜드반도를 지도로 그렸는데, 당시 해삼을 채취하고 있는 아시아 선박과 조우했다. 이후 대륙을 서쪽으로 돌아 시드니에 1803년 6월 9일 도착했다. 모든 해안선을 상세하게 그린 것은 아니지만 이제 오스트레일리아의 윤곽선은 훨씬 명확해졌다.

플린더스는 오스트레일리아 지도를 프랑스보다 빨리 출간하기 위해 가급적 일찍 영국으로 출발하려 했다. 하지만 배의 상태가 좋지 않아 8월에야 시드니를 떠날 수 있었다. 그러나 출항한 지 일주일 만에 산호초와 충돌하여 배가 파손되고 말았다. 문제는 수집한 표본과 측량 자료들이 상당 부분 손상되었다는 것이다. 그는 시드니로 돌아와서 다른 배를 구해 이전 침몰 장소에서 대기하고 있던 선원들을 구조한 다음, 토레스 해협을 거쳐 중간 기착지인 인도양의 마다가스카르섬 동쪽에 위치한 모리셔스에 1803년 12월 17일 도착했다. 당시 모리셔스는 프랑스령이었지만, 국적에 관계없이 모든 배가 이곳에서 정박하여 보급품을 채우거나 수리를 할 수 있는 것이 국제관례였다. 그런데 프랑스 당국은 영국과 프랑스가 전쟁 중이라는 명분을 내세워 플린더스를 6년 동안 연금했다. 당시 나폴레옹 정권은 플린더스가 먼저 영국으로 돌아가 오스트레일리아 지도를 출간하는 것을 용납하지 않았다. 플린더스는 무료한 시간을 회고록 집필과 지도 제작, 그리고 프랑스어 배우기에 사용했다. 그 결과 그가 모리셔스를 떠날 때에는 프랑스어를 유창하게 구사했다고 한다.

프랑스의 니콜라 보댕은 1801년 5월에 오스트레일리아에 도착했고, 서해안의 지도를 그렸다. 결과적으로 그의 지리 조사를 바탕으로 오스트레일리아 지도가 제작되었는데, 루이 프레이시네(Louis de Freycinet)가 1808년 출간했다. 이 지도는 최초로 현재의 시드니 명칭이 표시된 지도이기도 하다. 시드니란 지명은 필립 총독이 자신들이 상륙한 보터니만을 당시 내무 장관인 시드니경(Viscount Sydney)의 이름을 따서 명명한 데서 유래했다.

1802년 4월 보댕의 제오그라프호는 남부 오스트레일리아로 항해했다. 보댕은 자연 과학에 심취했다. 그러나 몰입 정도가 지나쳐, 다른 탐사자들과 심각한 갈등을 겪었다. 그는 자신이 탐험한 대부분의 땅 이름에 동물과 식물의 이름을 부여하고자 했다. 예를 들어 앨버트로스, 해마, 도요새, 펠리컨, 독수리, 해파리, 나비, 캥거루 등의 명칭을 사용하려 했다.[48] 즉 오스트레일리아 남부 해안의 지도를 보면 동물원과 식물원에 온 듯한 느낌을 갖게 되는데 이것은 생물학자로서의 그의 관심이 지명 부여에 반영된 것이었다. 그와 달리 동행했던 자연 과학자 프랑스와 페론(François Péron)과 지도 제작자 루이 프라이시네는 정치인의 이름을 지명으로 사용하려 했다. 보댕의 강력한 주장에 의해 오스트레일리아는 동식물의 이름으로 채워진 대륙이 될 뻔 했지만, 보댕은 1803년 본국으로 귀환하던 도중 사망하고 말았다. 그리고 페론과 프라이시네는 보댕의 흔적을 지도에서 지워 버렸으며, 정치인들의 이름으로 대체했다. 심지어 자신들이 처음으로 탐사하지도 않은 남부 해안 지역을 '나폴레옹의 땅(Terre Napoléon)'이라고 지도상에 표기했다. 지도 제작자 프레이시네는 항해기를 정리하고 지도를 제작해서 1811년 출판했다. 이는 영국의 플린더스가 오스트레일리아 지도책을 출간하기 3년 전이다. 플린더스는 모리셔스에서 6년을 잃었고, 또 개인적인 나태함으로 인해 최초의 오스트레일리아 지도를 출판하는 영예를 놓치고 말았다. 영국인들은 자신들이 발견한 땅의 명칭을 프랑스가 보나파르트만, 조세핀만 등으로 표기한 것에 대해 분노했다. 플린더스는 1810년 영국에 도착한 다음 지도 제작에 골몰했다. 그리고 1814년 「테라 오스트랄리스 또는 오스트레일리아 일반도(A General Chart of Terra australis or Australia)」를 제작했다(그림 6-8).

그러나 이 지도들은 해안선의 윤곽만 정확하지 내륙의 정보는 전혀 포함하고 있지 않았다. 프랑스의 보댕 역시 내륙을 조사할 의도는 전혀 없었다. 영국은 이미 보터니만에 진출하고 있어서 내륙 진출이 가능했지만, 다음의 두 가지 이유로 내륙 조사를 수행하지 않았다. 첫째는 죄수 이송과 정착촌 건설이라는 목적은 시드니 부근의 해안 지역만 개발하더라고 충분히 달성할 수 있

그림 6-8. 플린더스의 1814년 오스트레일리아 지도
오스트레일리아 국립도서관 소장

었기 때문이다. 둘째는 시드니에서 서쪽으로 약 60km 떨어진 곳에 위치한 해발 1,100m의 사암 고원인 블루마운틴 산악 지대 때문이다. 이 지역은 특유의 푸른 빛과 가파른 계곡과 폭포, 기암 등이 빚어내는 아름다운 경관으로 2000년 유네스코 세계 자연 유산으로 등록되었다. 그러나 그 당시에는 이 고원을 통과하는 것은 불가능했다.

보댕과 플린더스는 이 지역의 자연적 특성을 파악하는 임무 역시 부여받고 있었다. 영국 측의 러윈(John Lewin)은 식물과 동물, 지질 표본을 수집해서 뱅크스에게 보냈다. 러윈은 뉴사우스웨일스의 조류에 대한 도판을 제작하는 등 자연사 연구를 병행하면서 경관 화가로도 활동했다. 플린더스의 탐사에 동행한 브라운(Robert Brown)은 2,000개의 새로운 식물 표본을 수집했다.

브라운은 플린더스가 돌아갈 때 동행하지 않고 오스트레일리아에 남아서 계속 식물 표본을 수집하고 연구했다. 그는 1823년 뱅크스의 도서와 표본을 관리 연구하였으며, 1827년 뱅크스의 유품이 대영 박물관에 기증됨에 따라 이 박물관의 식물학 부장이 되었다. 분류학 분야에서는 린네의 주장에 찬성하여 자연 분류의 확립에 노력하였다. 특히 꽃의 구조와 화분관의 신장 등 생식에 관해 연구하는 동안 액체나 기체 속에서 미소입자들이 불규칙하게 운동하는 현상인 '브라운 운동'을 1827년 발견하였다.

로버트 브라운과 당시 동행한 탐사자들은 대척지의 기이함을 연상시키는 동물들을 발견했다. 수금의 꼬리를 가진 블루마운틴 꿩, 코알라, 바늘두더쥐 등을 발견했는데, 진화론자인 라마르크(Jean Baptiste de Lamark)는 이들 동물들이 포유류와 새의 중간 단계에 위치한다고 해석했다. 즉 남방 대륙을 진화론과 연계한 것이다. 실제로 다윈은 이들의 조사 결과를 창조의 열쇠라고 평하기도 했다.

보댕은 18,500개의 동물 표본을 수집했는데, 이 가운데 2,500개가 새로운 종이라고 한다. 보댕과 플린더스가 수집한 표본들은 각각 프랑스와 영국의 박물관에 전시되었다. 두 나라의 국민들은 이들이 수집한 표본들을 관람하면서 국민으로서의 자긍심을 느꼈을 것이다.

오스트레일리아의 모습이 지도상에서 확정되자, 지리학자들은 오스트레일리아를 독립된 대륙으로 보기 시작했다. 1790년대 중반에 간행된 지리학 서적들에서는 뉴홀랜드를 다섯 번째 대륙 혹은 여섯 번째 대륙으로 기술하기 시작했다. 이것은 남북아메리카를 하나의 대륙으로 보느냐, 아니면 두 개로 간주하느냐에 따라 달라진다.

당시 학자들은 뉴홀랜드가 대륙으로 간주될 수 있을 정도로 넓은 면적을 가지고 있다고 보았다. 예를 들어 영국의 지리학자 페난트(Thomas Pennant)는 뉴홀랜드의 크기가 남북으로는 남위 11도에서 남위 46도 30분으로 약 2천 마일, 그리고 동서로는 동경 109도 30분에서 동경 152도 30분으로 약 3천 마일에 이른다고 했다. 그리고 이 지리적 범위는 유럽의 범위와 동일하다고 주장했다.[49] 이제 대륙의 명칭을 선정할 순서가 되었다.

당시 고려된 지명으로는 고대부터 사용된, '테라 오스트랄리스' 그리고 스페인의 퀴로스(Quiros)가 부른 '성령의 오스트랄리아(Australia del Espiritu Santo)'와 연관된 오스트리알리아(Austrialia), 최초로 이 대륙을 발견한 네덜란드가 처음 사용한 네덜란드어의 'Nova Hollandia' 그리고 이 발음의 영어식 표현 '뉴홀랜드', 『남방 대륙 항해의 역사(Histoire des navigations aux terres australes)』를 집필한 프랑스의 샤를 브로스(Charles de Brosses)가 주장한 '오스트랄라지(Australasie)', 그리고 핀케르톤이 주장한 '오스트랄라시아(Austral-asia)'가 고려 대상이 되었으나 지지를 받지 못했다.[50]

플린더스는 1807년 1월 17일 모리셔스에 연금되었을 때, 프랑스의 '일드프랑스(Ile-de-France) 학회'에 자신의 탐험 내용을 설명한 편지를 보냈는데, 이 편지는 1810년 프랑스에서 출간된 『여행, 지리학 그리고 역사 연보』에 수록되었다. 이 편지에서 플린더스는 과학이 인간의 행복에 기여하고 인간의 정신을 고취한다는 내용을 간략히 언급한 다음, 자신이 과학적 연구를 수행한 대륙의 이름을, 대륙의 서쪽을 발견한 네덜란드와 동쪽을 발견한 영국의 입장을 모두 포용하는 지명인 테라 오스트랄르(Terre australe) 또는 오스트레일리아(Australia)로 부르는 것이 좋을 것 같으며 이는 유럽 지리학자들에 의해 채택되어야 한다고 했다.[51]

그런데 그의 입장은 점차 오스트레일리아로 선회한다. 1814년 출간한 『테라 오스트랄리스의 여행(A Voyage to Terra Australis)』에서 플린더스는 네덜란드의 뉴홀랜드와 영국의 뉴사우스웨일스를 모두 포함하는 지역의 특성을 고려할 때, 테라 오스트랄리스가 적합한 지명이라고 강조했었다. 그러다가 그는 각주에서 자신이 원래의 명칭을 바꾸는 것이 허용된다면, 오스트레일리아로 바꾸는 것이 좋다고 했다, 그리고 그 근거로 듣기 좋으며, 다른 대륙 명과의 조화를 들었다.[52] 이 지명은 그가 1814년 제작한 오스트레일리아 지도의 제목이기도 하다(그림 6-8). 1817년 뉴사우스웨일스 총독 라클란 매쿼리(Lachlan Macquarie)는 이 지역의 명칭을 오스트레일리아로 사용하기로 했다. 그리고 영국 정부는 1824년 공식적으로 이 명칭을 대륙의 이름으로 채택하기로 결정했다.[53]

4. 남방 대륙을 배경으로 한 영국의 문학 작품

영국에서는 다른 나라보다 일찍 남방 대륙을 모티브로 한 작품이 출간되었다.[54] 1605년 조셉 홀(Joseph Hall)은 남방 대륙을 모티브로 한 문학 작품을 출간했다. 그는 『다른 세계 또는 여전한 세계(Mundus alter et idem)』에서 미지의 남방 대륙에 유토피아, 또는 달리 보면 디스토피아가 될 수도 있는 지역을 배치했다. 주인공 브리타니쿠스(Mercurius Britannicus)는 판타지아호를 타고 남쪽 바다를 항해해서 남방 대륙의 여러 나라를 방문하는데 각국의 주민은 폭식가, 잔소리꾼, 바보 그리고 도둑의 성격을 가지고 있다. 그리고 각 나라의 다양한 지역에 거주하는 주민들 역시 매우 독특한 성격을 가지고 있다. 그림 6-9의 지도는 이 책의 1643년 판에 수록된 것이다.

예를 들어 이 지도에 수록된 탐욕의 땅인 코디키아(Codicia)에는 중세 괴물의 후손이 거주한다. 돼지 머리의 형상을 가진 이들은 항상 손과 무릎으로 기어 다니는데, 땅 위에 있는 어느 것도 놓치지 않기 위해서이다. 그리고 팜파고니아(Pamphagonia)에서는 새들이 살이 쪄서 날 수 없고, 물고기가 넘치는 곳이다. 그리고 이브로니아는(Ivronia)는 박카스 신을 숭배하는 곳으로 술 취한 사람이 존중받는 곳이다. 포도주에 물을 타거나 술을 취하고도 비틀거리지 않으면 이 사회에서는 완전히 배제된다.

그렇지만 이 사회도 엄청난 문제점을 가지고 있었다. 그래서 주인공은 유토피아라고 생각되던 남방 대륙도 여전히 동일한 땅이라는 것을 알게 되었다는 것이 이 소설의 주제이다. 그런데 홀의 책 내용을 당시 사람들의 상당수는 사

그림 6-9. 조셉 홀의 『다른 세계 또는 여전한 세계』 속의 남방 대륙

실로 믿었다. 책에 첨부된 지도가 소설을 사실로 간주하는 도구로 사용되었다. 이 작품은 남방 대륙을 영국 사회와 비교할 목적으로 이용했다. 즉 다르지만 같은 곳, 대척지이지만 여전히 우리의 모습을 그대로 가진 곳으로 묘사한 것이다.

리차드 브롬(Richard Brome)의 『대척지(The Antipodes, 1640)』는 막연한 남방 대륙이 아니라, 런던의 정확한 대척지인 앤티런던(Anti-London)을 배경으로 한다. 앤티런던에서는 정치와 종교를 제외한 모든 것이 런던과 정반대이다. 성인이 된 자녀가 노인을 학교에 보내며, 하녀가 주인보다 가난하다. 사례비를 받지 않으려 하기 때문에 변호사가 가난한데, 오히려 의뢰인인 여성들이 폭력을 사용해서 사례금을 받도록 한다는 내용 등이 언급되어 있다.

셰익스피어 작품의 원저자로도 거론되고 있는 헨리 네빌(Henry Neville)은 1668년 『파인 섬 또는 미지의 남방 대륙 근처의 네 번째 섬(The Isle of Pines)』을 출간했다.[55] 이 소설은 에로 판타지라 볼 수 있다.

주인공 헨리 코르넬리우스 판 슬로텐(Henry Cornelius van Sloetton)은 1667년 4월 26일 암스테르담을 출발해 동인도로 가는 350톤 규모의 배에 승선한다. 6월 14일 마다가스카르를 통과하지만, 폭풍으로 항로를 잃고 한 섬에 도착한다. 그런데 섬에서 만난 원주민이 영어를 능숙하게 구사하는 것에 놀란다. 이후 원주민과 대화를 통해 이 섬에 영국인이 정착하게 된 계기를 알게 된다. 즉 원주민의 할아버지는 조지 파인으로 인도 무역선 선장의 조수였다. 1569년 희망봉을 지나 마다가스카르 연안을 따라 인도로 항해하던 도중 폭풍을 만나 침몰하게 되었는데 자신이 모시는 선장의 딸과 두 명의 하녀, 그리고 한 명의 어린 흑인 소녀만 살아남아 섬에 정착하게 된다. 그런데 섬에는 식량이 풍부하여 생존의 어려움은 전혀 없었다. 그는 이 섬에서 네 명의 여자와 함께 실았는데, 섬에 도착한 지 59년이 지난 후 자손들의 수를 세어 보니 1,789명이나 되었다. 그리고 흑인 하녀가 낳은 아들이 반란을 일으켰지만, 백인들이 반란을 진압했다는 이야기 등을 주인공에게 들려주게 된다. 이 소설의 분량은 짧았지만, 당시에 대중적으로 선풍적인 인기를 끌었다. 성적인 상상력을 자극하는 내용이 당시 남성들의 꿈을 자극했던 것이다. 실제 주인공인 조지 파인의 성 'Pines'는 'penis'의 철자 순서를 바꾼 것이기도 하다. 이 이야기는 네덜란드, 프랑스, 독일, 이탈리아 등에서 번역되어 출간되었다.

찰스 길던(Charles Gildon)[56]의 『테라 오스트랄리스의 새 아테네(A Description of New Athens in Terra Australis incognita, 1720)』에서 주인공 윌리엄스는 난파 이후 대척지인 오스트레일리아에 상륙한 후, 고대 아테네가 멸망한 다음 생존자들이 이곳으로 도피하여 건설한 새 아테네에 도착한다. 이곳에서는 고대 그리스인과 원주민들이 조화를 이루며 살고 있으며, 라틴어와 그리스어가 모두 사용되고 있었다. 이곳은 철저한 기독교 국가로 빈곤과 간음이 없고, 변호사도 없는 유토피아로, 각 가정에는 수돗물이 공급되며 모든 거리는 깨끗하게 청소되어 있다. 도시는 직교형이다. 문학과 예술이 유토피아 교육의 중심이 되는 이곳에서 주인공인 윌리엄스는 새 아테네의 시민들에게 영국 희곡을 가르치는 역할을 맡는다.

이렇게 남방 대륙을 배경으로 한 문학 작품은 미지의 세계에 우리가 생각하는 것과 정반대의 세상 또는 유토피아가 존재한다는 것을 전제로 한다. 즉 지리적 위치가 정반대의 생활양식을 만드는 것이다.

그리고 남방 대륙의 탐사와 관련된 항해를 모티브로 한 소설도 18세기 전반부에 등장한다. 18세기 전반기 영국은 스페인 왕위 계승 전쟁(1701~1713)이 끝난 평화의 시기였다. 새로운 시장이 개척되면서 영국과 유럽, 그리고 신대륙과 아시아, 아프리카를 연결하는 네트워크가 성립되었고, 무역에 투자하는 금융업이 발전하면서 대양 무역은 영국이 제국으로 발전하는 동인이 되었다. 이 시기에 대영 제국의 건설과 관련된 영국인의 모험정신을 반영한 두 편의 모험 소설이 발표된다. 바로 영국 작가 대니얼 디포가 1719년 발표한 모험 소설 『로빈슨 크루소』[57]와 아일랜드 작가 조너선 스위프트의 1726년 『걸리버 여행기』이다. 특히 로빈슨 크루소는 중상주의 시대 영문학에 형성된 국가이기주의의 전형적인 표출이라고 할 수 있다.[58]

이 소설들은 남방 대륙 탐사 자료들을 활용해서 소설의 제재로 삼았다. 이들 소설에 가장 중요한 자료를 제공한 것은 윌리엄 댐피어의 기록이다.

『로빈슨 크루소』는 윌리엄 댐피어와 함께 항해한 경험이 있는 알렉산더 셀커크(Alexander Selkirk)의 경험에 영향을 받았다. 셀커크는 자신이 승선한 배의 선장과 배의 안전에 대한 견해 차이로 인해 무인도에 버려졌다. 실제 셀커크의 주장대로 한 달 후 그가 탔던 배는 침몰하고 말았다. 그런데 기적적으로 셀커크는 4년 4개월 뒤 이 섬에서 다시 발견되었다. 이 섬의 이름은 1966년 공식적으로 로빈슨 크루소섬으로 개칭되었다.

그리고 『걸리버 여행기』에는 '나의 사촌 댐피어'라는 문구가 있다. 그는 책의 서문에 수록된 발행인에게 부탁하는 글에서, 이전에 자신의 사촌 댐피어에게 그의 항해기 원고 교정을 위해 옥스퍼드나 캠브리지 대학생을 고용하라는 부탁을 한 적이 있었는데, 그가 이를 따랐듯이 자신의 글도 이와 같은 방식으로 교정해 달라고 했다. 그리고 댐피어의 1697년 항해기에서 볼 수 있는 오스트레일리아 원주민인 어보리진에 대한 묘사가 걸리버가 만난 야후족의 언급에 사용되었다.[59] 걸리버는 야후족에 대해 얼굴은 편평하고 넓었으며, 코는 납작하고 입술은 두껍고 입은 크다고 기술했다. 야후족이 거주하는 후이넘(Houyhnhms)의 땅은 책에 포함된 지도에 의하면 뉴홀랜드 인근에 위치한다. 또한 댐피어는 1708년 듀크(Duke)호를 타고 사략활동을 했는데, 당시 그가 탄 배의 요리사는 다리가 하나뿐인 지체장애인인 존 실버(John Silver)였다. 그런데 이 사실은 로버트 루이스 스티븐슨의 『보물섬』에 반영되었다. 그 책에서 주인공 일행이 보물을 찾기 위해 타고 간 히스패니올라(Hispaniola)호의 요리사의 이름 역시 존 실버이며, 한쪽 다리가 없다. 그리고 존 실버는 이전에 사략선 활동을 한 것으로 책의 내용 속에 언급되어 있다.

제7장

마지막 남은
테라 오스트랄리스: 남극 대륙

1. 19세기의 남극 탐사: 1898년 국제 지리학 대회까지

남극을 의미하는 그리스어 'Antarktikos'는 북극 위에 위치한 큰곰자리의 반대편이라는 의미로 그리스 문헌상에 등장한다. 아리스토텔레스는 『기상론』에서 북극의 존재를 인정했고, 또 대칭이라는 수학적 사고를 통해 이와 반대되는 곳에 지구의 균형을 이루는 땅인 Antarktikos가 남반구에 존재한다고 생각했다.[1]

북극점은 바다에 위치하며 아시아, 유럽, 북아메리카 대륙이 바다를 둘러싸고 있다. 반면 남극점은 대륙에 위치하며 남극 대륙은 남극해가 둘러싸고 있다. 남극 대륙의 면적은 지구 육상의 약 10분의 1을 차지하고 있는데, 얼음의 양은 지구상에 존재하는 얼음의 약 90%, 담수는 약 70%에 해당한다.

남극점에서 남위 66도 33분까지의 지역을 남극권으로 분류하는데, 보통 1년 중 24시간 동안 해가 뜨지 않거나 해가 지지 않는 날이 존재한다. 우리나라의 세종 과학 기지는 남극 대륙에 위치하지만 남위 62도 13분에 위치하므로 남극권에는 포함되지 않고, 장보고 과학 기지는 남위 74도 37분에 위치하므로 남극권에 속한다.

제임스 쿡은 오스트레일리아의 동해안을 지도로 그려 놓았으나 남극권 남쪽에는 거대한 남방 대륙이 존재하지 않는다고 결론을 내렸다. 그럼에도 불구하고 남극권에 여전히 거대한 대륙이 존재한다고 주장한 학자들도 많았다. 「자연사」의 저자 뷔퐁이 모자를 쓴 것처럼 산악의 중턱 이상에 있는 빙하가 남극을 덮고 있다고 주장한 이후, 알렉산더 크라이튼(Alexander Crichton)과

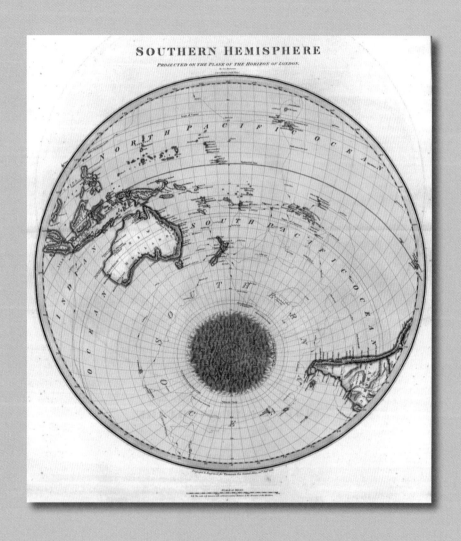

그림 7–1. 부차난의 「남반구 지도(1816년)」
출처: Davidrumsey.com

철학자 임마누엘 칸트가 이 주장에 동조했다.[2] 칸트는 철학자였지만 대학에서 자연 지리학 강의를 했고, 또 『자연 지리학(Physische Geographie)』을 집필하기도 했다. 그림 7-1은 1816년에 간행된 부차난(George Buchanan)의 「남반구지도(Southern Hemisphere)」로 당시의 이러한 분위기를 반영한 지도이다. 남극과 주변 지역이 대륙 빙하로 뒤덮여 있는 것을 확인할 수 있다.

남극에 대륙이 존재하느냐 아니면 섬만 존재하느냐는 학술적 논쟁과는 별개의 문제였다. 남극권에 위치한 섬이나 육지는 곧 새로운 경제적 부를 창출할 수 있는 장소로 인식되었다. 마젤란 해협에 고래가 많이 있다는 사실과 아남극권의 섬들에 바다표범이 서식하고 있다는 것을 보고한 사람은 제임스 쿡이었다. 1785년 영국의 사무엘 엔더비사(Samuel Enderby & Sons)는 고래와 바다표범 사냥을 위해 남극권으로 포경선과 수렵선들을 파견했다. 당시의 고래는 현재의 석유에 비견될 자원이었다. 고래의 지방은 당시 조명용 연료로 널리 사용되고 있었다. 참고로 석유는 1850년대 이후에야 조명용 연료로 사용되기 시작했다. 그리고 바다표범은 방한용 의류 생산에 필요했다. 1810년대에 물개와 바다표범의 가죽은 중국에 높은 가격에 판매되었다.

1819년 2월 영국의 윌리엄 스미스(William Smith)는 화물선으로 부에노스아이레스를 출발하여 칠레의 발파라이소를 항해하는 도중 사우스셰틀랜드 제도를 발견했다. 그리고 영국 해군에 이를 보고했다. 그 결과 에드워드 브랜스필드(Edward Bransfield)를 선장으로 하는 해군 조사선이 파견되었다. 1820년 1월 30일 브랜스필드는 사우스셰틀랜드 제도에서 남쪽으로 항해하여 남극반도 최북단의 트리니티반도를 발견했다. 그런데 당시 그는 이 땅이 남극 대륙의 일부라고 생각하지는 못했다.

코네티컷주의 바다표범 수렵선 선장 나다니엘 파머(Nathaniel Brown Palmer)도 남극 대륙의 흙을 밟았다. 파머는 1820년 11월 17일 파머반도를 발견했다. 파머반도는 1964년부터 남극반도로 명칭이 변경되었다.

누가 남극을 최초로 발견했는가에 대한 논쟁이 약 100년에 걸쳐 영국과 미국 사이에 진행되었다. 브랜스필드와 파머가 각각 논쟁의 주인공이었다. 그러나 러시아 해군 제독인 벨링스하우젠(Fabian Gottlieb Thaddeus von Bellingshausen)[3]이 1820년 1월 27일 남극 대륙을 발견한 것이 먼 훗날 알려졌다.

사무엘 엔더비사에 소속된 제임스 웨들(James Weddell)은 1823년 2월 바다표범 사냥을 위한 항해 중에 남위 74도 15분에 이르렀다. 이는 쿡 선장보다 214마일 더 남쪽으로 항해한 것이다. 웨들의 항해는 엄청난 행운이었는데, 왜냐하면 후대의 탐험가 누구도 웨들해에서 그와 같이 얼음이 없는 상태를 본 적이 없기 때문이다. 그는 자신이 최남단 지점에서 발견한 '빙하가 전혀 없는 바다'가 남극점까지 계속될 것이라고 생각했다.

같은 회사의 존 비스코(John Biscoe)는 1831년 항해에서 남극 대륙의 일부인 엔더비랜드를 발견했다. 그리고 1832년에는 그레이엄랜드를 발견했다. 그레이엄은 당시 해군 제독의 이름이다. 1833년 회사는 그를 남극에 파견하려 했지만 건강상의 문제로 거부하고, 이후 따뜻한 기후에서 일할 수 있는 서인도 무역에 잠시 종사하다가 그 해 1833년 태즈메이니아에서 영국으로 귀환하는 배에서 49세의 나이로 사망했다.

쥘 뒤몽 뒤르빌(Jules Sébastien César Dumont d'Urville)이 이끄는 프랑스 탐험대는 1837년 프랑스를 출발했다. 유명한 루브르 박물관의 밀로의 비너스는 뒤르빌이 1820년 에게해의 밀로섬에서 한 농민에게 구입한 것이다. 동인도에서 태즈메이니아로 항해하는 과정에서 열대병으로 14명의 선원과 3명의 장교가 사망했다. 그리고 다음 기착지에서는 아들이 콜레라로 사망했다는 연락을 받았다. 그는 시드니에 도착했을 때 영국의 찰스 윌킨스(Charles Wilkes) 팀이 남극 항해를 위해 정박하고 있는 것을 알았고, 그 역시 남극을 탐사하기로 했다. 그리고 1840년 남극 대륙의 아델리랜드를 발견했다. 아델리는 그의 아내의 이름인데, 그의 발견을 근거로 프랑스는 남극의 영유권을 주장하고 있다. 뒤르빌은 식물학자와 지도학자로서도 많은 업적을 남겼다.

찰스 윌크스가 지휘한 미국 탐험대는 1838년에서 1842년 사이 태평양을 탐사했는데, 남극 대륙의 월크스랜드를 발견했다. 탐사 후 피지에 정박했는데, 그의 조카가 말라우섬에서 살해당했다. 그는 이에 대한 복수로 원주민 80명을 학살했다. 그의 항해기와 아틀라스는 1844년 출간되었다. 그러나 그의 항해기는 이후 신뢰성이 없는 것으로 판명되었다.

실제로 윌크스는 1842년 미국에서 군법 회의에 기소되었다. 그가 1840년 1월 19일 남극 지방에서 대륙을 발견했다고 항해 일지에 적고 당시 본 경관을 스케치한 기록을 남겼는데, 그가 사실을 왜곡했다는 죄명이었다. 당시 그는 새로운 땅을 발견해야 한다는 강한 압박을 받고 있었다. 그래서 고의로 새로운 땅을 발견했다고 보고했을 가능성도 있다. 그렇지만 신기루를 보고 이를 그렸다고 볼 수도 있다. 당시 일부 선원들이 윌크스에게 유리한 증언을 해서 그가 고의로 항해 일지에 존재하지 않는 땅을 그린 것은 아니라는 것을 군법 회의는 인정하고 그는 무혐의로 풀려났다. 아마도 '극지 우울증'과 발견의 압박감이 더해져 그가 신기루를 보고 대륙을 그렸을 가능성이 높다.

영국이 파견한 제임스 클락 로스(James Clark Ross) 파견대는 1839년에서 1843년까지 태평양을 탐사했다. 그는 1842년 1월 9일 로스해로 불리는 얼음 없는 바다를 발견했다. 2월 2일에는 남위 78도 4분 지점에 도달했다. 로스가 발견한 지역들은 이후 남극점에 가기 위한 기지로 활용되었다. 로스의 발견 이후 남극점으로 향하는 두 개의 큰 만인 웨들해와 로스해가 지도상에 표시되었다.

이들이 탐사한 결과는 에드워드 스탠포드사에서 간행한 「남극지도(Antarctic Regions)」에서 확인할 수 있다(그림 7-2). 이 지도의 왼쪽 육지는 뉴질랜드, 그리고 중앙에서 오른편에 위치한 땅은 남아메리카를 바라보고 있다. 지

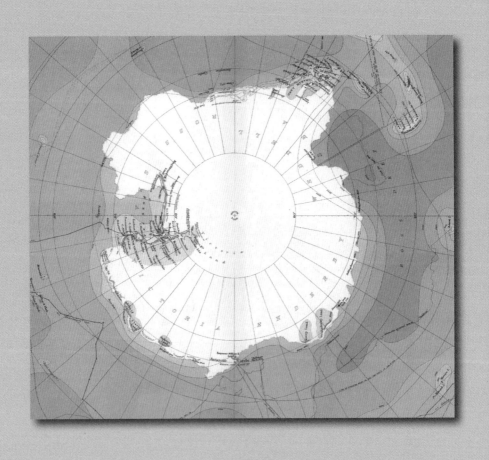

그림 7-2. 에드워드 스탠포드사의 남극지도(the antarctic regions) 일부(1904년)
출처: Davidrumsey.com

도의 중앙 윗부분에서 시작하여 시계방향으로 돌면서 벨링스하우젠, 웨들, 로스, 비스코, 윌크스, 뒤르빌의 이름을 확인할 수 있다. 왼쪽에 위치한 적색선은 스콧의 1901년 탐사대인 디스커버리호의 항로를 나타내며, 아랫부분의 적색선은 1902년 가우스 탐사대의 탐사 경로를 나타낸 것이다.

그러면 이들이 발견한 땅은 남방 대륙의 일부일까? 로스는 미국, 프랑스, 영국이 최근에 남극권 주변에서 발견한 땅들이 '거대한 남방 대륙(a great southern continent)'을 형성하는지는 명확하지 않다고 말했다. 그리고 각국은 자신들이 최초로 발견한 땅에 대해서만 지분을 주장하는 것이 타당하다고 자신의 항해기에 기록했다.[4]

로스의 탐사 이후 1890년대까지는 남극 탐사가 거의 이루어지지 않았다. 단지 바다표범이나 포경과 같이 상업적 목적의 활동들만 남극 주변 지역에서 이루어졌다. 아편전쟁(1840~1842), 일본의 개항(1853), 남북전쟁(1861~1865) 등으로 인해 세계는 국가적 차원의 남극 탐사를 할 여력이 없었다. 대신 이 시기는 포경선의 시기라 할 수 있다. 미국과 유럽의 포경선들이 남태평양과 남극해, 북태평양과 동해에 진출해 포경 활동을 했다.

남극 탐사는 1890년대에 다시 시작된다. 남극 탐사를 주도한 것은 영국과 독일이었다. 특히 주목할 것은 식민지 전쟁에 뒤진 독일이 남극 탐사에 매우 적극적이었다는 것이다. 당시 독일의 군사력과 경제력은 급격히 성장했다. 해군력의 성장으로 인해 독일인들 역시 남극 탐사에 참여해야 한다는 분위기가 조성되었다. 이러한 세계적인 제국주의 시대에 남극 탐사를 위한 새로운 분위기가 지리학계를 중심으로 형성되었다.

먼저 수문학자이며 극지탐험가인 게오르그 폰 노이마이어(Georg Balthazar von Neumayer)가 남극 탐사 주장을 선도했다. 그리고 지리학자인 프리드리히 라첼(Freidrich Ratzel)이 이에 동의했다. 라첼은 다윈의 진화론을 지리학에 도입해서 '생활 공간(lebenraum)'이라는 개념을 창안했는데, 그는 국가를 하나의 유기체로 보고 생존 경쟁과 자연 선택을 적용시켰다. 그는 국가의 성장이란 한 민족이 자기의 영향력을 행사할 수 있는 범위를 확장시켜 나가면서 다른 지역으로 이동해 가는 과정으로 파악했다. 국가의 성장과 쇠퇴란 생활 공간의 축소 및 확장이라고 보았다.[5]

라첼은 1890년대부터 독일이 해군력을 키우고 해외 영토를 확대해 가야 할 뿐만 아니라 독일인들이 자연스럽게 팽창할 강한 국가를 만들기 위해 노력해야 한다고 주장했다. 그의 이론은 독일 민족주의의 발흥과 관계된다. 독일 민족은 당시의 좁은 영토만으로 생활하기에는 너무 위대한 민족이기 때문에 영토를 확장해야 한다고 주장했다. 라첼이 사망한 이후 그의 생활 공간 개념은 독일의 동유럽 식민지 확장의 이론적 근거로 활용되었다.

라첼은 남극 연구에 관심이 많았다. 영어권에서는 이미 남극 대륙이라는 말이 수세기 전부터 사용되었지만, 당시 독일에서는 남극 대륙이라는 단어가 존재하지 않았다. 그는 독일어의 남극 대륙을 의미하는 'Antarktis'를 최초로 만들어 낸 지리학자이다.[6] 그는 위치 측정에 큰 역할을 하는 남극의 지구 자기에 관심을 가졌다. 오늘날 위성의 삼각측정에 의한 위치 파악 기술도 지구 자기에 기반을 두고 있다. 지구 자기의 극은 정확하게 지구의 북극과 남극에는 없고, 약간 차이를 두고 있으며 이는 시간에 따라 계속 변한다. 그 때문에 나침반의 바늘은 정확하게 남북의 방향을 가리키지 않는다. 따라서 지구 자기에 의한 편각(declination, 偏角)의 측정은 정확한 방향을 알기 위한 가장 기초적인 자료가 된다. 즉 나침반으로 측정한 방향과 실제 지구상의 방향이 정확하게 일치하지 않기 때문에 이를 측정해야 정확한 방향을 계산할 수 있다. 지구 자기 연구는 당시로서는 가장 핵심적인 과학 기술이었다. 그는 남극에서 지구 자기를 관측하고 싶어 했다. 그러나 재상 비스마르크는 이를 거부했다. 독일과 가까운 북극 탐사도 경제성이 없는데, 남극은 훨씬 멀었다. 오히려 가까운 곳의 식민지를 경영하는 것이 독일에게 훨씬 유용하다는 것이 비스마르크의 생각이었다. 그러나 1890년 비스마르크가 실각하자 남극 탐사가 가능한 분위기로 바뀌었다.

이러한 분위기 속에서 1895년 6차 국제 지리학 대회(International Geographical Congress)가 런던에서 개최되었다. 당시의 주된 주제는 남극이었다. 당시 대회장은 영국 왕립 지리학회 회장인 클레멘트 마크햄(Clements Markham)이었다. 그는 해군출신으로 북극에서 1845년 실종된 프랭클린(Sir John Franklin) 탐사대의 수색 작업에 참여한 경험이 있었다. 지리학 대회는 분과별로 운영되었는데, 제4분과가 탐험(explorations)을 담당했다. 북극 탐험 분과의 책임자는 클레멘트 마크햄의 사촌인 알버트 마크햄(Albert Hastings Markham) 제독[7]이었고, 남극 탐험 분과는 독일의 노이마이어였다.[8]

당시 남극 분과에서는 향후 남극 탐험에 대한 토론이 있었는데, 이들은 남극은 지구상에 남은 마지막 탐사되지 않은 지역이며, 향후의 탐사를 위해서는 국제 협력이 필수적이라고 선포했다. 유럽 국가들은 남극에서는 식민지 개척이나 자원 개발이 용이하지 않다는 것을 인식하고 있었다. 그래서 다른 국가들보다 먼저 탐사를 시작하여 그들의 도전 정신과 과학 연구 수준을 다른 나라에 과시하고 또 국가적 자긍심을 고취하고자 했다.

이들이 수행한 연구는 실제 남극 탐사대에 매우 유용한 정보를 제공했고, 또 탐사 시 수행할 과학적 측성의 내용을 규정했다. 클레멘트 마크햄은 이후 스콧의 탐사가 이루어지는 데 결정적으로 기여했으며, 노이마이어는 아문센에게 도움을 준 것으로 알려져 있다. 런던 국제 지리학 대회의 남극 연구 결의는 국가 간의 경쟁심을 자극했고, 20세기 전반부에 이루어지는 16개의 대규모 탐사를 가능하게 했다. 그리고 당시의 언론들 역시 이러한 분위기를 조성하는 데 일조했다. 그리고 탐사를 위한 기본 계획과 자금 모금에 대한 기본 논의가 있었기에 남극 탐사의 기초 토대는 런던 지리학 대회에서 마련되었다고 볼 수 있다.

그리고 4년 후인 1899년에 베를린에서 개최된 제7차 국제 지리학 대회에서는 각국의 남극에서의 탐사 지역 조정이 주요 의제였다. 즉 각국이 탐사할 지역을 구체적으로 할당하기로 했다. 그러나 영국과 독일을 제외한 다른 국가는 이 계획에 그다지 열의를 보이지 않았다. 따라서 남극 탐사를 실제로 가능하게 하기 위해서는 개별 국가의 탐사를 효율적으로 조직할 필요가 있었다. 즉 각국의 탐사 지역을 조정하고, 또 각국이 협력하여 탐사의 질을 높이느냐가 중요했다. 예를 들어 모든 나라가 비슷한 내용의 연구를 수행할 필요가 없도록 전체적인 연구의 틀을 만든다면 훨씬 과학적이고 체계적인 탐사가 가능할 것이었다. 탐사 경로에 대한 논의 역시 필요했다. 그러나 대회 개막일 이전까지 이에 대한 사전 정지 작업은 이루어지지 않았다. 더욱이 독일과 영국을 제외한 다른 나라 학자들의 참여는 미미했다. 따라서 대회의 분위기는 영국과 독일의 지리학자들이 주도했다.

독일에서 개최된 국제 지리학 대회는 독일의 국력 신장과 과학 발달을 선전할 매우 좋은 기회였다. 지표면에 대한 지식, 부, 인종, 상업 등의 지리적 지식은 독일이 더 이상 유럽의 후진국이 아니라는 것을 보여 줄 기회였다. 이 당시에 가장 세계의 관심을 끌었던 것이 남극 탐사였다. 남극 탐사는 독일이 더 이상 문학과 철학의 나라로 국한되지 않고, 과학에서도 세계를 선도할 수 있다는 것을 보여 줄 기회였다. 남극 탐사를 위한 국제 협력의 분위기도 있었지만, 가장 주된 탐사의 동력은 국가 간의 경쟁이었다.[9] 그리고 영국과 독일은 자신들의 국기가 남극에 먼저 날리기를 바랐다.

영국의 지리학자인 밀(Hugh Robert Mill)은 "남극을 조사하는 것은 인류의 의무로 영국이 앞장서야 한다. 왜냐하면 우리의 영토인 오스트랄시아(오스트레일리아), 아프리카, 포클랜드 제도가 이곳에 가깝기 때문이다. 우리나라의 국가 복지는 남쪽 바다에 대한 지식과 안전 항해와 관련이 있다."라고 주장했다.[10] 그리고 독일 역시 남극 탐험의 경험을 통해 해군력의 향상과 해양 탐사 기술을 축적하고자 했다. 독일의 정치인인 아돌프 그뢰버(Adolf Gröber)는 남극 탐험을 독일 제국을 인도양으로 확장하는 것이라고 주장했다. 그리고 해군력을 확장하고 보호령을 만들어야 한다고 주장했다. 이제 남극 탐험은 국가적 명예의 문제이기도 하지만 아프리카와 인도양을 포함한 지역의 식민지 활동과 연계된 행위의 성격을 가지게 되었다.[11]

베를린 국제 지리학 대회 총회에서 영국의 왕립 지리학회 회장인 클레멘트 마크햄은 영국과 독일이 남극을 4개의 구역으로 나누어 탐사하자고 제안했다. 그리고 남극 대륙을 정확하게 4개로 나누었다. 경도 0도에서 동경 90도의 엔더비 사분원과 경도 0도에서 서경 90도의 웨들 사분원은 독일이 담당하고, 동경 90도에서 동경 180도의 빅토리아 사분원, 그리고 동경180도에서 서경 90도에 이르는 로스 사분원 지역은 영국이 담당하기로 했다. 즉 뉴질랜드와 오스트레일리아와 가까운 반원은 영국이, 남아프리카공화국과 가까운 지역은 독일이 탐사하기로 했다.[12]

탐사내용은 기상과 지자기 관측으로, 관찰 기간은 1901년 10월 1일부터 1903년 3월 31일까지로 한정했다. 그리고 남위 30도 이남으로 항해하는 모든 상선과 해군 함정 역시 이 관찰에 동참한다고 선포했다.[13] 그리고 관찰 기간을 1904년 3월 31일까지 연장할 수 있도록 결정했다. 그렇지만 베를린 회의의 결과에 영국과 독일을 제외한 다른 나라들은 동의하지 않았다. 민간 학자들의 모임인 지리학 대회의 결론은 구속력이 없었다.

2. 20세기 영웅들이 그린 남극 지도

　남극 탐사의 영웅 시대는 19세기 말에 시작하여 어니스트 섀클턴의 남극 횡단 탐험대 생존자가 1917년 2월 9일 뉴질랜드의 웰링턴에 도착했을 때를 마지막으로 하는 시대이다. 탐사자들의 목숨을 건 영웅적 활동으로 인해 지리적 남극과 자남극에 도달했고, 또 텅 빈 남극 지도를 채웠기 때문에 이 시기를 영웅 시대라 부른다. 가장 먼저 남극으로 출발한 국가는 예상과 달리 벨기에이다. 1898년 벨기에의 남극 탐사대가 벨지카(Belgica)호를 타고 가장 먼저 남극으로 출발했다. 그렇지만 남극 대륙에서 겨울을 보내기만 했지, 별다른 성과를 내지는 못했다. 빙붕에 갇혀 겨울을 날 수밖에 없었는데, 식량과 의복이 부족하여 생존에 만족할 수밖에 없었다. 후일 남극점에 최초로 도달한 로날드 아문센도 이 탐사대에 포함되어 있었다. 이 배는 메르카토르가 지도 학자로 명성을 떨친 도시인 안트베르펜으로 1899년 귀환했는데, 시민들의 열렬한 환영을 받았다. 남극 탐사를 시도한 것 자체가 국가의 영예를 높였다고 사람들은 생각했다. 하지만 일부 기상이나 지자기 측정을 제외하고 지리적 지식의 확장은 거의 없었다.

　독일의 남극 대륙 탐사(1901~1903) 계획은 1899년 5월 황제의 승인을 받았다. 준비는 당시 34세의 지리학자로 그린란드 탐사 경험이 있고, 후일 빙하 지형학자가 된 에리히 폰 드리갈스키(Erich Dagobert von Drygalski)가 맡았다.
　탐사선의 이름은 수학자인 카를 프리드리히 가우스(Carl Friedrich Gauss,

1777~1855)의 이름을 따서 가우스호로 정했는데, 그는 대수학·해석학·기하학 등에도 뛰어난 업적을 남겼지만, 지구물리학 연구에도 기여했다. 그는 1838년 자남극점이 남위 66도 동경 146도라고 주장한 바 있다. 그런데 자남극의 위치는 매년 조금씩 변한다.

가우스호는 주 동력으로 풍력을 이용했지만 비상시에는 증기기관을 사용할 수 있는 배였다. 자극을 측정하기 위해서 철의 사용을 최대한 줄여서 배를 제작했다. 가우스호의 항로는 노이마이어가 정했으며 사진기, 측량 장비 등 모든 탐사에 필요한 장비는 독일에서 제작하기로 했다.[14] 노이마이어가 특별히 강조한 것은 애국심이었다. '실크로드'란 용어를 최초로 만들어 낸 독일 베를린 지리학회 회장인 리히트호펜(Ferdinand von Richthofen)은 1901년 4월에 이루어진 가우스호 명명식에서 독일의 탐사는 다른 어떤 나라의 계획보다 대담하며, 포괄적이라고 선포했다.[15] 리히트호펜은 1873년 창립된 독일 식민 협회(Deutscher Kolonialverein)의 회원으로 독일 식민지 지리학의 상징적인 인물이었다.

드리갈스키가 주축이 된 가우스호 탐사대는 1901년 8월 11일 키일항을 출항해서 남부 인도양을 거쳐 남극 지역으로 항해했다. 그러나 가우스호는 남극 대륙에서 85km 떨어진 해안의 유빙에 걷히고 말았다. 다행히도 유빙이 움직이지 않아, 얼음 위에서 겨울을 보낼 수 있었다. 그곳에서 빙하의 이동 속도 등을 연구했다. 갇힌 지 50주가 된 1903년 2월 8일 가우스호는 빙붕에서 탈출할 수 있었다. 가우스호는 케이프타운에 1903년 6월 9일 도착했다. 그리고 베를린에 전보를 보내 남극에서 성공적으로 겨울을 보낸 사실을 알렸다. 하지만 정부는 예산상의 부족을 이유로 가우스호가 다시 남극 쪽으로 가는 것을 허락하지 않았다. 이미 영국의 스콧 탐사대가 1902년 11월 항해를 시작해, 1903년 1월 남위 82도에 도착했다는 소식을 들은 빌헬름 2세는 남위 76도 30

분까지 도달한 드리갈스키의 항해에 실망감을 표시했다. 그렇지만 드리갈스키는 학문적으로 매우 중요한 관찰을 했다. 이들은 얼음에 갇혀 있으면서도 기상이 좋을 때는 지질과 자기 연구를 수행했다. 그리고 남극에서 최초로 기구를 이용해서 1,600피트 상공에서 사진을 촬영하기도 했다. 귀환 이후 드리갈스키는 자신의 경험을 저서로 남겼고, 1934년 은퇴하기 전까지 뮌헨에서 지리학을 가르쳤다.

영국의 남극 탐사 시작은 다소 의아하게 시작된다. 스코틀랜드와 잉글랜드가 독립적으로 탐사대를 운영했기 때문이다. 지금도 스코틀랜드는 스코틀랜드 파운드 통화를 발행할 정도로 자신들의 정체성을 유지하고 있는데, 당시는 더욱 심했다. 1899년 런던에서 마크햄의 주도하에 남극위원회가 설립되었다. 그러나 스코틀랜드의 윌리엄 브루스(William Speirs Bruce)는 스코틀랜드의 상공인들로부터 남극 탐사 비용 지원을 받아 독자적으로 남극 탐사를 진행하기로 했다. 이를 안 마크햄은 개탄했는데, 영국 남극 탐사의 후원자를 브루스가 빼앗아 갔다고 생각했기 때문이다. 1903년 『스코틀랜드 지리학회지(Scottish Geographical Magazine)』에는 170명의 후원자 이름이 명시되었다. 이후 클레멘트 마크햄(Clements Markham)은 브루스를 신뢰하지 않았다.[16] 아무튼 1904년 3월 브루스가 이끄는 스코틀랜드 탐사대는 웨들해 남쪽에서 육지를 발견하고 가장 후원을 많이 한 후원자 제임스 코츠(James Coats, Jr.)와 앤드류 코츠(Andrew Coats)의 이름을 따서 코츠랜드로 명명했다.

영국의 경우 왕립 학회(Royal society)와 왕립 지리학회가 연합하여 남극 탐사계획을 수립했다. 왕립 학회는 학회라는 명칭은 가지지만, 엄밀히 말해 학자들만의 모임은 아니다. 관료와 상인들도 포함되는 조직으로 협회라 번역하는 것이 더 타당하겠지만, 관례적으로 학회로 번역되고 있다. 당시 왕립 학회는 과학적 연구, 왕립 지리학회는 남극점 탐사에 치중했다. 두 학회의 탐사 목적이 달라 이를 조정하기가 쉽지는 않았지만 타협을 통해 갈등을 해결했다. 마크햄은 탐사 대장으로 로버트 팰컨 스콧(Robert Falcon Scott)을 선정했다. 스콧의 디스커버리호는 남극을 향해 1901년 8월 6일 항해를 시작했는데, 국왕 에드워드 7세는 출발 전일에 디스커버리호를 방문해 격려했다. 남극에 도착한 스콧은 섀클턴(Ernest Shackleton)과 윌슨(Edward Wilson)과 함께 남위 82도 17분까지 걸어갔는데 이는 남극에서 약 850km 정도 떨어진 거리이다. 그리고 다음 해 스콧은 서쪽으로 탐사해 남극고원(Polar Plateau)을 발견했다. 그리고 생물학, 지질학, 기상학, 지자기 측정을 했다. 그런데 당시 측정 기록은 이후 부정확하다는 판정을 받았다. 스콧은 해군 규정 준수에 너무 집착해 다른 대원들과 좋은 관계를 유지하지는 못했다. 그렇지만 당시로서는 가장 뛰어난 지리적 업적을 남겼다. 이렇게 영웅의 시대는 시작되었다.

섀클턴 역시 남극점에 도달할 수 있는 유력한 후보였다. 그는 1901~1904년 스콧의 남극 탐험대에 참가했고, 1908~1909년 자신이 직접 남극 탐험대를 지휘하여 자남극에 이르렀고 에레버스산을 처음으로 등정해 그 공로로 영국 정부로부터 훈장과 기사작위를 받았다. 그러나 자신이 진정으로 탐험하길 원했던 남극점에 도착하는 데는 실패했다. 그는 1909년 1월 9일 남극 탐험 사상, 당시 최고 기록이었던 남위 88도 23분에 도달했다. 이곳은 남극점에서 155km 떨어진 장소다. 섀클턴이 여기에서 남극점을 향해 더 이상 나아가지 못한 것은 식량 부족 때문이었다. 턱없이 부족한 장비와 식량만으로도 그곳까지 갔으니 그 자체로 대단한 기록이었다.

아문센은 인류 최초로 남극점과 북극점을 탐험한 노르웨이의 탐험가이다. 아문센은 미국의 피어리(Robert Edwin Peary)가 먼저 북극점을 정복하자 남극점 정복을 결심했다. 아문센은 섀클턴이 왜 탐사에 실패했는지 원인을 분석했다. 실패한 이유가 조랑말을 끌고 갔기 때문이라는 것을 알아낸 아문센은 수송 수단으로 말을 사용하는 것을 포기했고, 경쟁자인 로버트 팰컨 스콧에게도 말을 이용하지 않도록 조언했다. 말은 매우 많은 식량을 소비하기 때문이었다. 일반적으로는 아문센과 스콧이 남극점에 먼저 도착하기 위해 한 치의 양보도 없이 경쟁한 것으로 알려져 있지만, 상대방에게 충심 어린 조언을 하는 신사도는 가지고 있었다.

아문센의 강점은 준비를 철저히 하고 또 목적을 위해서는 다른 가치들을 철저히 배제한다는 것이다. 식량을 적게 소비하는 체중이 가벼운 개로 하여금 썰매를 끌게 했고, 북극 주변에 거주하는 주민들처럼 순록 가죽으로 만든 방한복을 입었다. 또한 아무리 배가 고파도 개를 도살하지 않고 그대로 굶주림에 시달렸던 로버트 스콧과는 달리, 그는 개를 식량자원으로 활용했다. 기록에 의하면 아문센은 스키와 개썰매를 타고 하루 37km를 이동한 반면, 사람이 썰매를 끌었던 스콧 탐사대는 20km 정도만 이동할 수 있었다고 한다. 더구나 아문센 탐사대는 하루 5시간만 이동하고 휴식을 취했지만, 스콧 탐사대는 10시간 정도 이동했다고 한다.[17]

아문센은 1910년 남극 탐험 길에 올라 로버트 스콧과의 경쟁 끝에 1911년 12월 19일 인류 최초로 남극점을 정복했다. 1928년 아문센은 자신의 친구이자 이탈리아 탐험가였던 움베르토 노빌레가 이탈리아호라는 비행선을 타고 탐험을 갔다가 북극해에서 조난당하자, 수상 비행기로 수색에 나섰다가 자신도 행방불명이 되었다. 노빌레는 다른 구조대에게 구조되었으나 아문센은 비행기 부품이 발견됨으로써 사망한 것이 확인되었다.

아문센의 경쟁자인 스콧의 남극 2차 탐사 이야기는 매우 감동적이다. 그가 출발하기 전날인 1910년 6월 11일 왕립 지리학회 회원 300명이 런던에서 송별 오찬회를 열어 그의 모험의 성공을 기원했다. 여기서 한 가지 살펴볼 것은 스콧의 탐사 목적이다. 스콧은 두 번의 항해 모두 뉴질랜드에서 출발해 남위 78도 동경 166도에 본부를 설치하고 탐사 활동을 했다. 그리고 내륙으로 이동해서 자기의 편각을 측정했다. 당시 영국뿐만 아니라 다른 나라도 지자기를 관찰했다. 그래서 이들의 탐사를 '지자기 십자군(Magnetic Crusade)'이라 부르기도 한다.

스콧 탐사대는 팀을 나누어서 여러 가지 과업을 수행했다. 일부 탐사대는 황제 펭귄의 알을 수집하는 과업을 담당하기도 했다. 그리고 스콧은 직접 지리적 남극점으로 출발했다. 스콧은 1912년 1월 17일에 남극점에 도달하였으나, 귀로에 대원들과 함께 사망하였다. 비록 아문센보다 남극점에 늦게 도착했지만, 그는 영국인의 애국심과 품격을 보여 주었다. 스콧이 얼어 죽기 직전에 영국 국민에게 남긴 편지는 영국인들을 감동시켰다. 그 편지의 내용은 다음과 같다.[18]

스콧이 국민에게 드리는 글

우리는 텐트를 떠날 수 없다. 사방에서 바람이 울부짖고 있다. 나는 이번 여행을 후회하지 않는다. 이 여행은 영국인들이 시련을 견디며, 서로를 도우며, 과거에 그랬던 것처럼 의연히 죽음을 맞이할 줄 안다는 것을 보여 주었다. 우리는 위험하다는 것을 알고 있었으므로 불평할 이유가 없다. 우리는 신의 뜻을 따르고 끝까지 최선을 다하기로 했다. 만일 살아난다면 나는 내 동료들의 용기와 인내와 불굴의 정신에 대한 이야기를 전할 것이다. 그렇지 않다면 이 기록과 우리의 시신이 그 이야기를 대신할 것이다. 신의 은총이 항상 우리 국민과 함께하기를.

아문센이 먼저 남극점에 도착하고, 스콧이 사망했다는 소식이 영국에 전해졌다. 영국 국민들은 이 소식을 도저히 믿을 수 없었다. 그렇지만 스콧의 사망은 현실이었다. 영국 지리학회는 아문센을 초청하고 싶지 않았지만, 남극점에 최초로 도달한 탐험가를 초청하여 강연을 듣는 관례를 어기는 것은 오히려 영국의 자존심에 상처가 된다고 생각하여 아문센을 초청하여 특강을 듣기로 했다. 아문센 역시 영국인들이 자신을 전혀 환영하지 않는다는 것을 알고, 영국에 가지 않으려 했다. 그렇지만 노르웨이 왕실은 아문센으로 하여금 영국으로 가도록 강요했다. 결과적으로 아문센은 영국의 도시들을 돌아다니며 강의를 했고, 영국인들은 아문센의 업적을 비하하는 말들을 쏟아 냈다. 대표적인 비난은 스콧은 과학 탐사를 수행하면서 탐험을 했는데, 아문센은 단지 남극점에 도착만 했기 때문에 의미가 없다는 것이었다. 실제로 스콧은 과학자를 대동하여 남극 탐사를 했지만, 아문센은 과학자를 한 명도 데리고 가지 않았다. 스콧은 과학을 주목적으로 하는 영국 왕립 학회의 제안을 거부할 수 없었기 때문에 남극점 도착에 늦게 되었다고 볼 수 있다. 실제 영국 국민들도 그렇게 생각했다. 아문센은 자신에 대한 영국 대중의 비난을 참았다.

아문센이나 스콧과 같은 극적인 탐사만 있는 것은 아니다. 오스트레일리아 남극 탐험대를 이끌었던 더글러스 모슨(Douglas Mawson)은 다른 사람의 탐사를 위해 자신의 탐사를 미루는 미덕도 보여 주었다. 그는 스콧의 탐사가 재정적인 어려움에 처하자 자신의 탐사를 위한 모금을 연기하는 우정을 보여 주기도 했다. 그는 1912년 남극의 지질과 생물 조사를 실시해서 살아 있는 곤충을 발견했다.

섀클턴의 1914년 8월의 세 번째 남극 탐험은 '위대한 항해'로 불리는데, 인듀어런스호를 타고 영국을 출발해 남극 횡단 탐험에 나선 섀클턴을 포함해 인듀어런스호에 오른 27명의 대원들은 634일간 영하 30도를 오르내리는 남극의 빙벽에 갇히는 극한 상황을 견뎠다. 섀클턴은 27명의 대원을 이끌고 2년이 넘는 시간을 남극에서 버티면서 한 사람의 낙오자 없이 영국으로 무사히 귀환했다. 그의 리더십이 워낙 대단해 대원 중에는 그 상황에서도 행복하다고 일기에 쓴 사람도 있었다. 그래서 많은 자기계발서에서는 섀클턴의 리더십을 칭송하고 있다.

그러나 이렇게 동료들을 위험에 빠뜨린 것도 리더의 잘못이라는 측면에서 볼 때 그의 1914년 남극 탐사는 준비 부족으로 실패한 것이다. 그는 개썰매로 하루에 24km를 갈 계획을 세웠지만, 에스키모개가 아닌 평범한 개들로 하여금 썰매를 끌게 했다. 더욱이 개를 다루는 인부를 마지막 탐사 대원 선발에서 탈락시켜 탐험대원들이 알아서 개를 훈련시켜야 했다. 또 대원 중 스키를 탈 줄 아는 사람도 한 명뿐이었다. 결과적으로 그의 이야기는 극한 상황을 이겨내는 영국인의 정신을 상징하는 소재로 사용되었다.

스콧이 1912년 3월 빙붕 위에서 사망한 시점부터 20세기 중반까지 영국의 모든 학생들은 그를 영웅주의의 빛나는 우상으로 간주하도록 교육받았다. 그리고 같은 해에 타이태닉호가 북대서양의 차가운 바닷속으로 가라앉았다. 배의 남자 승객들은 숭고한 희생정신을 발휘해 여성과 어린이들에게 구명보트에 탈 수 있는 우선권을 양보하고 담담하게 죽음을 맞았다. 이러한 이야기는 영국민들에게 애국심을 고취할 수 있는 최고의 소재가 되었다. 이후 스콧과 타이태닉호의 선원 이야기는 영국인들의 공동체성에 각인되었고, 섀클턴과 함께 영국의 국가 브랜드가 되었다.[19]

섀클턴의 탐사는 영웅적 탐사 시대의 종말을 의미했다. 통신 기술과 항공 기술이 발달하고 또 포경선이 남극 부근에서 많은 작업을 함에 따라 남극 탐사가 이전보다 훨씬 용이해졌기 때문이다.

그런데 일본인 시라세 노부(白瀬矗)가 1912년 1월 28일 남위 80도 5분에 도달했다는 이야기는 일반적으로 알려져 있지 않다. 서양은 물론 아시아에서 발행된 탐험 관련 서적에도 그의 이름은 발견할 수 없다. 그러나 시라세 노부는 최초로 남극 땅을 밟은 아시아인이다. 그는 어린 시절부터 극지 탐험의 꿈을 키워 왔다. 그리고 이를 위해 어린 시절부터 철저히 자신을 관리했다. 극지 탐험을 위한 체력을 기르기 위해 선생님의 조언에 따라 술, 담배는 물론 차와 뜨거운 물을 마시지 않고, 한겨울에도 불을 쬐지 않았다. 그리고 군 복무 시절에는 쿠릴 열도를 탐사하기도 했다. 이후 남극 탐험을 계획했으나, 당시 일본 정부는 남극이나 북극 탐험에 대해 전혀 관심이 없었다. 그래서 강연을 통해 극지 탐험의 필요성을 역설하여 민간인들의 후원을 받아 탐험대를 조직했다. 그리고 탐험선 역시 서구 탐사대의 선박과는 비견될 수 없는 수준의 200톤짜리 배를 마련하여 탐험을 떠났다. 1910년 11월 29일 환송식과 함께 출발했는데, 다른 탐사대의 환송식과 달리 그의 탐사대는 그다지 호응을 받지 못하고 출발했다. 그래서 그는 이 환송식을 역사상 가장 슬프고 우울한 극지 탐험대 환송식이라고 자신의 일기에 기록했다. 1911년 3월 12일 로스해 근처 남위 74도 16분, 동경 172도 7분 지점에 도착했지만, 악천후와 해빙으로 상륙하지 못하고 시드니로 회항했다. 시드니에서는 현지인의 반일 감정으로 스파이로 의심받았으며, 또 체류 경비가 부족해 호텔에 머물지 못하고 야영을 하면서 다음 출발을 기다렸다. 이 기간 동안 선장은 다시 배를 일본으로 몰고 가서 보급품을 채워 왔다. 7개월 후 이들은 다시 시드니를 출발해 1912년 1월 10일 로스 빙붕에 도착해서 기상 관측을 시작했는데, 두 대의 썰매에 다섯 명이 탔으며 각각의 썰매는 사할린에서 데려온 개들이 끌었다. 그리고 1월 28일 남위 80도 5분, 서경 156도 37분 지점에 도달했지만, 식량부족으로 귀환해야 했다. 시라세 탐험대는 그곳을 야마토 설원(大和雪原, 야마토 유키하라)으로 명명하고 일본령으로 선포했다. 그러나 제2차 세계대전 후의 샌프란시스코 강화조약으로 일본은 남극에 대한 모든 권리를 포기했고, 그 지명은 남극 대륙에서 사라졌다. 그런데 사실 그가 도착한 야마토 설원은 육상이 아니라 로스 빙붕으로 나중에 판명되었다. 시라세 노부는 남극에 상륙했음에도 불구하고 돌을 하나도 가져가지 못한 것을 후회했는데, 그가 육지가 아닌 빙붕 위에 도착했으므로 이는 당연한 결과였다. 시라세는 은퇴 후 군인 연금만으로 검소하게 살다가 85세의 일기로 생을 마감했다.[20]

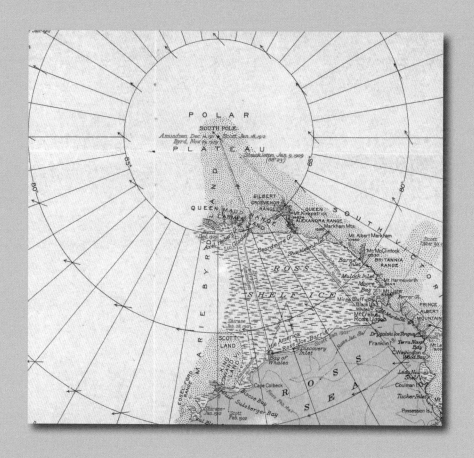

그림 7-3. 아문센, 스콧, 섀클턴의 탐사 경로가 표시된 National Geographic Society의
1932년 남극지도 일부
출처: Davidrumsey.com

이렇게 남극은 서서히 인간에게 모습을 드러냈다. 그리고 지도로 그려졌다. 1929년 1월 18일 남극 학회가 런던의 카페 로얄 호텔(Hotel Café Royal)에서 개최되었다. 이 모임에는 남극 탐험을 직접 수행한 경험이 있는 사람들이 모였다. 당시의 회장은 더글러스 모슨이었다. 당시 참가자들은 1914년에 스탠포드(Edward Stanford) 사에서 발행한 남극 지도[21]를 펼쳐 놓고 각자가 탐사한 장소 위에 자신의 이름을 썼다.[22] 이렇게 영웅들의 남극 탐험은 정리되었다.

영웅의 시대가 지나가고 나서 이제 더 이상 남극을 직접 탐사해 지도를 제작할 필요는 없어졌다. 영웅들은 남극에 발을 딛고 지구 자기를 측정하고 지형을 표시했지만, 이제는 위성이나 비행기에서 찍은 사진으로 지도를 제작하는 시대가 열린 것이다.

테라 오스트랄리스

3. 남극 영유권 주장과 남극 조약

항공 사진 판독에 의해 그려진 남극의 지도를 보면 어떠한 도시도 존재하지 않는 텅 빈 공간만 확인할 수 있다. 백색의 공간은 이 땅의 주인이 없다는 것을 의미하기 때문에, 일부 국가들은 영토로 편입하고 싶어 했다. 남극은 '아무것도 없는 땅(terra nullius)'이지만, 식민지 환상이 작동하는 땅이기도 하다.

남극 대륙의 영유권 주장을 최초로 한 국가는 영국이다. 영국은 1820년 에드워드 브랜스필드(Edward Bransfield)가 남극 대륙을 발견하였고, 자국이 남극 육지에 소유권을 선언한 최초의 국가라는 점을 강조하고 있다. 실제로 영국은 1908년 발급된 특허장(Letters Patent)에 의해 남극 대륙을 포클랜드 제도의 속령으로 선포했다.[23] 그리고 1919년 영국 식민성(Colonial Office)에서는 남극 대륙 전체를 영국 제국에 통합시키기로 결정했다. 그리고 1926년 영연방제국회의에서 이 안을 구체화시켰다.[24] 당시 영국은 남극 대륙을 '얼어붙은 엘도라도(Frozen El Dorado)'로 간주했다. 이를 위해 먼저 영국의 자치령이던 뉴질랜드가 1923년 뉴질랜드의 법이 로스 속령에도 적용된다고 주장했다. 그리고 영연방의 오스트레일리아는 1931년 남극 대륙의 동쪽 해안 지역을 자신들의 영토라고 주장했다. 하지만 프랑스는 1925년 아델리랜드를 자신들의 영토라고 주장했다.

이후 영국은 발견의 논리만으로는 남극 대륙을 차지할 수 없다는 것을 인지했다. 역사적으로 스페인은 발견의 논리에 의해 아메리카 대륙의 영유권을 주장해 왔고, 영국이 이를 거부해 왔기 때문이다. 따라서 발견의 논리에 의거해 남극의 영유권을 주장한 영국은 자기 모순적인 상황에 빠지게 된 것이다. 또한 경쟁국들 역시 영국의 발견을 인정하지 않았기 때문에 다른 논리를 적용하기로 했다. 그 적용 논리는 관리 능력이 있는 국가가 남극 대륙을 관리해야 한다는 것이다. 이 논리는 생물학자인 하딘(Garrett Hardin)에 의해 1968년에 이론으로 제기된 '공유지의 비극' 논리와 일맥상통한다. 당시 영국이 이 용어를 명시한 것은 아니지만 남극을 특정 국가가 관리하지 않으면, 주인이 없는 공유지와 같이 환경이 급격히 악화되기 마련이므로 특정 국가가 이를 잘 관리해야 남극의 환경이 보전될 것이라고 주장했다. 그리고 관리 국가로는 과학 기술이 뛰어난 영국이 적합하다고 주장했다. 그리고 자신들의 관리 능력을 보여 주기 위해 영국은 1926년부터 1938년까지 고래와 바다표범의 서식지를 조사해서 보고서로 작성했다. 이러한 과학적 조사는 직접적인 영토 주장의 근거는 되지 않지만, 다른 국가에 비해 우선권을 보장받을 명분이 될 수 있다. 이러한 측면에서 오늘날 많은 국가들이 남극에 과학 기지를 설치하여 과학 조사를 수행하는 사실 역시 자원 개발의 이권이나 영유권 주장과 무관하다고 말할 수 없다.

관리와 영토권 또는 소유권의 문제는 일찍이 식민지 개척 시기부터 제기되어 왔다. 일례로 영국은 아메리카 원주민의 땅을 빼앗으면서, 그들이 땅을 방치했기 때문에 소유권이 없으며, 오직 그 땅을 경작하여 그 땅으로부터 더 많은 소출을 얻는 사람만이 소유권 주장을 할 수 있다는 논리를 폄으로써 신대륙 정착민들의 토지 소유권 주장의 근거를 마련하기도 했다.[25]

남극 대륙과 지리적으로 가장 근접한 아르헨티나와 칠레는 역사적 연원과 지리적 근접성을 근거로 남극 대륙의 영유권을 주장한다. 역사적 연원이란 스페인의 식민지에서 독립한 이들 나라가 스페인의 이전 영토를 승계한다는 의미이다. 1494년에 체결된 토르데시야스 조약에 의하면 아프리카 대륙 서안에 위치한 카보베르데 제도에서 서쪽으로 370리그 떨어진 지점에서 남북으로 선을 긋고, 그 선의 서쪽에 속한 모든 땅은 스페인에 속하며 동쪽에 속한 땅은 포르투갈에 속한다. 이 선은 교황의 중재에 의해 결정되었기 때문에 교황자오선(Line of Demarcation)이라고 불린다. 이 조약은 당시 개략적으로 두 나라의 식민지의 범위를 설정한 것이기 때문에, 오늘날의 기준으로 이 조약에 의거하여 영토를 결정하는 것은 불가능하다. 문제는 이 선이 지나는 경도의 값을 명시하지 않았다는 것이다. 또한 카보베르데에서 서쪽으로 370리그 떨어진 지점이라고 했는데, 정확한 기준점이 카보베르데 제도의 중앙부인지, 서쪽 끝부분인지, 동쪽 끝부분인지가 불분명했다. 카보베르데 제도는 너비 약 250km 정도의 해역에 점점이 흩어진 섬들이므로, 어떻게 해석하느냐에 따라 상당히 다른 결과가 나올 수 있다. 심지어 이 선의 경도 값에 대한 명확한 정의도 되지 않은 상태이다. 따라서 이 선을 기준으로 경도 값을 정확하게 추정하는 것은 불가능하다.[26] 아무튼 이 경계선은 남극과 북극을 잇는다. 따라서 이 경계선 속에 포함되는 남극 땅이 이전에 스페인의 영토였기 때문에 스페인에서 독립한 이들 국가가 영유권을 가진다는 주장이다.

아르헨티나와 칠레의 이와 같은 주장은 점유 인정(현상 유보, uti-possidetis)라는 국제법 원칙을 반영하는 것이다. 국제법상 이 원칙은 일반적으로 신생 독립국이 국가 승계 과정에서 과거 식민 세력들이 정한 행정 경계선을 국제적인 국경선으로 승계한다는 것을 의미한다. 그렇지만 이러한 주장은 국가 영토권주장의 유효한 원칙으로 인정받지 못하고 있다.

아르헨티나는 독립 전쟁 중이던 1815년 아일랜드 출신의 아르헨티나 해군 제독 길레르모 브라운(Guillermo Brown)이 태평양 연안에서 활동하던 스페인 함대를 공격하기 위해 혼곶을 돌아 태평양으로 진입했다. 그런데 그가 탄 두 척의 배 헤르클레스호와 트리니다드호는 강풍에 의해 남위 65도 지점까지 밀려갔고, 그곳에서 남극 대륙을 발견했다. 따라서 이를 근거로 남극 대륙의 영유권을 주장한다. 그러나 실제로 브라운이 남극을 발견했다는 증거가 명확하지 않아서 국제 사회는 그의 발견을 인정하지 않고 있다. 또 다른 남극 영유권 주장의 근거는 스코틀랜드의 브루스 탐사대가 사우스오크니 제도에 설치한 기상관측 등대를 1904년부터 양도받아 아르헨티나가 운영해 왔다는 사실이다. 즉 남극해에 위치한 작은 섬에 지나지 않지만, 실제로 인간이 거주하면서 기지를 운영해 왔다는 사실이다. 따라서 자신들의 영유권을 주장할 근거는 존재한다. 하지만 이 기지는 남위 60도 44분에 위치하기 때문에 남극권에 포함되지 않으며, 또 남극 대륙에 위치한다고 볼 수도 없다.

참고로 사우스오크니 제도는 1821년 바다표범 사냥꾼인 나다니엘 브라운 파머(Nathaniel Brown Palmer)와 조지 파월(George Powell)에 의해 발견되었다. 그런데 파머는 미국인이며, 파월은 영국인이다. 그리고 이들이 승선한 제임스먼로호는 미국 배이다. 그런데도 아르헨티나는 1946년부터 자신들이 주장하는 남극 땅이 아르헨티나의 영토로 표시되지 않는 지도는 아르헨티나에서 출판되는 것을 금지시켰다. 당시 아르헨티나의 대통령은 후안 페론(Juan Domingo Perón)으로 그는 '에비타'와 영화 주제가 'Don't Cry for Me Argentina'로 유명한 에바 페론(Evita Peron)의 남편이었다. 그렇지만 아르헨티나는 남극 대륙의 영유권을 국제 사회에 강력하게 주장하지는 않았다. 그 이유는 두 가지이다. 첫째, 아르헨티나 해군이 페론의 정책에 찬성하지 않았기 때문이다. 따라서 해군으로 하여금 남극에 주둔하도록 하는 것은 정치적으로 위험했다. 둘째, 아르헨티나가 주장하는 남극 땅의 일부가 영국이 주장하는 땅과 겹치기 때문이다. 당시 영국은 아르헨티나의 두 번째 교역 상대국이었기 때문에 영국과의 외교관계 악화는 아르헨티나의 경제 상황에 부정적인 영향을 미칠 수 있었다.[27] 후안 페론은 남극반도의 영유권 주장을 탈식민주의와 민족주의적 관점에서 주장했다. 그는 탈식민주의를 주장하면서 남극반도를 아르헨티나에 포함시켜야 한다는 또 다른 형태의 제국주의적 태도를 보였던 것이다.

역사적 연원에 근거한 주장은 칠레도 마찬가지였다. 두 나라는 어느 나라가 남극반도를 차지할 것인지에 대한 논의를 위한 회합을 1906년과 1908년에 가졌다. 당시 칠레의 남극반도 영유권 주장을 펼친 사람은 칠레의 지리학자인 루이스 리소파트론(Luis Risopatrón)이다. 그는 1908년 '남극의 안데스'라는 의미를 가진 '안타르탄데스(Antarctandes)'라는 용어를 만들어 냈다. 이는 안데스산맥이 드레이크 해협을 거쳐 남극반도로 이어진다는 이론이다. 남극반도에 위치한 산맥은 안데스산맥이 바다 밑으로 이어진 것으로 보아야 하므로 남극반도는 칠레에 속한다고 주장했다. 실제로 안데스산맥의 남쪽 부분은 폭이 좁아져서 칠레 쪽으로 지나간다. 참고로 칠레가 남극 대륙에 운영하는 루이스 리스파트론 기지(Luis Risopatrón Station)는 그의 이름을 딴 것이다.

그렇지만 산맥의 폭을 명확하게 정의하는 것은 불가능하다. 아르헨티나 역시 남아메리카 최남단의 티에라델푸에고섬의 동쪽을 영유하고 있다. 그리고 이곳도 안타르탄데스의 일부가 지나는 곳이다.

아르헨티나는 남극 대륙에서 990km 떨어져 있다. 따라서 남극 대륙과 가장 가까운 곳에 위치한 국가이다. 따라서 아메리카 대륙 남쪽에 위치한 남극의 땅은 가장 가까운 나라가 관리해야 한다는 주장을 피력하고 있다.

노르웨이는 1939년 국왕 선언을 통해 서경 20도와 동경 45도 사이에 위치한 퀸모드랜드에 대한 주권을 정식으로 주장하였다. 그리고 뉴질랜드는 동경 150도에서 동경 160도 사이에 위치한 섬과 육지 등에 대해 영유권을 주장하고 있다. 이 지역은 로스 속령이라고 불리는데, 1923년 영국으로부터 영유권을 양도받았다고 주장한다.

결과적으로 1908년에서 1941년 사이에 영국, 프랑스, 노르웨이, 오스트레일리아, 뉴질랜드, 아르헨티나, 칠레 등 7개의 국가는 남극점을 기점으로 하

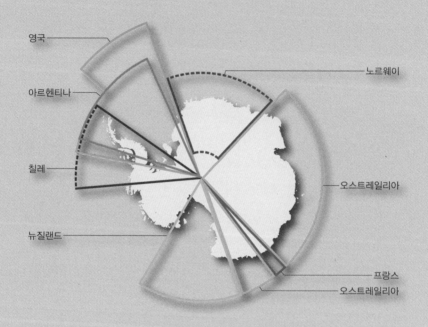

영국

아르헨티나

칠레

뉴질랜드

노르웨이

오스트레일리아

프랑스
오스트레일리아

그림 7-4. 세계 각국의 남극 영유권 주장
(점선은 특별하게 위선을 지정하지 않은 경우임.)

여 남위 60도까지 뻗어 있는 부채꼴 모양의 영역에 대해서 영유권을 주장했다(그림 7-4).

그런데 지도를 보면 흥미로운 현상을 발견할 수 있는데, 남극점을 꼭짓점으로 하는 부채꼴의 형태로 이루어진 땅의 영유권을 각 국가들이 주장하고 있다는 사실이다. 이렇게 영유권을 주장하는 국가의 육지 경계선이나 해안선의 양쪽 끝과 극점을 연결한 부채꼴 모양의 지역이 해당국가의 영토가 되는 것을 선형 이론(sector theory) 또는 선형 원칙(Sector Principle)이라고 한다. 선형 이론은 이미 북극에 인근한 국가들에 의해 20세기 부분적으로 인정된 바 있다. 캐나다, 러시아, 미국 등은 이 원칙을 부분적으로 적용해 국경 협약을 수립한 바 있다. 지구가 둥글기 때문에 극지방에서는 부채 모양의 땅으로 분할하면 영토 분할이 용이하다. 북극의 경우 개발 가능성이 상대적으로 미약하고, 또 주변 이해 당사국의 수가 적기 때문에 상대적으로 이 원칙의 적용이 상대적으로 용이했다. 그러나 대부분이 바다나 유빙으로 이루어진 북극 지역과 달리 남극에는 대륙이 존재한다. 그리고 많은 자원이 보유되어 있음이 확인되었다.

그래서 다른 나라들은 이들 국가의 영유권 주장을 인정하지 않았다. 특히 20세기 최고의 강대국인 미국과 러시아는 이들 국가의 영토 주권 요구를 승인하지 않았다. 이는 영국이 강력하게 남극 영유권을 주장하는 것에 대한 반작용으로, 인도와 당시 소련의 위성 국가였던 동유럽 국가들 역시 남극 영유권 주장을 하는 등의 남극을 둘러싼 영토 분쟁의 분위기가 조성되자, 남극 영유권 주장이 냉전으로 이어지는 것을 두려워했기 때문이다. 미국과 러시아는 남극에 대한 모든 국가의 영유권 주장을 인정하지 않고, 대신 공동으로 관리하는 방법을 모색했다.

미국은 1948년 남극에 관심이 있는 국가들에게 '공동 관리'를 제안했다. 국제 사회는 남극 문제를 평화적으로 해결하기 위한 외교적인 노력을 시작했는데, 이 노력의 일환이 국제 지구 물리 관측년(International Geophysical Year) 활동이다. 참가한 학자들은 1957~1958년까지 기상, 오로라, 해양, 빙하, 지진, 중력, 지구 자기, 경위도 측정, 태양 활동 관련 남극에 관한 대규모의 조사를 수행했다. 이후 미국, 러시아, 아르헨티나, 칠레, 오스트레일리아, 벨기에, 일본, 남아프리카공화국 등 12개국은 1959년 12월 1일 남극 조약을 체결했다.

이 조약은 국가 간 분쟁을 막기 위해 영유권 주장을 동결하고 정치적 고려를 배제하는 것을 전제로 하고 있다. 남극에서의 군사행위 금지, 평화로운 사용, 과학조사의 자유, 가입에 대한 회원국의 만장일치 등의 규약과 함께 남극 조약의 지리적 범위를 규정했다. 남극 조약은 남위 60도 이남의 지역과 이 지역 내의 모든 빙원에 적용된다. 여기에는 조약 지역 내의 육지와 바다가 모두 포함되고 있다. 이 조약은 1961년 6월 23일 발효되었는데, 영유권과 관련한 조항은 4조에 의하면, 종전에 주장한 남극 지역에서의 영토 주권 또는 영토에 관한 청구권을 표기해서도 안 되며, 청구권의 근거를 포기하거나 감소시켜도 안 된다. 또한 영토주권이나 청구권에 대한 타국의 입장을 손상해서도 안 된다. 즉 개별 국가의 영유권 주장을 동결했다.

영유권 문제는 조약이 종결된 뒤에는 다시 제기될 여지가 있지만, 이를 통해 남극 조약의 체결이 가능하였고 이후 50여 년간 남극 지역의 평화와 안정을 꾀할 수 있었다는 점에서 이 조약은 긍정적으로 평가할 수 있다.[28] 우리나라는 1986년 「남극 조약」에 가입했다.

남극 조약 체제는 남극 조약 협의 당사국 위주로 운영된다. 당사국이 되기 위해서는 기지 보유 혹은 실질적 과학 연구를 통한 공헌을 충족시키는 한편, 기존 협의 당사국의 만장일치 동의를 얻어야 하는데, 이때 「환경 보호에 관한 남극 조약 의정서(일명 마드리드 의정서)」에 의무적으로 가입해야 한다. 마드리드 의정서는 1991년 10월 채택되어 1998년 1월에 발효되었는데, 남극의 평화적·과학적·환경적 목적의 이용을 강화했다. 이를 위해 시추와 채광을 포함한 남극 광물 개발 활동의 논의는 50년간 유예되었다. 그러나 이 협정은 2041년부터 변경이나 수정, 또는 파기가 가능하다. 우리나라는 1988년 남극반도 킹조지섬에 세종 과학 기지를 준공하고 남극 기지를 운영하기 시작했고, 1989년 10월 18일 세계에서 23번째로 협의 당사국의 지위를 획득하였다. 그리고 두 번째 남극 기지인 장보고 기지가 2014년부터 운영에 들어가 세계에서 열 번째로 남극 상주 기지를 두 곳 이상 보유한 국가가 되었다.

남극 조약이 체결된 이후 세계 각국은 남극의 관리를 위해 노력하고 있다. 이러한 관리의 일환이 남극의 빙하의 후퇴와 지구시스템의 해빙, 오존층의 파괴에 관련된 연구를 각 나라들이 수행하는 것이다. 이러한 연구를 위해서는 정밀 지도가 필요한데, 우리나라 역시 남극 지도 제작에 참여하고 있다.[29] 그렇지만 남극의 환경은 위협을 받고 있다. 남극 대륙을 방문하는 관광객의 수가 급증함에 따라 이 지역을 항해하는 선박의 수가 증가하고 있으며, 아예 남극점을 스키로 여행하는 관광상품이 우리나라에서도 판매되고 있다.

학자들은 남극 조약이 발전할 가능성을 세 가지로 예측한다. 첫째, 남극 조약 해체설이다. 여러 강대국이 남극의 천연자원을 치지하기 위해 남극 조약에서 탈퇴하게 되고, 그럼으로써 전체 조약 체제의 해체를 야기한다는 학설이다. 둘째, 남극 대륙의 UN화 및 인류 공동 재산 승계론이다. 남극 조약의 가입국이 계속 증가하면서 남극 조약이 지나치게 비대해지는 결과를 초래하게 되고, 동시에 수많은 개발 도상국의 강력한 요구로 남극 대륙이 인류 공동 재산이 될 수 있다는 것이다.

셋째, 남극 조약의 존속설이다. 남극 조약 협상국의 전폭적인 지지하에 남극 조약 체제가 끊임없는 발전을 거쳐 완성이 되었으며, 남극의 각종 업무 규

범에 있어서 여전히 중요한 역할을 수행한다는 점이다.[30] 탐험가들은 남극의 자연에 비교해 너무나 연약한 인간의 나약함을 기록했지만, 지금은 지구의 연약함을 언급하는 시대가 되었다는 것은 아이러니임에 틀림이 없다.

4. 문학 작품 속의 남극

남극 주변을 탐사하기 시작하면서 남극을 배경으로 하는 문학 작품이 발표 되기 시작했다. 남극을 배경으로 하는 문학 작품의 유형을 사실과 허구의 관 점에서 살펴보면 탐사 보고서와 과학 소설로 구분할 수 있다. 탐사 보고서에 는 탐험가가 직접 저술한 자신의 기록도 있지만, 작가들이 탐험가의 기록을 흥미 있게 재구성한 픽션의 형태도 존재한다. 그리고 과학 소설은 과학의 발 달로 인한 미래의 인간 생활을 그리는 순수한 과학 소설과 황당무계한 환상 (판타지)을 이용하는 환상 소설로 다시 분류된다.

과학 소설과 환상 소설의 경계는 뚜렷하지 않다. 그렇지만 진정한 과학 소 설이 되려면, 작품이 "과학적 전망의 의식(a consciousness of scientific out-look)"에 바탕을 두어야 한다는 오스트레일리아 평론가 니콜스(Peter Nicholls) 의 주장에 학자들이 대체로 동의한다는 사실과 "과학 소설은 과학과 기술이 사람의 삶과 문명에 영향을 미치는 모습들을 과학적 관점에서 다루는 소설이 다."라는 진술을 고려할 때,[31] 남극을 주제로 다룬 대부분의 소설은 환상 소설 이다.

남극은 환상 소설의 배경으로 매우 우수한 장점을 가지고 있다. 첫째, 인간 이 주로 거주하는 북반구에서 가장 먼 공간이라는 것이다. 가장 먼 곳이고 접 근이 불가능하기 때문에 인간이 확인할 수 없는 환상적인 장소가 이곳에 존 재한다고 주장해도, 반론을 제기하기 어렵기 때문이다. 둘째, 중세 이후에 미 지의 남방 대륙에는 괴물 인간이 거주한다는 사고가 인간의 마음속에 자리 잡고 있다는 것이다. 따라서 남극은 북극과 달리, 보다 많은 상상력을 발휘할 수 있는 공간이다. 필자가 조사한 남극을 배경으로 한 환상 소설들의 주제는 다음과 같다.[32]

첫째, 잃어버린 종족이 거주하는 남극 이야기이다. 유진 비스비(Eugene Bisbee)가 1898년 발표한 『얼음 속의 보물(The treasures of the ice)』은 모험 이야기이다. 지질학, 박물학 교수 등으로 이루어진 탐사대가 뉴욕을 출발해서 남극 주변 지역으로 항해하다가 해류에 밀려 남극 지역에 도착한다는 이야기이다. 이 지역에서는 나침반이 멈추어서 작동하지 않아, 정확한 위치 파악이 불가능하다. 이곳에서 탐사대는 고대 그리스인들의 후손들이 건국한 나라에 도착한다. 이들은 율리우스 카이사르가 암살된 이후 50척의 배를 타고 로마를 탈출했던 약 1,000명의 사람들로, 이들은 아프리카 서쪽을 지나 남반구의 온대 지역에서 새로운 나라를 이루고 살려했지만, 해류로 인해 남극 주변까지 밀려왔다는 것이다. 이들은 빙하 가운데서 온화하고 비옥한 땅을 찾아 약 2,000년간 생존해 왔다. 그리고 과학을 발달시켜 빙하 사이에 터널을 만들어 이동하는데, 한 장소에서 다른 장소로 가는데 최대한 2시간이 넘지 않는다고 한다. 인구는 약 20만으로, 여왕이 다스리고 있다. 일행이 이곳에 머물 때 반란이 일어나서 혼란에 빠졌는데 일행이 이 소요사태를 진정시킨다. 또한 보물의 사원을 찾고, 숨겨진 비밀들을 해독한다. 그리고 무수히 많은 금의 일부를 가지고 돌아온다는 모험 이야기이다. 즉 이 소설 역시 남극 대륙에 위치한 잃어버린 종족이 만든 유토피아를 소재로 한다.

둘째, 죽은 사람들이 여전히 활동하는 장소이다. 1838년에 발표된 저자 미상[33]의 『아틀란티스 이야기(The Atlantis: A Southern World)』의 주인공 프로스페로는 1836년 미국 독립 기념일에 사라진 전설의 땅을 찾아 남극을 탐사한다. 그곳에서 아틀란티스를 발견한다. 그는 이곳에서 고대의 현자들이 살아 있는 것을 발견한다. 이곳은 과학이 매우 발달한 곳으로 도시는 전차로 이동이 가능하다. 이곳에서 그는 네로 황제와 티베리우스 황제, 그리고 교황이나 추기경 같은 종교지도자들이 고속도로나 항만 건설과 같은 노역에 동원되고 있음을 발견한다. 이곳은 생전에 타인에게 어떤 영향을 끼쳤느냐, 그리고 얼마나 겸손했느냐를 기준으로 직업이 정해지는 사회이다. 주인공은 이곳에서 많은 현자와 철학자, 과학자들을 만난다. 예를 들어 한 학회에서 데카르트가 지구 물리학에 대해 발표하고, 뉴턴과 아리스토텔레스가 이 내용에 대해 토론한다. 특이한 것은 주인공이 당시 미국의 정치 제도에 대해 몬테스키외 (Charles-Louis Montesquieu), 에드먼드 버크(Edmund Burke), 벤자민 프랭클린의 의견을 요청했다는 것이다. 그는 아리스토텔레스와 같은 현자들이 아틀란티스의 헌법 제정에 참여했는데, 이들 역시 미국 헌법을 참조하여 헌법을 완성했다는 것을 알게 된다. 그리고 연방 정부의 역할에 대해 이야기하면서, 중앙 정부 또는 국가 연합의 형태를 취하느냐의 여부는 연방 정부의 자급자족 능력에 달려 있다는 조언을 얻는다. 그리고 미국의 단합을 주장한다. 이러한 결론에 이르게 한 현자들을 주인공에게 소개하고 대화를 매개한 것은 벤자민 플랭클린이다. 저자는 결국 미국 건국의 아버지 중 한 명인 프랭클린의 정신을 노골적으로 이 소설에서 드러낸다. 그리고 이러한 대화에 미국 대통령을 지낸 조지 워싱턴과 존 애덤스도 참여한다. 결국 이 소설은 남극에 유토피아가 존재하고, 이 유토피아가 미국의 헌법을 채택하여 정부 체제를 유지한다는 메시지를 준다. 또한 주인공은 이곳의 교육 제도를 미국에도 도입해야 한다고 주장한다. 즉 남극의 유토피아를 미국의 발전을 위한 방향 제시의 매개로 사용했다.

셋째, 거꾸로 된 세계이다. 영화 「모히칸족의 최후(The Last of the Mohicans)』의 원작자인 제임스 페니모어 쿠퍼(James Fenimore Cooper)는 1835년 『모니킨(the Monikins)』을 발표한다. 주인공은 파리에서 광대에게 혹사당하는 원숭이 네 마리를 구해 준다. 그런데 다음날 원숭이들이 프랑스어를 완벽하게 구사하는 지능이 높은 모니킨들임을 확인한다. 이들은 남극 대륙 근처에 살다가 바다표범 사냥꾼들에게 사로잡혀 프랑스에서 고통스러운 생활을 했던 것이다. 이들은 인간으로부터 진화했지만, 도덕과 철학은 물론 모든 영역에서 인간보다 우월하다고 주장한다. 주인공은 이들을 고향인 남극 대륙으로 데려다 주기 위해 항해를 하고, 마침내 남극 대륙에 도착한다. 그런데 이곳에서는 북반구와 사회질서가 반대였다. 배에서 심부름을 하는 소년을 왕자, 그리고 나머지 탐사 대원들을 왕자의 시종으로 간주한다. 일행은 두 나라를 방문한다. 한 나라는 립하이(Leaphigh)인데 속물 근성이 만연하고 사회적 계층이 엄격한 영국을 풍자한다. 모니킨들은 이 나라의 지도자들이었는데, 이들 역시 이곳에서 이성보다는 이기심에 따라 행동한다. 그리고 다른 나라는 립로우(Leaplow)로 영국에서 독립한 미국을 지칭하는데, 권력의 균형이 유시되는 좋은 점을 가지고 있다. 결국 이 소설은 남방 대륙은 기존의 북반구와 모든 것이 반대라는 것과 이를 통해 영국과 미국의 정치 제도를 풍자하는 틀을 채택했다.

넷째, 지하세계의 입구로서의 남극이다. 예수회 소속의 지구 과학자인 아타나시우스 키르허(Athanasius Kircher)는 1665년 간행한 『지하세계(Mundus subterraneus)』에서 북극 주변의 엄청난 소용돌이는 바닷물이 폭포처럼 지구 내부로 흘러들어 가면서 생기는 것인데, 이 물이 지구 내부를 통과하면서 따뜻해지고 남극에서 분출한다고 했다. 1692년 영국의 천문학자 에드먼드 핼리(Edmond Halley)는 이 이론을 발전시켜, 지구의 지각은 500마일 두께로 구성되어 있는데, 지구 내부에 또 다른 지구가 존재한다고 했다. 그는 내부의 지구가 중력에 의해 고정되어 있으므로, 외부의 지구의 지각과 충돌하지는 않는다고 주장했다.[34] 즉 지구 내부가 비어 있고, 지구내부로 통하는 통로를 통해 지구 내부를 이동할 수 있다는 지구 공동설(Hollow Earth theory)을 주장한 것이다. 그리고 1821년 미국의 클리버 심스(John Cleves Symmes)는 지구 공동설에 대한 자신의 주장을 담은 문서를 미국과 유럽의 여러 기관들에 배부했다. 이러한 그의 주장에 강한 영향을 받은 사람이 미국의 작가 에드거 앨런 포이다. 그의 유일한 장편소설인 「아서 고든 핌의 모험」의 주인공 핌은 남극을 탐사하는데, 오로라를 본 후 남극점에 위치한 지하 동굴을 통해 지하세계로 들어간다.[35] 그가 1831년(또는 1833년)에 발표한 「병 속의 수기(Manuscript Found in a Bottle)」에도 해류가 남극으로 이끈다는 내용이 수록되어 있다.

새하얀 얼음에 부딪혀 울부짖고 소리치는 저 바다를 해류라고 부르는 것이 맞다면 내 생각대로 배는 해류에 휘말린 것이 확실했다. 그리고 큰 폭포가 쏟아져 내리듯 빠른 속도로 남쪽을 향해 질주했다. (중략) 얼음이 갑자기 오른쪽과 왼쪽으로 펼쳐지고, 배는 벽의 꼭대기가 멀리 어둠 속에 가려 보이지 않는 거대한 원형 경기장의 가장자리를 돌고 돌다 큰 동심원에 갇혀 그 안으로 어지럽게 말려든다.[36]

다섯째, 부가 넘치며 모두가 건강한 유토피아가 존재하는 곳이다. 조지 맥가이버(George McIver)의 『누루미아: 신대륙(Neuroomia: a new continent)』은 1894년 출간되었다. 이 이야기는 상상의 남극 대륙의 유토피아로, 1889년 포경선 펭귄호를 타고 오스트레일리아 태즈메이니아주의 주도 호바트를 출발하여 표류 끝에 남극 대륙 근처에 위치한 화산대에서 유토피아인 누루미아를 발견한다는 이야기이다. 누루미아의 기후는 온화하며 모든 것이 풍부하다. 또한 사람들은 온화하며 친절하다. 그리고 평균 수명이 150~200세이며, 환자가 없을 정도로 보건 환경이 우수하다. 그리고 이러한 환경을 유지하기 위해 국가에서 의사들을 적극 지원하며 관리한다는 내용이 수록되어 있다. 다른 유토피아 소설과의 차이는 자국의 정치와 사회 제도에 대한 풍자가 없다는 것이다. 그리고 자신이 마음먹은 대로 이루어지는 사회로, 수고하고 땀 흘릴 필요가 없는 사회이다.[37] 그리고 황금이 넘쳐나는 곳이다.

남극 대륙과 주변 지역을 인간이 탐사한 기록을 남긴 탐험기 형식의 작품 역시 출간되었다. 탐험기가 성공하려면 후세의 다른 상황에서 이용할 수 있는 요소를 포함해야 한다. 애국심 함양, 자기 계발 또는 심리 상담에 활용할 수 있으면 상업적으로 성공이 가능하다. 남극 탐험하면 떠오르는 가장 대표적인 사람이 아문센과 스콧이다. 아문센은 1912년 『남극』[38]을 출간했다. 아문센의 탐험기는 당연히 남극점에 도달한 최초의 인간의 기록이므로 그 자체로 의미를 가진다. 그렇지만 영미권에서는 노르웨이 출신의 아문센보다는 영국 출신인 스콧의 탐사기가 인기를 끌었다. 특히 그가 목숨을 잃은 두 번째 탐사기가 대중의 감성을 자극했다. 스콧의 두 번째 탐험기는 작가 레오나르드 헉슬리(Leonard Huxley)가 정리하고 마크햄(Clemends Markham)이 서문을 적어 출간했다. 마크햄은 서문에서 스콧의 두 번째 탐사의 주된 목적이 과학 조사였다고 기술했다. 그리고 지질학, 물리학, 생물학적 조사에서 성공적으로 과업을 완수했다고 칭송했다. 또한 그와 그의 동료들은 죽을 때까지 연필로 계속 기록해서 그들의 과업을 수행했다고 언급했다.[39]

또 하나의 책은 섀클턴(Ernest Henry Shackleton)의 기록이다. 그는 1919년 『섀클턴의 남극 탐험』[40]을 출간했다. 이 책에는 1914년 말 인듀어런스(Endurance)호를 이끌고 자신을 포함한 총 28명의 대원이 1915년 1월 20일 돌연 얼음에 갇힌 이후 삶에 대한 의지를 포기하지 않고 634일간 생존하여 전원이 구조된 이야기를 기록하고 있다. 그의 이야기를 듣고 아문센은 자신이 그런 상황에 있었다면 살아남지 못했을 것이라고 말하며 섀클턴을 극찬했다고 한다. 섀클턴은 어려운 상황에서도 마음의 평정을 잃지 않았다고 한다.

그리고 스콧의 1차 남극 탐사(1910~1913)에 동참했던 체리 게라드(Apsley Cherry-Garrard)는 『세계 최악의 여행』[41]을 1922년 출간했다. 이 책은 극한 상황에서 인간이 감내하는 고통과 그 상황 속에서도 목표를 위해 끝없이 전진하지만, 결국은 비극으로 마치는 이야기로 인해 대중의 관심을 끌었다. 체리 게라드는 자신의 동료 둘과 함께 과학적 목적을 위해 황제 펭귄의 알을 남극 대륙에서 찾는 여정을 언급한다. 당시에는 날지 못하는 펭귄은 파충류와 새 사이의 진화의 고리가 될 수 있다고 생각했다. 남극의 겨울인 1911년 7월에 이 과업을 수행했는데, 영하 40도 이하일 정도로 추웠다. 겨울철 남극 대륙은 복사 냉각에 의해 기온이 크게 내려가는데 영하 65도 아래로 내려가는 경우도 간혹 있다. 특히 기온이 급격히 떨어질 때는 공기 때문에 하강 기류가 생기면서 고기압이 발달하며 이때 주위를 향해 바람을 불러일으키게 되는데, 남극 대륙이 사발을 엎어 놓은 모양이어서 높은 곳에서 낮은 곳으로 사면을 따라 바람이 분다. 이 차가운 바람을 가리켜 '활강풍(滑降風)'이라고 한다.

체리 게라드는 자신의 과업인 황제 펭귄의 알을 수집하는 데는 성공했다. 물론 이 알은 냉동 상태라서 실제 과학적 연구에 도움은 되지 않았다. 수집에 성공했지만, 그는 스콧의 남극점 탐사대에는 합류하지 못했다. 이후 스콧이 어려움에 처한 것을 알고 스콧 일행을 찾아 나섰지만, 스콧이 동사한 곳에서 11마일을 남겨두고 더 이상 전진하지 못했다. 이 책은 탐험의 고통이 무의미한지 아니면 미래의 인간 도전을 위해서는 의미 있는 교훈을 주는지에 대해 질문하지만, 이에 대한 대답은 존재하지 않는다. 이 책은 2001년 내셔널 지오그래픽에서 선정한 역대 탐험문학 100선 중 1위로 선정되었다.[42]

이러한 탐사기에는 남극 특유의 분위기가 존재한다. 예를 들어 스콧의 누이 그레이스 스콧(Grace Scott)이 남긴 기록에 의하면 스콧은 탐험가로의 소명 의

식은 없었다고 한다. 그는 낭만적이었고, 광대한 빈 공간이 부르는 소리와 한 번도 밟히지 않은 눈의 아름다움에 끌려 탐사에 나섰다고 한다.[43] 즉 그는 자연의 숭고함에 매료되어 남극으로 향한 것이다.

남극의 이런 숭고함의 이미지는 이미 사무엘 테일러 코울리지(Samuel Taylor Coleridge)의 「노수부의 노래(1798)」에 기록되어 있다. 이 노래는 늙은 어부가 탄 배가 폭풍우에 의해 남극까지 몰려갔는데, 이곳은 연무와 눈으로 가득차고, 돛대 높이의 에메랄드처럼 녹색인 빙산들이 음산한 빛을 발하는 곳이다. 공포로 가득 찬 이 세계에 앨버트로스가 나타나 노수부와 선원들을 고립에서 벗어나게 하지만, 어부는 이유 없이 앨버트로스를 십자궁으로 쏘아 죽인다. 이후 이 배는 저주를 받아 선원들은 죽어 갔지만, 노수부는 달빛 아래 바다에서 춤을 추는 바다뱀의 무리를 보고 묘한 환상과 아름다움을 느끼며 기뻐한다. 이에 저주는 풀리고 배는 다시 움직여서 마침내 귀국하게 된다. 노수부는 자신의 죄를 참회하고 거듭나기 위해 어디를 가든 누구를 만나든 자신의 죄지은 경험을 전하며 생명의 소중함을 전한다는 이야기이다. 표면적으로 이 시는 한 노수부의 기이한 모험에 관한 흥미로운 스토리이지만, 영혼의 여정이라는 측면에서 살펴볼 때 그것은 인간의 영혼의 어두운 협곡들, 그리고 인간성에 내재하는 악의 성격에 관한 한 진지한 탐구이다.[44] 결과적으로 남극의 자연이 갖는 숭고함이 종교적인 숭고함으로 연결되는 내용이다.

1830년대에는 낭만적 감수성이 숭고의 이름으로 남극 탐험에 대한 기술에 사용되기 시작했다. 프랑스 해군의 뒤몽 뒤르빌(Dumont d'Urville)의 비서인 데스그라즈(César Desgraz)는 1840년 1월 남극 대륙에 처음 도착했을 때, 놀라운 경관을 다음과 같이 기술했다.

세계에서 가장 슬픈 환경 속에서 짧은 즐거움의 순간은 과거의 힘든 고통을 잊게 한다. 처녀지에서 인간의 목소리가 만드는 즐거운 환호성은 울려 피진다. 우리는 탐사의 노력에 의한 영광스러운 성공을 보장하는 땅의 발견을 축하한다. 이 장엄하고 웅장한 장면에서, 이 깊은 고독 속에서, 거대한 빙하가 만드는 눈부신 암벽에 압도되는 작은 배의 모습, 폭발하는 선원들의 열정은 인간의 용기를 경하하며, 숭고함에 이르는 광경을 선사한다. 숭고한 기억은 참여한 사람들의 추억 속에서 영원히 살아 있을 것이다.[45]

이 글의 저자인 데스그라즈를 비롯한 뒤르빌 선장, 그리고 다른 선원들은 남극의 자연 앞에서 인간의 나약함과 슬픔을 느꼈다. 두려움과 슬픔은 숭고의 개념과 연관된다. 빙하 자체에 대한 두려움, 그리고 빙하 너머에 있는 그 무엇인가의 두려운 존재, 그리고 반드시 마주쳐야 할 운명 이런 것이 숭고이다. 그는 유빙 사이를 배가 지나는 모습을 장엄하면서도 공포감을 준다고 표현하면서, 거인의 도시에서 좁은 길을 지나는 느낌이라고 표현했다.[46]

그리고 이들은 폭풍우 뒤에 찾아오는 평온함에서도 고독을 느꼈다. 이들은 펭귄이 조용한 바다에서 뛰노는 모습에서 즐거움이 아닌 슬픈 고독을 느꼈다.[47] 병들어 죽어 가는 동료들을 배려하는 것 역시 결국은 슬픈 만족을 준 것일 따름이라고 한탄했다.[48]

선원들이 말하는 "위대하고 장엄한 광경"은 남극의 전형적인 이미지로 형성되었다. 이들의 표현은 숭고함을 "표현할 수 없는 것을 가시적인 표현으로 가리키는 것"으로 정의한 리오타르(Jean-François Lyotard)의 글을 떠올리게 하는 구절이다.[49]

다른 지역과 달리 남극 지역의 경관, 특히 겨울철의 경관은 완전히 백색으로 채워진다. 끝없이 이어지는 하얀 색의 빙하, 공포심을 유발하는 빙벽, 어떠한 동식물도 존재하지 않는 남극의 내륙 지역, 고독한 탐험가의 모습은 숭고의 감정을 독자로 하여금 느끼게 한다.

남극의 자연은 백색 이미지와 어울려 장엄한 경관을 만들고, 이는 순수함과 어울려져서 숭고함으로 이어진다. 남극은 인류의 다수가 거주하는 북반구에서 가장 먼 공간이다. 그리고 어떠한 오염원도 존재하지 않는, 수만 년 된 눈이 그대로 쌓인 곳이다. 따라서 남극 대륙은 그 자체로 숭고함을 가지고 있다.

그리고 또 하나의 숭고함은 탐험가의 정신이다. 숭고한 자연환경 속에서 인간의 이상을 실현해 전진하고 또 그 과정에서 자신의 희생을 담담히 받아들이는 인간의 정신 역시 숭고에 속한다. 스콧이 죽어가면서 쓴 편지에 스며들어 있는 애국심이 가장 대표적인 숭고함이다. 그리고 섀클턴의 리더십 역시 아름다운 동료애를 넘어 숭고함으로 인지되고 있다.

남극과 북극의 탐험대의 모습은 침몰한 배, 황량한 전경, 폭풍우로 이미지화되고, 그 이미지는 숭고함을 상징하게 되었다. 이 숭고함의 이미지는 1850년대에 정점에 달했다. 영국의 해군 영웅 존 프랭클린(John Franklin)이 북극 탐험에서 사라진 직후 영국 국민들은 극지 탐험가를 숭고함의 영웅으로 간주했다. 이와 같이 숭고함의 가운데는 자연이 주는 시련을 극복하기 위한 인간의 위대한 정신이 있다.

그렇지만 여기에는 이데올로기가 작동한다. 식민지 정복을 위한 다른 대륙의 탐사와 달리 극지 탐험은 과학적인 것으로 순수하게 묘사되었지만, 국가적 인물, 남성성이 강요되기도 한다. 지도화되지 않은 공간을 탐사하고 이를 지도로 그리는 것은 기본적으로 식민지 판타지, 국가의 드라마 또는 제국의 정체성과 직결된다.

실제로 뒤르빌 탐사 대원의 일원인 뒤로흐(Joseph Duroch)는 빙하 사이를 배가 지나는 느낌을 지진에 의해 최근에 무너진 고대 오리엔트 도시의 잔해 가운데를 지나는 느낌으로 표현했다. 그러면서 죽음의 침묵과 영원한 침묵이라고 표현했다. 그런데 육지를 발견하자 돌연 국왕 만세를 외치고 말았다.[50]

이렇게 남극 탐사는 애국심과 연결되어 있다. 남극 탐사는 식민지 조선에서도 민족의식의 고취를 위한 모티브로 사용되었다. 아문센이 1911년 남극점에 도착한 지 3년 뒤인, 1914년 우리나라 작가 이상춘은 남극 탐험 소설을 창작했다. 그는 항해술과 조선술, 각종 과학적 지식을 두루 익힌 평범한 조선의 두 형제를 주인공으로 등장시켜 남극 탐험을 성공하는 『서해풍파』를 집필했다. 이상춘은 원래 개성 송도고등보통학교의 조선어 교사였다. 저자 이상춘은 개성 출신으로 주시경 선생 문하에서 공부한 국어학자로 조선어 학회의 한글맞춤법 초안 작성 위원(1931), '조선어 사전' 편찬 위원회 준비 위원(1933~1936)을 지냈다. 그는 조선어 9만여 어휘를 수집하여 어떠한 대가도 없이 조선어 사전 편찬 위원회에 넘겨줄 정도로 조선어를 사랑한 사람이었다.

작품의 주인공 이해운과 이해동은 어부지만, 자신들의 직업에 대한 자긍심을 가지고 있다. 그들은 배를 타고 서해 바다로 나가는 것을 평생의 소원으로 삼았다. 우연한 기회에 이해운은 미국으로 건너가서 항해학을 공부했고, 이해동은 일본에서 조선 공학을 공부하게 된다. 그리고 이해동은 다시 미국으로 유학을 떠나 워싱턴에서 조선 공학을 공부하는 도중 샌프란시스코에 있던 형을 만나게 된다. 이제 이들의 소원은 남극 탐험으로 발전하고, 이들은 샌프란시스코에서 출발하여 남극 대륙에 도착한다. 언어의 장벽, 힘든 유학 생활, 어려운 조선 공학을 공부하여 마침내 미지의 남극을 탐험한다는 소설이다. 작가 이상춘은 아문젠이 1911년 남극 탐험에 성공하고, 일본의 시라세 탐사대의 1912년 남극 탐험에 자극받아 민족의 자긍심을 일깨우기 위해 이 소설을 집필했을 가능성이 있다. 이상춘은 평범한 하층민을 등장시켜 진취적인 행동을 그려 보임으로써 민족적 자긍심을 드높였다.[51] 남극 대륙을 탐사한 것은 근대적이며 개화에 성공한 미래의 한국을 비유하는 것이다. 이 소설은 같은 시기 다른 신소설들이 특정 인물의 주동으로 이루는 추상적 수준의 개화를 상투적으로 반복 답습하여 서사화하던 것과 비교하여 볼 때, 이 소설이 바다라는 공간에 주목하여 구체적인 개화의 결과를 보여 주는 방식은 한층 세련된 것이며 주제를 더욱 선명하게 형상화한 것이라 하겠다.[52]

남극이 숭고한 것은 탐사자들이 목숨을 건다는 것이다. 우리나라는 1985년 민간단체인 한국 해양 소년단 연맹이 최초로 남극을 탐사했다. 그런데 당시 탐사원들은 남극 탐험 임무를 수행함과 관련하여 재산상의 손해나 생명, 신체상의 손상이 발생하더라도 연맹에 손해 보상, 기타 어떠한 명목의 배상 또는 보상의 요구를 하지 않을 것을 확약하는 각서를 작성했다. 이렇게 남극 탐험대는 목숨보다 탐험 자체를 귀중하게 여겼다. 이것은 자연에 대한 경외, 애국심, 과학 발전을 위한 개인의 희생이 숭고의 이미지로 형성된 것이다.

맺는말

이 책에는 테라 오스트랄리스와 관련해서, 고대에서 현재까지 이루어진 지리학적인 내용, 그리고 지도에 대한 내용을 소개했다. 그리고 매우 제한적이지만, 남방 대륙을 모티브로 한 문학 작품 이야기를 소개했다.

테라 오스트랄리스에 대한 상상은 지도에서 시작되었다. 비록 플라톤이나 아리스토텔레스가 그린 지도가 현재 전해지지 않지만, 아마도 당시 파피루스 또는 흙 위에 손으로 지도를 그려 가면서, 우주와 지구의 모습을 상상했을 것이다. 사실 지도는 인류의 위대한 발명품 중 하나라고 볼 수 있다. 지도가 위대한 발명품인 것은 자신이 서 있는 위치를 알려 주기도 하지만, 가 보지 않은 곳을 도달하게 하는 수단이 되기 때문이다.

남방 대륙으로 번역되는 테라 오스트랄리스가 존재하기 위해서는 지구가 구형이라는 기본 전제가 성립되어야 한다. 그런데 고대 그리스 철학자나 중세 이전의 신학자들이 '과연 지구를 둥글다고 생각했을까?'라는 의문에 봉착한다. 둥글다고 주장했다고 문헌에는 기록되어 있지만, 실제로 그렇게 생각했는지는 또 다른 문제이다. 예를 들어 중세에 가장 많이 인용되었던 세비야의 주교 이시도루스가 집필한 『어원론』에 언급된 내용들이 지구의 형태를 원반형으로 규정하는지 아니면 구형으로 규정하는지에 대한 논쟁은 지금도 진행 중이다. 또한 이 책에 언급된 문장들은 관점에 따라 다르게 해석될 여지들도 많다.

필자 역시 이전에는 이러한 점들에 의문을 품었다. 그러나 이 책에서 소개한 중세에 간행된 어거스틴의 『신국론』의 프랑스어 번역판에 수록된 삽화에는 그리스도가 둥근 지구 위에 앉아 있는 모습, 그리고 아리스토텔레스가 둥근 지구가 그려진 혼천의 앞에 앉아 있는 모습이 그려져 있다. 그리고 이 책에서는 소개하지 않았지만, 1300년경에 제작된 영국의 히러포드(Hereford) 대성당에 전시된 지도에도 그리스도가 둥근 지구를 들고 있는 모습이 그려져 있다. 기독교 신학 체계를 정립한 어거스틴의 『신국론』의 그림은 바로 정통 기독교 사상을 반영한 것이다. 따라서 더 이상 중세에 지구를 편평하게 생각했다는 주장은 의미가 없다.

고대인들은 지구가 둥글다면 지구의 균형을 유지하기 위해 남반구에 대륙이 있을 것이라고 생각했다. 기원전 150년경의 버가모 도서관장인 말로스의 크라테스는 북반구에 2개의 대륙, 남반구에도 2개의 대륙이 있다고 주장했다. 그런데 그의 주장은 나중에 사실이 되었다. 유라시아 대륙과, 북아메리카 대륙, 아프리카 중남부, 남아메리카와 남극 대륙이 이에 해당한다. 그리고 말로스의 크라테스는 남반구의 대륙의 하나를 대척지란 의미를 가진 앤티포드(Antipodes)로 불렀다.

남반구의 땅을 상상하는 것과 남반구에 인간이 거주한다는 것은 별개의 문제였다. 남반구에 인간이 거주한다면, 기독교 신학적 측면에서 모순이 발생하기 때문이다. 아무도 적도를 통과할 수 없다고 생각했던 당시에 남반구에 인간이 거주한다면, 그 사람들에게 복음을 전파할 방법이 없는 것이다.

그렇지만 대척지는 지도상에 점차 표시되었다. 단 대척지에 거주하는 인간은 괴물 인간으로 그려졌다. 지도 제작자들은 대척지의 인간 거주 여부를 교묘히 피해 나갔다. 사실상 이들 지도에 표시된 남반구는 지도가 아니라 문학 텍스트라고도 볼 수 있다. 저자의 상상을 독자들이 상상으로 해석하는 공간 이미지이다.

대척지에 거주하는 대척 인간은 중세의 전형적인 타자이다. 타자에 대해서 이야기한다는 것은 결국 타자의 모습에서 나 자신의 모습을 읽어 내고자 하는 바람의 표출이다. 대척 인간에 대한 기록은 부정확한 정보와 왜곡된 편견을 통해 투사된 허상이지만, 당시의 유럽인들이 반대편에 거주하는 사람들에게 가지는 인식과 이미지를 알 수 있는 귀중한 자료를 제공한다. 그리고 이 지역에 사는 사람인 대척지인에 대한 왜곡은 이미 고대에서 시작되었다. 유럽의 대척지인 남태평양, 오스트레일리아, 그리고 남극 대륙은 서구인들에 의해서 정의된 형태로만 존재해 왔다.

대척지는 갈 수 없는 곳이라는 의미로 처음 정의되었다. 결코 극복할 수 없는 장벽의 의미로도 사용되었다. 그래서 이 장벽을 넘기 위해서는 항해의 장벽뿐만 아니라, 기존 사고의 장벽도 극복해야 한다. 종교 교리와 전문가의 이론 역시 장애가 될 수 있다. 그러나 대척지는 소통 가능한 공간으로 점차 변해 갔다. 처음에는 완전히 통과가 불가능한 뜨거운 열대의 바다에 의해 폐쇄된 공간이었지만, 지하의 통로나 아니면 우연한 계기에 의해 통과가 가능했다. 사람들은 이곳에서 부를 얻기도 했지만, 자신의 도덕성을 뒤돌아보고, 자신들의 사회 모습을 반성하고 새로운 방향을 정립하기도 했다. 이렇게 대척지는 다양한 모습으로 성찰의 계기를 제공했다.

대항해 시대가 시작되고 지도에 그려진 남방 대륙의 모습은 점차 변화되기 시작했다. 프톨레마이오스가 가정했던, 아프리카와 아시아를 남쪽 바다를 통해 잇는 대륙은 사라졌다. 대신 마젤란 해협 남쪽에 커다란 남방 대륙이 있다는 생각과 브라질을 라플라타강을 기준으로 '브라질'과 '아래 브라질'로 구분하는 생각, 그리고 콜럼버스가 아시아에 도착했다는 생각 등이 결합하여 16세기 초 프랑스의 지도 제작자들은 '거대한 자바'를 지도에 그렸다. 비록 지금은 이들의 생각이 틀렸다는 것이 밝혀졌지만, 이 거대한 자바는 오스트레일리아의 일부라는 의견도 있다.

거대한 자바는 존재하지 않지만, 17세기에 프랑스에서 곤느빌의 전설이 부활하여 다시 남방 대륙 탐사의 분위가 고취되었다. 제3의 세계라는 새로운 세계 구분법이 등장했는데, 구세계인 유라시아, 신세계인 아메리카, 그리고 아직 발견하지 못한 제3의 세계인 남방 대륙을 가정하여, 남방 대륙은 프랑스가 차지해야 된다는 주장이 등장했다. 그 주장을 선도한 폴미에 신부는 남방 대륙을 '검은 전설'이 아닌 선한 사마리아인의 입장에서 접근해야 한다고 강조했다. 그리고 프랑스의 곤느빌이 남방 대륙에서 데려온 추장의 자손이라고 주장했다. 이후 곤느빌의 땅을 찾는 탐사가 진행되었고, 프랑스 왕실 지리학자 필립 부아쉬는 어떠한 증거도 없이 곤느빌의 땅을 남극 대륙 쪽에 그려 넣기도 했다. 오늘날로 치면 일종의 팬덤 현상이라 볼 수 있다. 그에게는 곤느빌의 땅을 추구하는 사람들의 공동체에 속한다는 느낌이 과학보다 더 중요했을 것이다. 즉 곤느빌의 땅의 존재를 믿는 '상상의 공동체'에 속해 버리고 말았다. 그런데 그로 하여금 이 공동체 속에 속하도록 유도한 것은 당대 최고의 자연 과학자이며 수학자인 피에르 루이 모페르튀이(Pierre Louis Maupertuis)와 박물학자 조르주 루이 뷔퐁(Georges Louis Leclerc de Buffon)이었다.

&0X&

테라 오스트랄리스를 찾기 위해 탐사를 시작한 나라는 스페인이다. 그러나 테라 오스트랄리스가 아닌 솔로몬의 황금에서 비롯된 금광이 위치한 땅을 찾기 위해 항해는 시작되었다. 퀴로스는 솔로몬 제도를 발견한 다음, '성령의 오스트레일리아'라는 명칭을 부여했다. 그리고 그의 탐사를 뒤이어 멘다나가 이 지역을 항해했다. 남편이 사망하자 퀴로스의 아내 이사벨 바레토는 탐사 선단의 제독을 맡아 계속 항해했다. 비록 금을 찾는 데는 실패했지만, 바레토는 이후 솔로몬에게 황금을 가져다준 '시바의 여왕'이란 별칭으로 불리었다. 그렇지만 이후 스페인은 더 이상 남방 대륙을 찾지 않았다. 이메리카 대륙 자체도 그들이 관리하기에는 너무나 광대했다. 그리고 아메리카의 금과 은을 약탈하기 위해 영국과 프랑스를 막기 위한 정책에만 치중했다. 스페인은 태평양을 스페인의 호수로 만들었지만, 1년에 두 번 정도 오가는 갈레온선만으로는 펠리페 2세의 지중해가 되는 것은 애당초 불가능했다.

네덜란드의 남방 대륙 탐사는 새로운 항로가 이권을 보장한다는 네덜란드 법에 근거해 시작되었다. 네덜란드 동인도 회사의 항로 독점에 불만을 품고 독자적으로 남방 회사를 세워 탐사를 주도한 이삭 헤 마이레(Isaac Le Maire)는 혼곶 남쪽을 돌아 유럽에서 바타비아로 가는 항로를 발견했다. 그러나 동인도 회사의 압력으로 항로의 소유권은 물론이고 전 재산을 빼앗기고 말았다. 직접 항해에 참여한 아들 야코프 헤 마이레마저도 귀국 도중에 사망했기 때문에 항로 발견의 모든 영예는 당시 선장으로 항해한 기욤 슈텐이 가져가고 말았다. 결과적으로 남방 회사는 파산하고 말았지만 야코프 일행은 남태평양에서 낙원을 경험했다. 그리고 이 경험이 현재도 유럽인들의 남태평양 이미지를 형성하고 있다.

⊱⊰

스페인을 괴롭힌 영국의 해적 출신인 윌리엄 댐피어는 18세기 전반부 최고의 박물학자라 할 수 있다. 그는 모든 것을 섬세하게 기록했다. 그리고 그 기록의 유용성을 인정받아 영국 해군은 그를 해적 혐의의 기소에서 면제시켰다. 그는 비록 정규 교육은 못 받았지만, 태평양의 해류 지도를 당대 최고의 천문학자 핼리보다 더 정확하게 제작했다. 그는 관찰을 통해 자연 법칙을 발견했다. 그의 저서를 바탕으로 『로빈슨 크루소』, 『걸리버 여행기』, 『보물섬』 등이 집필되었다.

현재의 연구자들은 그가 기록한 오스트레일리아 원주민의 기록을 근거로, 댐피어를 인종차별주의자로 매도한다. 심지어 원주민의 얼굴에 붙어 있었던 파리에 대한 은유적 의미를 근거로 그가 원주민을 악마화했다고 주장한다. 그러나 실제 그의 저서를 모두 읽어 보면 그는 관찰한 모든 것을 꼼꼼히 기록하는 기록광에 지나지 않음을 알 수 있다. 그는 모든 식물과 동물의 생태뿐만 아니라 요리법까지도 섬세하게 기록했다. 그러므로 지리학적 텍스트를 문학적 텍스트로 바꿀 수는 있지만, 사실 관계는 명확히 할 필요가 있다.

남방 대륙의 존재에 대해 종지부를 찍은 것은 제임스 쿡이다. 그의 두 번째 항해로 말미암아 전설 속의 남방 대륙은 더 이상 존재하지 않게 되었다. 적어도 북반구의 구대륙과 대칭적인 위치에 있는 남반구 온대의 거대한 대륙은 더 이상 존재하지 않는다는 결론이 난 것이다. 이제 온대에 남은 마지막으로 큰 땅은 오스트레일리아이다. 네덜란드는 먼저 이 땅에 도착했지만, 경제성을 이유로 관심을 보이지 않았다. 그들에게 오스트레일리아는 가난한 원주민들만 존재하는, 아무 것도 팔 수 없는 땅이었다.

아메리카 식민지를 잃은 영국은 보터니만을 유형지로 개발했다. 프랑스와 영국은 먼저 오스트레일리아를 차지하기 위해 오스트레일리아의 지도를 경쟁적으로 제작했는데, 이를 '그레이트 레이스'라 부른다. 비록 프랑스가 먼저 지도를 출간하는 데는 성공했지만, 이 땅에 성공적으로 정착한 것은 영국이었다. 영국의 정착은 오스트레일리아와 태즈메이니아 원주민의 학살을 야기했고, 이로 인해 영국인의 도착은 원주민에게는 악몽으로 기억되고 있다. 그리고 19세기 초반에는 마스렌이라는 몽상가가 개발 계획을 수립하면서 백호주의의 아이디어를 제안했는데, 이후 그대로 실현되어 20세기의 오스트레일리아 이민 정책의 근간을 이루었다.

비록 살기 좋은 남방 대륙은 더 이상 존재하지 않지만, 마젤란 해협 아래 쪽에 위치한 남극 대륙은 마지막 남은 남방 대륙이다. 19세기 말 독일과 영국의 지리학자들은 국제 지리학 대회에서 남극의 탐사 계획을 수립했다. 그리고 이들의 계획에 의해 남극 탐험이 이루어졌다. 이 과정에서 많은 영웅들이 탄

테라 오스트랄리스

생했으며, 이들이 그린 지도를 모아 남극의 모양을 결정할 수 있게 되었다.

결국 마지막 남은 남방 대륙의 모습도 결정되었다. 그리고 남극 대륙에는 어느 나라의 영유권도 존재하지 않는다. 따라서 국경선이 존재하지 않는다. 그러나 마지막 남은 국경선이 없는 땅을 차지하기 위해 많은 나라들이 모든 논거를 동원하여 영유권을 주장하고 있으며, 그들이 주장하는 영토의 모습은 한결같이 부채꼴 모양이다.

테라 오스트랄리스는 단순한 땅 이상의 의미를 가진다. 누구나 미지의 땅에는 신비한 존재가 거주하거나 신비한 기운이 있다고 생각한다. 그래서 고대 이후 많은 문학 작품에서 이곳에 유토피아나 디스토피아가 있을 것으로 생각했다. 이 책에서는 남방 대륙을 모티브로 하는 작품들의 줄거리 일부를 소개했다. 집필 과정에서 알게 된 것은 작품 선정이 불가능할 정도로 관련 작품이 너무 많다는 것이다. 그래서 선행 연구자들이 언급한 주요 작품만 소개할 수밖에 없었다. 그런데 그 과정에서 완전한 픽션 이외에도 남방 대륙 탐사자들의 항해기를 인용한 작품도 존재한다는 것을 알았다. 대표적인 작품이 애드거 알렌 포의 유일한 장편 소설인 『아서 고든 핌의 모험』이다. 이 소설을 읽다 보면 여러 쪽에 걸쳐 항해 또는 어떤 지역의 풍토에 대한 내용들이 기록되어 있음을 발견할 수 있다. 그리고 주인공인 고든 핌은 마침내 남극 항해에 성공해 남극점에 도착하고, 그 남극점은 지구 중심으로 이어짐을 발견한다. 이 소설은 비슷한 주제를 다룬 다른 작가들에게도 많은 영감을 주었다. 허먼 멜빌(Herman Melville)의 『모비 딕』, 쥘 베른(Jules Verne)의 『지구 속 여행』, 러브크래프트(Howard Phillips Lovecraft)의 『광기의 산맥』이 대표적으로 영향을 받았다. 따라서 남방 대륙 탐사는 지리학적 측면뿐만 아니라, 문학적인 측면에서도 크게 기여했다고 볼 수 있다.

대척지를 배경으로 한 문학 작품은 현실과는 아무런 상관없는 '허황된 공상'이 대부분이었다. 그렇지만 현실 세계와 완전히 반대인 장소에 존재하는 정반대의 사회를 상상함으로써 사회의 변혁을 몽상하기도 하고, 또 유토피아가 안고 있는 전체주의적 위험성을 경고하기도 했다.

고대 철학자들은 '제한된 인간의 이성'으로 남쪽에 있는 거대한 땅을 상상했다. 시간과 공간 속에서 살아가는 인간에게 지도는 공간 정보를 전달하는 언어이다. 상상으로 그린 남방 대륙이 실제로 오늘날 보다 명확한 모습으로 확인되었다. 테라 오스트랄리스는 철학과 상상 속에서만 존재했지만, 2000년이 지난 지금은 보다 구체적인 모습으로 실체를 드러내었다. 파탈리스, 아래 브라질, 거대한 자바, 곤느빌의 땅, 그리고 앵무새의 땅, 오빌 등으로 구성된 거대한 대륙은 오스트레일리아, 남태평양의 섬나라들, 남극 대륙으로 세분화되었다. 그리고 이러한 모습을 지도로 그리기 위해 많은 모험가들이 목숨을 잃었다. 테라 오스트랄리스는 결국 상상력, 모험 그리고 지도를 통해 모습을 드러낸 것이다. 과거의 불확실성은 기지(既知)의 사실이 되어 더 이상 미지의 세계는 존재하지 않는다. 그러나 테라 오스트랄리스는 지도상에서 형태를 갖추었지만, 공간의 내용이 어떻게 채워져 나가고, 어떻게 변해 갈지는 아무도 모른다. 특히 주인이 없는 남극 대륙을 채우거나, 아니면 여전히 여백으로 남기는 일 역시 우리의 상상과 노력에 달려 있다. 그리고 어쩌면 새로운 모험이 필요할지도 모른다.

광대한 자연의 숭고성보다는 이를 관조하고 성찰하는 인간 정신의 숭고함을 나타내는 것이 더 중요한 시기일 수 있다.

৪৩

이 책을 마무리하면서 르네상스를 연 작가 단테의 『신곡』 중 한 부분을 떠올려 본다. 단테는 자신의 글을 이렇게 시작한다. "내가 인생의 덧없음을 느끼고 앞이 보이지 않는 어두운 숲속에 빠져 헤매게 된 것은 …." 어딘지 모를 캄캄한 숲속의 골짜기에서 그는 자신의 위치를 찾고자 했다. 그리고 그는 벤

테라 오스트랄리스

토인 베르길리우스의 도움으로 대척지를 다녀왔다. 대척지의 지하에는 지옥이 있었고, 그 위에는 연옥, 그리고 그 위에는 천국이 있었다. 이렇듯 내가 위치한 장소와 완전히 반대되는 장소인 대척지는 지리적 의미에 제한되지 않는다. 우리 삶의 영역에서도 대척지는 존재한다.

집필 과정에서 대척지에 존재하는 땅을 의미하는 테라 오스트릴리스는 필자가 감당하기에는 너무나 큰 주제였다는 것을 느꼈다. 오스트랄리스는 지리학의 범위를 넘어 역사학, 경제학, 정치학, 사회학, 그리고 문학을 포괄하였다. 정말로 미지의 남방 대륙인 것이다. 우리나라에서는 아직 아무도 연구해 보지 않은 이 주제를 이렇게 정리해서 책으로 집필하게 된 것은 대단한 행운임에 틀림없다. 단순히 지리학의 한 부분을 채우는 것이 아니라 다른 학문에도 기여할 수 있었으면 한다.

처음 이 책을 시작할 때는 이러한 내용으로 책이 구성될지는 상상하지도 못했다. 즉 정확한 지도가 없었던 것이다. 그렇지만 정확한 지도가 없는 곳에 가는 것이 곧 모험이다. 그리고 그 모험을 무사히 마칠 수 있어서 참 감사할 따름이다.

주 석

제1장

1. Irving, W., 1828, *A History of the Life and Voyages of Christopher Columbus*, London: John Murray.

2. 콜럼버스의 계란 이야기는 이 책이 아닌 이탈리아 상인 벤조니(Girolamo Benzoni)가 1565년 출간한 『신대륙의 역사(Historia del Mondo Nuovo)』에 기록되었는데, 이 책이 여러 언어로 번역되어 유럽 전역에 알려지게 되었다.

3. 움베르토 에코 저, 오숙은 역, 2015, 『전설의 땅 이야기』, 열린책들, p.72.

4. Krebs, R.E., 2003, *The Basics of Earth Science,* London: Greenwood press, p.xii.

5. 플라톤 저, 최현 역, 2009, 『파이돈』, 범우, p.145.

6. Simplicius, 2014, Mueller, I. trans., *On Aristotle On the Heavens* 2.10-14, London: Bloomsbury, p.93.

7. Aristotle, Stocks, J.L. trans., 1922, *De caelo*, Oxford: The Clarendon Press, p.308a20.

8. 혼천의는 태양, 달, 지구의 관계와 별과 행성의 움직임을 나타내는 모델인데 기원전 3세기경 그리스에서 최초로 개발되었다.

9. Oresme, N., 1377, *Traité de la sphère*. BnF, Manuscrits, Fr. 565, fol. 69.

10. 플라톤 저, 천병희 역, 2016, 『플라톤의 다섯 대화편』, 숲, p.387.

11. Tardieu, A., 1867, *Géographie de Strabon*, Paris: Hachette et cie., p.12.

12. Nansen, F., 1911, *In Northern Mists: Arctic Exploration in Early Times*, New York: Frederick A. Stokes company. p.79.

13. Jones, H.L. and Sterrett, J.R.B., 1917, *The Geography of Strabo*, Vol.1, London: William Heinemann, p.363.

14. Webster, E., 1931, *The works of Aristotle Meteorologica*, Oxford: Clarendon press, Book 2.5,9, pp.362a-362b.

15. Bohn, H.G., 1854, *The Geography of Strabo*, Vol.1, London: Henry G. Bohn, p.143.

16. 마르쿠스 툴리우스 키케로 저, 김창성 역, 2007, 『국가론』, 한길사, pp.310–311.

17. Hiatt, A., 2008, *Mapping Incognita: Mapping the Antipodes before 1600*, Chicago: The University of Chicago Press, p.23.

18. Romer, F.E., 1998, *Pomponius Mela's description of the world*, Ann Arbor: The University of Michigan Press,, pp.7, 34.

19. Holland, P., 1847, *Pliny's Natural history*, Vol.1, London: The Club by G. Barclay, pp.104-106.

20. Faulder, R., 1799, *The First Book of Titus Lucretius Carus on the Nature of Things*, London: J. Davis, p.3.

21. Lightfoot, J.B., 1869, *S. Clement of Rome*, London: Macmillan, p.85.

22. Thompson, J., 2013, *History of Ancient Geography*, Cambridge University Press, pp.349-350.

23. Fletcher, W., 1871, *Epitome of The Divine Institutes*, Vol.2. Edinburgh: T. & T. Clark, p.122.

24. 바빌론의 공중정원을 의미한다. 계단식 발코니 위에 식물을 심어놓은 모습이 마치 공중에 매달려 있는 것처럼 보였기 때문에 그런 이름이 붙여졌다고 한다.

25. Roberts, A and Donaldson, J., 1871, *The Works of Lactantius*, Vol.21, Edinburgh: T.&T. Clark, p.196.

26. White, A.D., 2018, *History of the Warfare of Science with Technology in Christendom*, Frankfurt am Main: Outlook Verlag, p.87.

27. 아우구스티투스 저, 성염 역, 2004, 『신국론』, 제11~18권, 분도출판사, p.1705.

28. 예를 들어 「마태복음」 28장19절, 「사도행전」 1장 8절.

29. Raoul de Presles, 1400, *De Civitate Dei* (Livres XI-XXII), folio 3r.

30. Barbetm S.A,, 2006, *The Etymologies of Isidore of Seville*, Cambridge University Press,

31. Giles, J.A., 1843, *The Complete Works of Venerable Bede: Scientific tracts and appendix*, Vol.6. London: Whittaker, p.xiii.

32. Friedman J.B. and Figg, K.M., 2016, *Routledge Revivals: Trade, Travel and Exploration in the Middle Ages*, New York: Routledge, p.28.

33. 이 장의 내용은 필자의 "고대와 중세의 대척지 개념과 지도학적 표현에 대한 연구"(한국지도학회지, 2018)를 바탕으로 재구성하고 보완한 것임.

34. 중세에 그려진 많은 지도가 있지만, 아시아가 아닌 유럽에서 그려진 지도만 마파문디라 부른다. 따라서 터키나 이슬람 세계에서 제작된 지도는 마파문디라 부르지 않는다.

35. T자의 세로줄은 지중해로 아프리카와 유럽을 나눈다. 그리고 가로줄의 오른쪽 부분은 나일강을 나타내며 아프리카와 아시아를 나눈다. 가로줄의 왼쪽은 돈강으로 아시아와 유럽을 나눈다. O는 지구를 둘러싸는 원형의 바다이다.

36. McCready, W.D., 1996, Isidore, the Antipodeans, and the Shape of the Earth, *Isis*, 87(1), p.126.

37. 「창세기」 2장 10~14절 참조.

38. Kominko, M., 2018, Textual and visual representations of the antipodes from Byznatinum

and the Latin West, in Shawcross, S. and Toth, I., eds., *Reading in the Byzantine Empire and Beyond*, Cambridge University Press, p.443.

39. Hic antipodes nostri habitant sed noctem diversam diesque contrarias perferunt et estatem

40. Goldie, M.B., 2010, *The Idea of the antipodes*, New York: Routledge, p.53.

41. 마크로비우스의 생애에 대해서는 알려진 바가 거의 없다.

42. 다른 관본에서는 'Temperata Antecorum(Antoikoi의 온대 지역)', 'Temperata Antipodum(대척지인의 온대 지역)', Temperata Australis Antipodum(대척지인의 남쪽 온대 지역)으로도 표시되어 있다.

43. Ziomkowski,R, 2002, *Manegold of Lautenbach*, Dallas: Peeters, pp.7, 40.

44. Nicole Oresme, 1400-1420, *Traité de la sphère*, folio 23r.

45. 호메로스 저, 이상옥 역, 2004, 오딧세이, 육문사, p.10.

46. Randles, W.G.L.,1994, Classical models of world geography and their transformation following the discovery of America, in Haase, W. and Reinhold, M. eds., *The Classical Tradition and the Americas: European images of the Americas and the classical tradition*, Berlin: de Gruyter, pp. 26-27.

47. 엄밀히 말하면 적도는 인도를 지나지 않는다. 인도 남부에 위치한 실론섬이 북위 8도 정도에 위치할 따름이다.

48. Goldie, 2010, pp.54-55.

49. Scafi, A., 2014, *Maps of Paradise*, University of Chicago Press, pp.82-83.

50. 주나미, 2014, 『맨더빌 이야기』, 오롯, p.220.

51. 그래서 세계 최초로 체계화된 아틀라스의 제작자인 아브라함 오르텔리우스(Abraham Ortelius)는 유명한 1570년 『세계의 무대(Theatrum Orbis Terrarum)』의 참고 문헌에 맨버빌의 이름을 기재했다.

52. Moretti, G., 1994, The other world and the 'Antipodes'. The Myth of the unknown countries between antiquity and the renaissance, in Haase, W., and Meyer , R., eds. *European Images of the Americas and the Classical Tradition*, Berlin: Walter de Gruyter, Vol,1., pp.246-247.

53. 루키아노스 저, 강대진 역, 2013, 『진실한 이야기』, 아모르문디, p.90.

54. La manière et les faitures des monstres des hommes qui sont en Orient et le plus en Inde, 이 책은 토마스 더 칸텔프레(Thomas de Cantimpré)가 괴물에 대해 기술한 『사물의 본질(De naturis rerum)』 3권을 번역한 것이다.

55. Strickland, D.H., 2003, *Saracens, Demons, & Jews: Making Monsters in Medieval Art*, Princeton University Press, p.264

56. Hiatt, 2008, p.115.

57. Goldie, 2010, p.64.

58. Philippe de Comines, 1400-1405, *Deuxième volume de la traduction de la Cité de Dieu*, folio 163v.

제2장

1. Brotton, J., 2014, *Great Maps: The World's Masterpieces Explored and Explained*, Penguin, p.27.

2. 아메리카를 최초로 지도에 표시한 마르틴 발트제뮐러(Martin Waldseemüller)의 제자로 당시 정확하고 정교한 지구의를 제작했다. 쇠너는 신대륙에 대한 최신의 자료를 독일과 네덜란드 지역의 탐사기를 통해 습득했고, 이를 지도 제작에 활용했다.

3. 지도에 따라 '남쪽의 브라질(Brasiliae Australis)'로 표기되기도 한다.

4. 쇠너의 1520년 지구본 이미지는 소개하는 책에 따라 다르므로, 신뢰성의 문제가 있어 여기에서는 소개하지 않는다.

5. Van Duzer, C., 2010, *Johann Schönner's globe of 1515*, Philadelphia: American Philosophical Society, p.15.

6. Burke, R.B., 1928, *The Opus Majus of Roger Bacon*, Philadelphia: University of Pennsylvania press, Vol.1, p.328.

7. Knobler, A., 2016, *Mythology and Diplomacy in the Age of Exploration*, Leiden: Brill, pp.59-63.

8. Siemens, W., 1979, Viracocha as God and Hero in the Comentarios reales, *Hispanic Review*, 47(3), p.330.

9. 찰스 햅굿 저, 김병화 역, 2005, 『고대 해양왕의 지도』, 김영사, pp.147-148.

10. 피네가 교수로 재직했던 콜레주 드 프랑스(Collège de France)는 1530년에 설립되었는데, 오늘날로 치면 프랑스 최초의 국립대학에 해당한다. 우리가 잘 아는 소르본 대학은 1257년에 사립대학으로 설립되었다.

11. 그렇지만 모든 지도들이 이렇게 남방 대륙을 표시한 것은 아니다. 동시대의 다른 지도 제작자들은 여전히 각자의 직감에 의존해 남방 대륙을 그렸다. 예를 들어 이탈리아의 기아코모 가스탈디(Giacomo Gastaldi)는 남방 대륙을 남아메리카 대륙의 남쪽에 위치한 대륙으로만 그려 놓았을 따름이다.

12. 이 절의 내용은 필자의 "16세기 디에프 학파 지도 속의 거대한 자바에 대한 연구(한국지도학회지, 2017)"를 재구성한 것임.

13. 이 지도의 거대한 자바를 확대해서 보면 '소자바(the Lytil Jaua)'와 '자바의 땅(the lande of Jaua)'이 표시되어 있다. 그리고 이 둘 사이에 좁은 해협이 그려져 있다. 소자바는 현재의 자바이며 자바의 땅은 거대한 자바이다. 지도에 표시된 숫자는 경위도 좌표인데, 이 좌표를 근거로 거대한 자바를 현재의 지도와 겹쳐보면 오스트레일리아와 태즈메이니아가 거대한 자바에 포함됨을 알 수 있다. 그리고 동쪽의 해안선은 뉴질랜드를 지나 남동쪽으로 이어진다.

14. 이 장소들을 정확하게 비정하는 것은 불가능하다.

15. 바르테마(Ludovico di Varthema, 1470~1571)는 인도, 말라카, 수마트라, 몰루카, 자바 등을 여행하고 돌아온 다음, 여행기를 남겼다.

16. King, R.J., 2013, Jave La Grande, A Part of Terra Australis?, *Mapping Our World: Discovery Day*, National Library of Australia, 10 November 2013, p.50.

17. Green, J., 2006, *The Carronade Island Guns and Southeast Asian gunfounding*, Department of Maritime Archaeology, Western Australian Museum, Report No.215.

18. Richardson, W.A.R., 2006, *Was Australia charted before 1606?*, National Library of Austalia, pp.57-64.

19. Máñez, K. S. Ferse, S. C.A., 2010, The History of Makassan Trepang Fishing and Trade, *PLoS ONE*, 5, p.e11346.

제3장

1. 발보아가 이동한 파나마 지협은 대서양과 태평양을 동—서로 연결하지만, 지협은 남—북 방향으로 달린다. 따라서 그가 남해란 명칭을 사용한 것은 북해로 불리던 북쪽의 대서양과 구분하기 위해서일 것이라고 추정되고 있다. 당시에 통용되던 지도에는 대서양이 북해(Mar del Nort)로 표기되어 있었다(Hässler, L., 2009, *Occupation Circumnavigator*, London: Adlard nautical, p.73).

2. 이 지도의 저자인 발트쥐뮐러는 1507년 아메리카를 독립된 대륙으로 그리고, 또 태평양에 해당하는 바다를 그린 지도를 출간했지만, 발보아가 이 지도를 보았을 확률은 없다. 실제로 이 지도를 출간한 이후에는 아메리카를 독립된 대륙으로 그리지 않았다. 따라서 1507년 지도는 새로운 시도였을 따름이며, 그 역시 자신의 지도에 자신이 없었기 때문에 이후에는 전통적인 표현방식으로 그림 3-1과 같은 방식을 채택했다.

3. Randles, W.G.L., 1993, Classical models of world geography and their transformation following the discovery of America, in Haase, W. and Reinhold, M. eds. *The Classical Tradition and the Americas: European images of the Americas*, Berlin: de Gruyter, p.61.

4. Sadlier, D.J., 2010, *Brazil Imagined: 1500 to the Present*, Austin: University of Texas Press, p.61.

5. Whiston, W., 1999, *The New Complete Works of Josephus*, VIII.6.4, Grand Rapids: Kregel Academic, p.281. 그렇지만 요세푸스는 9권 1장 4절에서는 지중해에 오빌이 존재한다고 했다. 즉 요세푸스는 오빌의 후보지로 두 곳을 언급했다.

6. Thevet, A., 1575, *La cosmographie universelle*, Vol.2, Paris: Guillaume Chaudiere, fol. 905v.

7. Musters, L., 1872, On the Races of Patagonia, *The Journal of the Anthropological Institute of Great Britain and Ireland*, p.195.

8. Patagones gigantes, 1 et ad summum 13 spithamas longi.

9. Walker, J., 1819, *Pantologia: A New Cabinet Cyclopaedia*, London: J. Walker, 페이지 표시 없음, Measure in botany 항목 참조.

10. 셰익스피어 저, 이상섭 역, 2016, 『셰익스피어 전집』, 문학과 지성사, p.1623.

11. Feest, C.F., 1999, *Indians and Europe*, Lincoln: Nebraska University Press, p.50.

12. Davis, 2016, *Renaissance Ethnography and the Invention of the Human*, Cambridge University Press, pp.173-175.

13. Thevet, 1575, *La cosmographie universelle*, fol. 905r, 906v.

14. Van Groesen, M., 2019, *Imagining the Americas in Print*, Leidel: Brill, pp.43-44.

15. Davies, 2016, pp.161-167.

16. Haec pars Peruvianae, regiones Chicam & Chile[nsem] complectitur, & Regionem Patagonum.

17. Schmidt, B., 2001, *Innonce abroad*, Cambridge University Press, pp.89-109.

18. 이용선, 2001, "아메리카 파괴에 관한 간략한 보고서(Brevisima relacion de la destruccion de las Indias)』에 나타난 흑색 전설의 상징성 연구", 스페인어문학, 19(1), p.499.

19. D'Anghiera, P.M. and MacNutt, F.A., 1912, *De Orbe Novo: The Eight Decades of Peter Martyr D'Anghera*, New York: G.P. Putnam's Sons, p.61.

20. Romm, J., 2001, Biblical history and the americas: the legend of Solomon's Ophir, 1492-1591, in Bernardini, P. and Fiering, N.., eds. *The Jews and the Expansion of Europe to the West, 1450 to 1800*, New York: Berghahn Books, pp.27-46.

21. Shalev, Z., 2012, *Sacred Words and Worlds: Geography, Religion, and Scholarship, 1550-1700*, Leiden: Brill, p.61.

22. Estensen, M., 1998, *Discovery: The quest of the southern land*, New York: St.Martin's Press, p.100.

23. Camino, M.M., 2005, *Producing the Pacific*, Amsterdam: Rodopi, p.57.

24. Estensen, M., 2006, *Terra Australis Incognita*, Crows Nest: Allen & Unwin, pp.165-174.

25. Buschmann, R.F., Slack Jr. E. R., Tueller, J.B., 2014, *Navigating the Spanish Lake*, University of Hawaii Press. p.40.

26. Buschmann R.F., 2014, *Iberian Visions of the Pacific Ocean, 1507-1899*, London: Palgrave Macmillan, pp.125-131.

27. 스페인의 호수는 태평양의 스페인 지배권을 지칭하는 용어로 다음의 논문에서 처음 지칭되었다. 단 태평양 전체가 아니라 마닐라 갈레온선이 다니는 노선을 지칭하는 선적인 의미로 사용했다. Schurz, W.L., 1922, The Spanish Lake, *The Hispanic American Historical Review*, 5(2), pp.181-194.

28. Buschmann, Slack Jr. and Tueller, 2014, pp.9-12.

29. Mapp, P., 2003, Continental Conceptions, *History Compass*, 1, pp.1-5.

30. Padron, R., 2012, "The Indies of the West" or, the Tale of How an Imaginary Geography Circumnavigated the Globe, in Lee, C.H. eds. *Western Visions of the Far East in a Transpacific Age, 1522-1657*, London: Routledge, p.40.

31. Spate, O.H.K., 2004, *The Spanish Lake*, Australian National University Press, pp.115-119.

32. 프리먼, 도널드 저, 노영순 역, 2016, 태평양, 서울: 선인, p.133.

33. Chaplin, J.E., 2014, The pacific before empire, c.1500-1800, in Armitage, D. and Bashford, A. eds. *Pacific Histories: Ocean, Land People*, London: Palgrave MacMillan, p.59.

34. Reinhartz, D., 2019, The Voyage of Captain Don Felipe González to Easter Island, 1770-1: Preceded by an Extract from Mynheer Jacob Roggeveen's Official Log of His Discovery of and Visit to Easter Island, *Terrae Incognitae*, 51(2), pp.178-179.

35. Buschmann, 2014, p.113.

36. Corney, B.G., 2017, *The Voyage of Captain Don Felipe Gonzalez in the Ship of the Line San Lorenzo, with the Frigate Santa Rosalia in Company, to Easter Island in 1770-1*, New York: Taylor & Francis, pp.66-79.

37. Buschmann, 2014, pp.128-130.

38. Gascoigne, J., 2014, *Encountering the Pacific in the Age of the Enlightenment*, Cambridge University Press, p.303.

39. Williams, G., 2013, *Naturalists at Sea: Scientific Travellers from Dampier to Darwin*, New Haven: Yale University Press, p.180.

40. Cutter, D.C., 1998, Malaspina and the shrinking spanish lake, in Lincoln, M. eds., *Science and Exploration in the Pacific*, Suffolk: The Boydell Press, p.77.

41. 예를 들어 영국 작가 올더스 헉슬리(Aldous Huxley)의 『멋진 신세계』에서는 현실을 망각하는 약 '소마'가 사용되었다.

42. Fernández-Armesto, F. 2007, *Pathfinders: A Global History of Exploration*, New York: W. W. Norton & Company, pp.305-306.

제4장

1. Gelderblom, O, de Jong, A. and Jonker, J., 2010, *An Admiralty for Asia: Isaac le Maire and conflicting conceptions about the corporate governance of the VOC*, ERIM Report Series Reference No. ERS-2010-026-F&A. p.7.

2. Stallard, A., 2016, *Antipodes: In search of southern continent to Terra Australis*, Monash Univer-

sity Publishing, p.145.

3. Journal ou description du merveillevx voyage de Guillaume Schovten, hollandois natif de Hoorn, fait en années 1615, 1616 & 1617.

4. Nellen, H.J., 2014, *Hugo Grotius: A Lifelong Struggle for Peace in Church and State*, 1583-1645, Leiden: Brill, p.203.

5. Journael, ofte beschryvinghe van de wonderlijcke reyse, ghedaen door Willem Cornelisz Schouten van Hoorn, inde jaren 1615, 1616 en 1617.

6. Van Groesen, M., 2009, Changing the Image of the Southern Pacific, *The Journal of Pacific History*, 44(1), p.78.

7. Nellen, H.J.M., p.204.

8. Eiser, W., 1995, *The furthest shore*, Cambridge University Press, pp.81-82.

9. Journal ofte beschryvinghe van de wonderlicke reyse, ghedaen door Willem Cornelis Schouten van Hoorn, Inde.

10. The New and Unknown World: or Description of America and the Southland.

11. America, Being an Accurate Description of the New World.

12. Eisler, W., 1995, *The furthest shore*, Cambridge University Press, pp.88-89.

13. Van Duivenvoorde, W., 2016, Dutch seaman Dirk Hartog (1583-1621) and his ship Eendracht, *The Great Circle*, 38(1), p.17.

14. Bayldon, F.J., 1932, Brief outline of geographical discovery by sea, from 1400 to 1700 AD, *Australian Geographer*, 1(4), p.46.

15. Guy, R., 2015, Calamitous Voyages: The social space of shipwreck and mutiny narratives in the Dutch East India Company, *Itinerario*, 39(1), p.122.

16. Broomhall, S., 2017, Shipwrecks, sorrow, shame and the great southland, in Bailey, M.L. and Barclay, K., eds., *Emotion, Ritual and Power in Europe, 1200-1920*, Cham: Palgrave millan, pp. 89-90.

17. Instruction à la France sur la vérité de l'histoire des Frères de la Roze-Croix.

18. Pelsaert, F., 1648, *Ongeluckige voyagie, van't schip BATAVIA, nae de oost-indien*, Amsterdam: Gillis Joosten Saeghman.

19. Sotton, E.A., 2015, *Capitalism and cartography in the Dutch Golden Age*, Chicago;The University of Chicago Press, pp.1-2.

20. Journael ofte gedenckwaerdige beschrijvinge van de Oost-Indische reyse van Willem Ysbrantsz. Bontekoe van Hoorn, begrijpende veel wonderlijcke en gevaerlijcke saecken hem daer in wedervaren.

21. Lydon, J., 2018, Visions of Disaster in the Unlucky Voyage of the Ship Batavia, 1647, *Itiner-*

ario, 42(3), p.353.

22. Guy, R., 2015, Calamitous Voyages: The social space of shipwreck and mutiny narratives in the Dutch East India Company, *Itinerario*, 39(1), p.125.

23. 이연식, 2017, 『서양미술사 산책』. 은행나무, p.128.

24. Seal, G., 2016, *The savage shore*, New Haven: Yale University Press, pp.85-88.

25. 판벨트(Vandpeult)강은 동인도 회사 상인인 'Herman van Speult', 그리고 나쏘(Nassau)강은 오렌지 공 'Maurits Graaf Van Nassau'의 이름을 딴 것이다.

제5장

1. 이 절의 내용은 필자의 "'곤느빌 이야기'가 프랑스의 남방 대륙 탐사와 프랑스 고지도에 미친 영향(한국지도학회지, 2017)"을 토대로 작성되었다.

2. Popelinière, H.L.V., 1582, *Les Trois Mondes*, Paris; Olivier de Pierre L'Huillier, Vol.3, p.8.

3. Sankey, M, 2012, The French and Terra Australis, *Sydney Open Journals Online*, p.34.

4. 출신지역의 명칭을 딴 곤느빌과 달리, 출신지역인 쿠르톤느로 부르지 않고 폴미에로 부르는 것이 이 경우에는 훨씬 많다.

5. Mémoires touchant l'établissement d'une Mission chrétienne dans le Troisième monde, autrement appelé la Terre Australe, Méridionale, Antartique [sic] et Inconnue.

6. Paulmier de Courtonne, J., 1654, Mémoires touchant l'établissement d'une Mission chrestienne dans le troisième monde, autrement appellée la Terre Australe, Méridionale, Antartique & Inconnue. Paris: Cramoisy, pp.129-131.

7. 이 지도에서는 에소메리크 대신 'Essonier'로 표기했다.

8. Le Globe terrestre representé en deux plans-hemispheres.

9. Bigourdan, N., 2015, The French Connection with New Holland: An Overview of Research Studies, *Great Circle*, 37(2), p.79.

10. Johnston, P., 2015, *The tale of the coins: France's eighteenth century claim to Western Australia*, University of Western Australia Law Review, 39(2), pp.27-29.

11. Relation du Voyage aux Terres Australes des Vaisseaux L'Aigle & La Marie.

12. Maupertuis, P., 1752, *Lettre sur le progrès des sciences*, pp.8-9.

13. Buffon, L., 1754, *Histoire Naturelle, Générale et Particuliere, avec La Description du Cabinet du Roy*, Vol, 1, Paris: Imperimerie royale, p.212.

14. Ibid., p.218.

15. 부아쉬는 동해를 '한국해(Mer de Corée)'로 표기한 대표적인 지도 제작자이다.

16. Kerguelen, Y., 1782, *Relation de deux voyages dans les mers Australes et des Indes, faits en 1771, 1772, 1773, et 1774*, Paris: Knapen et fils, p.4.

17. Boulaire, A., 1997, *Kerguelen, le phénix des mers australes*, Paris: France-Empire, p.72.

18. West-Sooby, J., 2013, *Discovery and Empire: The French in the South Seas*, University of Adelaide Press, p.54.

19. Memoir on the advantages to be gained for the Spanish crown by the settlement of Van Dieman's Land.

20. Brasseaux, C.A., 1987, *The Founding of New Acadia: The Beginnings of Acadian Life in Louisiana, 1765-1803*, Baton Rouge, Louisiana State University Press, p.109.

21. King, R.J., 2017, Henri Peyroux de la Coudrenière and his plan for a colony in Van Diemen's Land, *Map Matters*, pp.2-6.

22. Tremewan, P., 2013, La France australe: From Dream Through Failure to Compromise, *Australian Journal of French Studies*, 50(1), p.101.

23. Roussier, P., 1927, Un projet de colonie française dans le Pacifique à la fin du XVIIIe siècle, *Revue du Pacifique*, pp.727-728.

24. Voyage de Découvertes aux Terres Australes by François Péron.

25. de Blosseville, J., 1826, Mémoire géographique sur la Nouvelle-Zelande, *Nouvelles, Annales des voyages, de la géographie et de l'histoire*. 29, pp.5-35.

26. Barbé-Marbois, F., 1828, *Observation sur les votes de quarante-et-un conseils généraux de département concernant la déportation des forçats libérés*, Paris: Imprimerie Royale, pp.13-16, 103-104.

27. Forster, C., 1991, French penal policy and the origins of the french presence in new caledonia, *The Journal of Pacific History*, 26(2), p.142.

28. Merle, I. and Coquet, M., 2019, The Penal World in the French Empire: A Comparative Study of French Transportation and its Legacy in Guyana and New Caledonia, *The Journal of Imperial and Commonwealth History*. 47. p.250.

29. Georges, P., 1971, Les déportés de la Commune à l'île des Pins, Nouvelle-Calédonie, 1872-1880, *Journal de la Société des océanistes*, 31. p.120.

30. Dutton, J., 2013, Imperial Eyes on the Pacific Prize: French Visions of a Perfect Penal Colony in the South Seas, in West-Sooby, J. eds. *Discovery and Empire: The French in the South Seas*, University of Adelaide Press, p.249.

31. Christinat, C., 1996, Une femme globe-trotter avec Bougainville: Jeanne Barret (1740-1807), *Revue française d'histoire d'outre-mer*, 83, p.93.

32. Coverley, M., 2010, *Utopia*, London: Oldcastle Books, p.80.

33. Journal de Bougainville, Journal de la Société des Océanistes, 1968, 24, p.33.

34. 주미사, 2002, "실제적 여행기에서 상상의 여행기로 – 부갱빌의 세계일주와 디드로의 부갱빌 여행기 부록", 불어불문학연구, 50, p.536.

35. 김혜신, 2010, "부갱빌 여행기 보유", 해항도시문화교섭학, 3, p.264.

36. 이순희, 2003, "佛領 폴리네시아의 문화", 코기토, 59, pp.174-176.

37. 박 아르마, 2010, "타히티 모형을 통해 본 이국정서의 변모 양상과 의미 – 디드로에서 세갈렌 까지", 프랑스문화예술연구, 33, p.220.

38. Fausset, D., 1993, *Writing the New World; Imaginary Voyages and Utopias of the Great Southern Land*, New York: Syracuse University Press, pp.28-43.

39. A New Discovery of Terra Incognita Australis, or the Southern World, by J. Sadeur a Frenchman.

40. 이명호, 2017, "전쟁 없는 사회, 성 없는 사회: 어슐러 르 귄의 『어둠의 왼손』", 이명호 외, 『유토피아의 귀환』, 경희대학교 출판문화원, pp.228-241.

41. La Découverte australe par un homme volant, ou Le Dédale français, nouvelle très philosophique, suivie de la Lettre d'un singe.

제6장

1. 닐 퍼거슨 저, 김종원 역, 2006, 『제국』, 민음사, p.36.

2. 이 제도는 상황에 따라 다른 방식으로 운영되었다. 예를 들어 엘리자베스 1세의 후임 국왕인 제임스 1세와 찰스 1세는 사략선 제도를 허용하지 않았다. 이 제도는 1856년 파리선언에서 유럽 각국이 사략선 제도를 없애는 것을 합의함에 따라 완전히 사라졌다.

3. Scott, E., 1988, *Australia*, Cambridge: Cambridge University Press, p.35.

4. Sugden, J., 2012, *Sir Francis Drake*, London: Random House, p.118.

5. 항로를 바꾼 다른 이유로는 드레이크 함대에 소속된 메리(Mary)호의 선장 토마스 더프티(Thomas Doughty)를 드레이크가 마술죄와 반역죄의 명목으로 처형한 것과 연관성이 있을 것이라고 보고 있다. 더프티는 드레이크의 사촌이 배의 물건을 도둑질했다고 처벌했다. 그러자 함대장 드레이크는 더프티를 메리호의 선장에서 물러나게 했고, 보다 작은 배인 펠리칸호를 지휘하도록 했다. 그렇지만 드레이크의 분은 풀리지 않았고, 파타고니아에 정박해서 더프티를 재판했다. 더프티는 자신이 여왕 앞에서 정식 재판을 받을 수 있도록, 영국으로 데려가라고 요구했지만, 드레이크는 7월 2일 그를 참수했다. 그리고 펠리칸호의 선명을 골든 하인드(Golden Hind)호로 바꾸었다.

6. 해클루트에 대한 정보는 손일(2014)의 『네모 속의 지구』 p.316을 참조할 것.

7. The Principal Navigations, Voyages, Traffiques, and Discoveries of the English Nation (second edition, 1598-1600).

8. 우리나라에서 현재 사용하고 있는 세계지도에서 채택하고 있는 메르카토르 투영법의 위선간격을 수학적으로 해석한 사람이다.

9. Gitzen, G.D., 2014, Edward Wright's World Chart of 1599, *Terrae Incognitae*, 46(1), p.6.

10. Dampier, W., 1697, *A new voyage round the world*, London: James Knapton, Vol.1, p.464.

11. Barnes, G., 2016, Traditions of the Monstrous in William Dampier's New Hollad, in Hayden J.A. eds *Travel Narratives, the New Science, and Literary Discourse, 1569-1750*, London: Routledge, pp.94-95.

12. 정인철, 2019, "윌리엄 댐피어의 동아시아 지역지리", 한국지도학회지, 19(2), pp.47−48.

13. Chaplin, J.E.., 2007, *The First Scientific American: Benjamin Franklin and the Pursuit of Genius*, London: Hachette, pp.151-152.

14. Warren, J.M. and Birrell, A.L., 2016, Trachoma in remote Indigenous Austalia, *Australian and New Zealand Journal of Public Health*, 40(suppl.1), p.S50.

15. Taylor, H.R., 2001, Trachoma in Australia, *The Medical Journal of Australia*, 175(7), pp.371-372.

16. 원문은 다음과 같다. For they all of them of the most unpleasant Looks and the worst Features of any People that ever I saw, tho' I have seen great variety of Savages.

17. Dampier, W., 1703, *A voyage to New Holland*, London; James Knapton, p.148.

18. Lamb, J., Smith, V., and Thomas, N., 2001, *Exploration and Exchange*, University of Chicago Press, p.9.

19. Martineau, A., 2018, A Forgotten Chapter in the History of International Commercial Arbitration: The Slave Trade's Dispute Settlement System, *Leiden Journal of International Law*, 31(2), p.235.

20. Glasner, D., 2013, *Business Cycles and Depressions: An Encyclopedia*, New York: Routledge, p.637.

21. 파푸아 뉴기니의 뉴브리튼섬과는 다르다.

22. Lamb, J., 2001, *Preserving the Self in the South Seas, 1680-1840*, University of Chicago Press, pp.50-52.

23. Reinhartz, D., 2018 Shard vision: Herman Moll and His circle and the great south sea in Ballantyne, T., eds. *Science, Empire and the European Exploration of the Pacific*, Routledge, pp.43-54.

24. Edmond, M., 2009, *Zone of the marvellous*, Auckland: Auckland University Press, p.189.

25. Fornasiero, J., Monteath, P., West-Sooby, J., 2010, *Encountering Terra Australis: The Australian Voyages of Nicolas Baudin and Matthew Flinders*, Kent town: Wakefield Press, p.33.

26. 닐 퍼거슨 저, 김종원 역, 2006, 『제국』, 민음사, p.158.

27. Curtin, P.D., 1973, *The Image of Africa: British Ideas and Action, 1780-1850*, Madison: University of Wisconsin Press, p.95.

28. 팀 하포드 저, 이진원 역, 2008, 『경제학 콘서트 2』, 웅진지식하우스. pp.315–316.

29. Roberts, D.A., 2006, They would speedily abandon the country to the new comers': the denial of the aboriginal rights, in Crotty, M. and Roberts. D.A., eds., *The Great Mistakes of Australian History*, Sydney: UNSW Press, pp.14-31.

30. Mackay, D., 2013, The burden of Terra Australis: experiences of real and imagined land, in Robin Fisher and Hugh Johnston eds. *From maps to metaphors: the Pacific world of George Vancouver*. Vancouver: UBC Press, p.273.

31. Hughes, R., 1988, *The Fatal Shore: The epic of Australia's founding*, New York: Vintage books, p.66.

32. Abbott, G.J., 1985, The Botany Bay decision, *Journal of Australian Studies*, 9(16), p.24.

33. Odeh, I.O.A., 2008, Spatial Analysis of Soil Salinity and Soil Structural Stability in a Semiarid Region of New South Wales, Australia, *Environmental Management*, 42, pp.265-266.

34. Collins, A., King, P.G., Bass, G., 1804, *An Account of The English Colony in New South Wales*, London: T. Cadell Jun and W. Davies, pp.19-26.

35. 천연두 바이러스를 고의적으로 원주민들에게 옮겼을 가능성에 대한 논쟁도 있다. 미국 식민지 건설 당시 폰티악 전쟁(Pontiac Wars) 기간에도 영국군 장교들이 그러한 시도를 한 것으로 알려졌기 때문이다.

36. 이민경, 2016, "영제국 식민지 초기 오스트레일리아 원주민과 영국인 정착민 –바바라 다우슨의 『구경꾼의 눈으로』를 중심으로–", 영국 연구, 35, pp.100–101.

37. 퍼거슨, 앞의 책, pp.160–161.

38. Maslen, T.J., 1836, *The Friend of Australia or A plan for Exploring the Interior and for Carrying on a Survey of the Whole Continent of Australia*, London: W. Smith, p.314.

39. Ibid, pp.254-255.

40. Ibid, pp.310-313.

41. Bowie, D. 2018 *The Radical and Socialist Tradition in British Planning: From Puritan colonies to garden cities*, London: Routledge, pp.32-34.

42. 신동규, 2017, "오스트레일리아의 포스트식민성과 인종주의 국가의 탄생", HOMO MIGRANS, 16, p.81.

43. 주경식, 2017, "호주 다문화주의의 한계". 현상과 인식, 41(3), p.45.

44. Peel, M. and Twomey, C., 2011, *A history of Australia*, New York: Palgrave Macmillan, pp.71-72.

45. Hill, D., 2012, *The great race*, London: ABACUS.

46. Narrative of an Expedition in the Colonial sloop Norfolk, from Port Jackson, through the Strait which separates Van Diemen's Land from New Holland, and from thence round the South Cape back to Port Jackson, completing the circumnavigation of the former Island, with some remarks on the coasts and harbours.

47. 오스트레일리아 태즈메이니아주에 존재하는 프레이시넷반도와 프레이시넷 국립공원은 그의 이름을 딴 것이다.

48. Fonasiero, J. and West-Sooby, J., 2011, Naming and shaming: The Baudin expedition and the Nomenclature of Terra Australis, in Scott, A.M. et als, eds. *European perceptions of Terra Australis*, London: Ashgate, p.180.

49. Pennant, T., 1800, *Outlines of the Globe: The view of the Malayan Isles, New Holland, and the Spicy Islands*, London: John White, pp.97-98.

50. Douglas, B., 2011, Geography, Raciology, and the Naming of Oceania, 1750-1900, *The Globe*, 69, pp.2-4.

51. Flinders, M., 1810, A M. le Président er MM. les Membres de la Sociéte d'Emulation de l'Ile-de-France, *Annales des voyages, de la géographie et de l'histoire*, 10, pp.89-90.

52. Flinders, M., 1814, *A Voyage to Terra Australis: Undertaken for the Purpose of Completing the Discovery of that Vast Country, and Prosecuted in the Years 1801, 1802 and 1803*, London: W. Bulmer and co., p.iii.

53. Peel, M. and Twomey, C., 2011, *A history of Australia*, New York: Palgrave Macmillan, p.23.

54. 다음 문헌에 언급된 소설들 중 일부 작품을 필자가 선정하여 제시한다. Arthur, P.L., 2011, *Virtual Voyages*, London: Anthem Press; Gove, P.B., 1961, *The imaginary voyage in Prose fiction*, London: The Holland Press.

55. Leigh, R.J., Casson, J., Ewald, D., 2019, A Scientific Approach to the Shakespeare Authorship Question, *Sage Open*, pp.1-13.

56. Thomas Kilgrew가 저자라는 주장도 있다.

57. 미국의 문학평론가 이언 와트(Ian Watt)는 이 소설을 '근대 소설의 효시'라고 평가했다.

58. 전인한, 2017, "자유무역의 가면을 쓴 보호무역주의: 중상주의 시대 영문학에 형상화된 국가 이기주의", 안과 밖, 42, p.56.

59. Mitchell, A., 2010, *Dampier's Monkey: The South Seas Voyages of William Dampier*, Kent town: Wakefield Press. p.78.

주석

339

제7장

1. Akkerman, A., 2016, *Phenomenology of the winter-city*, Cham: Springer, p.121.

2. Bulkeley, R., 2014, *Bellingshaussen and the Russian antarctic expedition, 1819-21,* London: Palgrove Macmillan, pp.57-58.

3. 벨링스하우젠은 크루젠슈테른(Adam Johann von Krusenstern)의 지휘하에 1803년에서 1806년까지 세계를 배로 일주한 경험이 있었는데, 당시 조선의 동해안을 항해하면서 동해안의 지도를 그리기도 했다.

4. Ross, J.C., 1847, *A Voyage of Discovery and Research in the Southern and Antarctic Regions, During the Years 1839-43.* London: John Murray. Vol.1, p.275.

5. 권정화, 2005, 『지리사상사 강의노트』, 한울아카데미, p.91.

6. Murphy, D.T., 2002, *German Exploration of the Polar World: A History, 1870-1940*, University of Nebraska Press, p.221.

7. 그는 1869년 뉴질랜드 국기를 디자인했다. 남극에 있는 마크햄산은 그의 이름을 딴 것이 아니라 그의 사촌인 지리학자 클레멘트 마크햄(Clements Markham)의 이름을 딴 것이다.

8. Darwin, L., 1895, Sixth International Geographical Congress, London, 1895 Invitation Circular, *Journal of the American Geographical Society of New York*, 27, p.138.

9. Lűdecke, C., 2003, Scientific collaboration in Antarctica(1901-1903): a challenge in times of political rivalry, *Polar Record*, 39, p.35.

10. Mill, H. R., 1898, Antarctic research, *Nature*, 57, pp.413-416.

11. Lűdecke, C., 2010, Dividing Antarctica: The Work of the Seventh International Geographical Congress in Berlin 1899, *Polarforschung*, 80(3), p.175.

12. Markham, C., 1899, The Antarctic Expeditions, *The Geographical Journal*, 14(5), p.480.

13. Lűdecke, p.44.

14. Larson, E.J., 2011, *An Empire of Ice: Scott, Shackleton, and the Heroic Age of Antarctic Science*, Yale University Press, pp.27-60.

15. Murphy, D.T., 2002, *German Exploration of the Polar World: A History, 1870-1940*, University of Nebraska Press, p.74.

16. Withers, C.W.J., 2001, *Geography, Science and National Identity: Scotland Since 1520*, Cambridge University Press, pp.215-219.

17. 마이클 스미스 저, 서영조 역, 2017, 『위대한 탐험의 숨은 영웅 톰 크린』, 지혜로울자유, pp.60-61.

18. 마이클 H 로소브 저, 김정수 역, 2002, 『영웅들이여 말하라』, 시아출판사, p.320.

19. 로버트 스원·길 리빌 저, 안진환 역, 2017, 『남극 2041』, 한국경제신문, pp.57-58.

20. 김예동, 2015, 『남극을 열다』, 지식노마드, pp.76–86, 133.

21. 그림 7–2 지도의 개정판이다.

22. The Map House of London, 2012, *The Mapping of Antarctica*, p.6.

23. Howkins, A. J., 2017, *Frozen Empires: An environmental history of the Antarctic peninsula*, Oxford University Press, p.24.

24. Beck, P., 1983, British Antarctic Policy in the Early Twentieth Century, *Polar Record*, 21(134), p.479.

25. 이성원, 2009, "자연법, 자연권, 제국주의", 밀턴과 근세영문학, 19(2), p.240.

26. 이 선이 지나는 경도는 현재의 기준으로 서경 42도 25분이라는 설이 존재하지만, 검증은 불가능하다. Harrisse, H., 1897, *The Diplomatic History of America: Its first chapter 1452—1493—1494*, London: Stevens, p.188.

27. Howkins, 2017, p.113.

28. 김기순, 2010, "남극과 북극의 법제도에 대한 비교법적 고찰", 국제법학회논총, 55(1), p.29.

29. 국토해양부 국토지리정보원, 2011, 『남극 측량 및 지도제작』, pp.62–65.

30. 김종우, 2016, "남극 조약과 관련한 법적 쟁점 및 자원개발과 관련한 중국기업의 전략 고찰", 경영법률, 27(1), p.408.

31. 복거일, 2014, 과학 소설은 미래, 가치 모르는 한국 안타깝다, 제1회 자유주의예술강좌, 2014년 12월 18일, FKI 컨퍼런스센터.

32. 다음의 문헌에 언급된 소설들을 참조하여 소개할 작품을 선정했다. Bleiler, E.F., 1990, *Science-fiction, the Early Years,* Kent State University Press; Leane, E., 2012, *Antarctica in Fiction*, Cambridge University Press.

33. 에드거 앨런 포가 저자라는 주장도 있다.

34. Kollerstrom, N, 1992, The Hollow World of Edmond Halley, *Journal for History of Astronomy,* 23, pp.187-188.

35. 에드거 앨런 포 저, 바른번역 역, 2015, 「에드거 앨런 포 소설 전집 5 모험 편」, 서울: 코너스톤. p.239.

36. 에드거 앨런 포 저, 바른번역 역, 2015, 「에드거 앨런 포 소설 전집 1 미스터리 편」, 서울: 코너스톤. pp.206–207.

37. Blackford, R., Ikin, V., McMullen, 1999, *Strange Constellations: A History of Australian Science Fiction*, Westport: Greenwood press, pp.20-22.

38. The South Pole: An Account of the Norwegian Antarctic Expedition in the "Fram", 1910-1912.

39. Robert Falcon Scott, Leonard Huxley, 1913, *Scott's Last Expedition: Being the reports of the journeys and the scientific work undertaken by Dr. E.A. Wilson and the surviving members of the*

expediton, Macmillian, p.vi.

40. South! The Story of Shackleton's Last Expedition, 1914-1917.

41. The Worst Journey in the World.

42. Schillat, M., 2016, Images of Antarctica as transmitted by Literature, in Schillat, M. et als. eds. *Tourism in Antarctica*, Springer, p.34.

43. Spufford, F., 1997, *I May be Some Time. Ice and the English imagination*, New York: Picador, pp.9-10.

44. 윤준, 2001, "영혼의 여정: 코울리지의「노수부의 노래」", 19세기 영어권 문학, 5, p.105.

45. Dumont d'Urville, Jules-Sébastien-César, 1845, *Voyage au pole sud et dans l'Océanie*, Vol.8 Paris: Gide et Cie., p.334.

46. Ibid., p.142.

47. Ibid., p.333.

48. Ibid., p.124.

49. 권정임, 2011, "숭고 이미지의 예술철학적 의미", 인문학연구, 41, p.69.

50. Dumont d'Urville, 1845, p.318.

51. 최영호, 2006, "한국인의 해양 도전 정신과 문학적 관심 – 100년 전 한국 최초의 남극 탐험 소설을 중심으로", 비교한국학, 14(1), p.253.

52. 조용호, 2015, "개화기소설과 문명 공간으로서의 바다", 시학과 언어학, 29, p.83.

참고문헌

국토해양부 국토지리정보원, 2011, 『남극 측량 및 지도제작』.

권정화, 2005, 『지리사상사 강의노트』, 한울아카데미.

김기순, 2010, "남극과 북극의 법제도에 대한 비교법적 고찰", 국제법학회논총, 55(1), 13–53.

김예동, 2015, 『남극을 열다: 아시아 최초의 남극 탐험가, 시라세 노부』, 지식노마드.

김운찬, 2007, 『신곡』, 열린책들.

김필영, 2016, "『아메리카 파괴에 관한 간략한 보고서(Brevisima relacion de la destruccion de las Indias)』에 나타난 흑색 전설의 상징성 연구", 스페인어문학, 19, 497–515.

김혜신, 2010, "부갱빌 여행기 보유", 해항도시문화교섭학, 3, 259–266.

대쉬, 마이클 저, 김성준·김주식 역, 2012, 『미친 항해: 바타비아호 좌초사건』, 혜안.

두셀, 엔리케 저, 박병규 역, 2011, 『1492년 타자의 은폐』, 그린비.

디드로, 드니 저, 정창석 역, 2003, 『부갱빌 여행기 보유』, 도서출판 숲.

로소브, 마이클 H 저, 김정수 역, 2002, 『영웅들이여 말하라』, 시아출판사.

루키아노스 저, 강대진 역, 2013, 『루키아노스의 진실한 이야기』, 아모르문디.

박 아르마, 2010, "타히티 모형을 통해 본 이국정서의 변모 양상과 의미 – 디드로에서 세갈렌까지", 프랑스문화예술연구, 33, 201–228.

박경수, 2012, "칼뱅의 브라질 '포트 콜리니' 선교에 대한 재평가", 장신논단, 44(1), 87–106.

버그린, 로런스 저, 박은영 역, 2001, 『세상의 끝을 넘어서』, 해나무.

복거일, 2014, 과학 소설은 미래, 가치 모르는 한국 안타깝다, 제1회 자유주의예술강좌, 2014년 12월 18일, FKI 컨퍼런스센터.

서성철, 2013, "삼각무역: 아카풀코 갤리언 무역의 탄생과 몰락", 라틴아메리카연구, 26(2), 131–157.

송병건, 2013, "남해 회사 거품(South Sea Bubble)을 위한 변명", 영국연구, 29, 343–377.

스윈, 로버트·리빌, 길 저, 안진환 역, 2017, 『남극 2041』, 한국경제신문.

신동규, 2017, "오스트레일리아의 포스트식민성과 인종주의 국가의 탄생", HOMO MIGRANS, 16, 69–89.

아우구스티누스 저, 성염 역, 2004, 『신국론』, 분도출판사.

안인영, 2017, 『극지과학자가 들려주는 남극의 사계』, 지식노마드.

에코, 움베르토 저, 오숙은 역, 2015, 『전설의 땅 이야기』, 열린책들.

윤일환, 2014, "『노수부의 노래』: 말, 주체, 그리고 트라우마의 사후성", 새한영어영문학, 56(1), 55-81.

윤준, 2001, "영혼의 여정; 코울리지의 「노수부의 노래」", 19세기 영어권 문학, 5, 67-110.

이덕훈, 2014, "글로벌무역으로서의 마닐라 갈레온 무역과 중국인과 일본인의 교역", 일본문화학보, 62, 259-286.

이명호, 2017, "전쟁 없는 사회, 성 없는 사회: 어슐러 그 귄의 『어둠의 왼손』", 이명호 외, 유토피아의 귀환, 경희대학교 출판문화원, 228-241.

이민경, 2016, "영제국 식민지 초기 오스트레일리아 원주민과 영국인 정착민 -바바라 다우슨의 『구경꾼의 눈으로』를 중심으로-", 영국 연구, 35, 99-139.

이성원, 2009, "자연법, 자연권, 제국주의", 밀턴과 근세영문학, 19(2), 229-45.

이순희, 2003, "佛領 폴리네시아의 문화", 코기토, 59, 161-184.

이연식, 2017, 『이연식의 서양 미술사 산책』, 은행나무.

이용선, 2001, "『아메리카 파괴에 관한 간략한 보고서(Brevisima relacion de la destruccion de las Indias)』에 나타난 흑색 전설의 상징성 연구", 스페인어문학, 19(1), 497-515.

전인한, 2017, "자유무역의 가면을 쓴 보호무역주의: 중상주의 시대 영문학에 형상화된 국가이기주의", 안과 밖, 42.

정남모, 2003, "프랑스 해외영토의 어제와 오늘; 프랑스어 문화권의 범위", 한국프랑스학논집, 41, 81-116.

정인철, 2016, "오론서 피네의 세계지도 연구; 하트 형태의 상징적 의미와 동아시아 정보를 중심으로", 한국지도학회지, 16(1), 1-14.

정인철, 2019, "윌리엄 댐피어의 동아시아 지역지리", 한국지도학회지, 19(2), 41-51.

조용호, 2015, "개화기소설과 문명 공간으로서의 바다", 시학과 언어학, 29, 61-88.

주경식, 2017, "호주 다문화주의의 한계", 현상과 인식, 41(3), p.45.

주나미, 2014, 『맨더빌 여행기』, 오롯.

주미사, 2002, "실제적 여행기에서 상상의 여행기로 - 부갱빌의 세계일주와 디드로의 부갱빌 여행기 부록", 불어불문학연구, 50, 531-558.

진동민, 최태진, 2016, 『남극을 살다』, 지식노마드.

천병희, 2016, 「플라톤의 다섯 대화편」, 숲.

최영호, 2006, "한국인의 해양 도전 정신과 문학적 관심 - 100년 전 한국 최초의 남극 탐험 소설을 중심으로", 비교한국학, 14(1), 227-259.

최영호, 2010, "바다의 기억, 기억의 바다", 에피스테메, 4, 101-140.

키케로, 마르쿠스 툴리우스 저, 김창성 역, 2007, 『국가론』, 한길사.

판 토에이, 라헐 저, 박종대 역, 2008, 『바타비아호의 소년, 얀』, 사계절.

퍼거슨, 닐 저, 김종원 역, 2006, 『제국』, 민음사.

포, 에드거 앨런, 우리번역 역, 2015, 『에드거 앨런 포 소설 전집』 1-5권, 코너스톤.

프리먼, 도널드 저, 노영순 역, 2016, 『태평양: 물리환경과 인간 사회의 교섭사』, 신인.

플라톤 저, 최현 역, 2009, 『파이돈』, 범우사.

핸콕, 그래이엄 저, 이경덕 역, 2017, 『신의 지문』, 까치.

햅굿, 찰스 저, 김병화 역, 2005, 『고대 해양왕의 지도』, 김영사.

헌트포드, 롤랜드 저, 최종옥 역, 2005, 『새클턴 평전』, 뜨인돌.

호메로스 저, 이상옥 역, 2004, 『오딧세이』, 육문사.

Akbari. S.C., 2009, *Idols in the East: European Representations of Islam and the Orient, 1100-1450*, Ithca: Cornell University Press.

Akkerman, A., 2016, *Phenomenology of the winter-city*, Cham: Springer.

Alonso, P., 2013, Antarctica: Dead Reckoning, *Architectural Research Quarterly*, 83, 16-25.

Arthur, P., 2007, Antipodean Myths Transformed: The Evolution of Australian Identity, *History Compass,* 5/6, 1862-1878.

Arthur, P.L., 2011, *Virtual Voyages*, London: Anthem Press.

Barbé-Marbois, F., 1828, *Observation sur les votes de quarante-et-un conseils généraux de département concernant la déportation des forçats libérés*, Paris: Imprimerie Royale.

Barnes, G., 2016, Traditions of the monstrous in William Dampier's New Holland, in Hayden, J., eds, *Travel Narratives, the New Science, and Literary Discourse, 1569-1750*, London: Routledge. 87-102.

Barney, S.A., Lewis, W.J., Beach, J.A., and Berghof, O., 2006, *The Etymologies of Isidore of Seville*, Cambridge: Cambridge University Press.

Barnouw, E., 2001, *Media Lost and Found*, New York: Fordham University Press.

Bayldon, F. J., 1932, Brief outline of geographical discovery by sea, from 1400 to 1700 AD, *Australian Geographer*, 1(4), 37-47.

Beck, P., 1983, British Antarctic Policy in the Early Twentieth Century, *Polar Record*, 21, 134, 475-483.

Bigourdan N. 2015, The French Connection with New Holland: An Overview of Research Studies, *Great Circle*, 37(2), 76-95.

Brasseaux, C., 1987, *The Founding of New Acadia: The Beginnings of Acadian Life in Louisiana, 1765-1803*, Baton Rouge: Louisiana State University Press.

Bréard, C., 1885, *Notes sur la famille du capitaine Gonneville*, Rouen: Imprimerie Espérance Cagniard.

Broomhall, S., 2017, Shipwrecks, sorrow, shame and the great southland, in Bailey, M.L. and Barclay, K., eds., *Emotion, Ritual and Power in Europe, 1200-1920*, Cham: Palgrave millan.

Brou, B., 1978, La Déportation et la Nouvelle-Calédonie. *Revue française d'histoire d'Outre-mer*, 65, 241, 501-518.

Bruce, W., 1901, The German South Polar Expedition, *Scottish Geographical Magazine*, 9, 461-467.

Bryusov, V., 1918, *The Republic of the Southern Cross, and other stories*, London: G. Constable.

Bulkeley, R., 2014, *Bellingshaussen and the Russian antarctic expedition, 1819-21*, London: Palgrove Macmillan.

Buschmann R.F., 2014, *Iberian Visions of the Pacific Ocean, 1507-1899*, London: Palgrave Macmillan.

Buschmann, R.F., Slack Jr. E. R., Tueller, J.B., 2014, *Navigating the Spanish Lake: The Pacific in the Iberian World, 1521-1898*, University of Hawaii Press.

Butterfield, D., 2013, *The Early Textual History of Lucretius' De rerum natura*, Cambridge: Cambridge University Press.

Camino, M.M., 2005, *Producing the pacific*, Amsterdam: Rodopi.

Camino, M.M., 2008, *Exploring the explorers: Spaniards in Oceania, 1519-1794*, Manchester: Manchester University Press.

Chaplin, J.E., 2014, The pacific before empire, c.1500-1800, in Armitage, D. and Bashford, A. eds. *Pacific Histories: Ocean, Land People*, London: Palgrave macmillan.

Christinat, C., 1996, Une femme globe-trotter avec Bougainville; Jeanne Barret (1740-1807), *Revue francaise d'histoire d'outre-mer*, 83, 310, 83-95.

Coleman, D., 2005, *Romantic Colonization and British Anti-Slavery*, Cambridge: Cambridge University Press.

Collis, C., 2017, Territories beyond possession? Antarctica and Outer Space, *The Polar Journal*, 7(2), 287-302.

Cook, K. 2008, Thomas Maslen and "The Great River of Desired Blessing" on His Map of Australia, *The Globe*, 11-20.

Corney, B.G., 2017, *The Voyage of Captain Don Felipe Gonzalez in the Ship of the Line San Lorenzo, with the Frigate Santa Rosalia in Company, to Easter Island in 1770-1*, New York: Taylor & Francis.

Crotty, M. and Roberts. D.A., 2006, *The Great Mistakes of Australian History*, Sydney: UNSW press.

Curran, A.S., 2011, *The anatomy of blackness;science & slavery in an age of Enlightenment*, Baltimore: Johns Hopkins University Press.

Curtin, P. D., 1973, *The Image of Africa: British Ideas and Action, 1780-1850*, Madison: University of Wisconsin Press.

Cutter, D.C., 1998, Malaspina and the shrinking spanish lake, in Margarette Lincoln eds., *Science and Exploration in the Pacific*, Suffolk: The Boydell Press.

Davies, S., 2016, *Renaissance Ethnography and the Invention of the Human: New Worlds, Maps and Monsters*, Cambridge University Press.

De Brun, D., 2017, *Antarctide: Le continent qui rendait fou*, Paris: Omnibus.

De Deckker P., 1989, Au sujet de la perception de la France dans le Pacifique insulaire, Pour une contribution à l'histoire de temps mal conjugués. *Revue française d'histoire d'outre-mer*,

76, 277-303.

Dodds, K, 2008, The Great Game in Antarctica: Britain and the 1959 Antarctic Treaty, *Contemporary British History*, 22(1), 43-66.

Douglas, B., 2010, Terra Australis to Oceania, *The Journal of Pacific History*, 45(2), 179-210.

Douglas, B., 2011, Geography, Raciology, and the Naming of Oceania, 1750-1900, *The Globe*, 69, pp 1-28.

Drygalski, E., 1989, *The Southern Ice-Continent: The German South Polar Expedition, 1901-3*, Cambridge shire: Bluntisham Books.

Dumont d'Urville, Jules-Sébastien-César, 1845, *Voyage au pole sud et dans l'Océanie*, Vol.8, Paris: Gide et Cie.

Edmond, M., 2009, *Zone of the marvellous*, Auckland: Auckland University Press.

Eisler, W., 1995, *The furthest shore*, Cambridge: Cambridge University Press.

Emmanuel, M., 1959, *La France et L'Exploration Polaire*, Paris: Nouvelles Editions Latines.

Fausset, D., 1993, *Writing the New World; Imaginary Voyages and Utopias of the Great Southern Land*, New York: Syracuse University Press.

Feest, C. F. 1999, *Indians and Europe*, Lincoln: Nebraska University Press.

Fernández-Armesto, F. 2007, *Pathfinders: A Global History of Exploration*, New York: W. W. Norton & Company.

Flint, V.I.J., 1984, Monsters and the Antipodes in the Early Middle Ages and Enlightenment, *Viator*, 15, 65-81.

Foley, D. J., 2004, *The British government decision to found a colony at Botany Bay, New South Wales in 1786*, London: King's College press.

Fornasiero, J., Monteath, P., West-Sooby, J., 2010, *Encountering Terra Australis: The Australian Voyages of Nicolas Baudin and Matthew Flinders*, Kent town: Wakefield Press.

Forster, C., 1991, French penal policy and the origins of the french presence in new caledonia, *The Journal of Pacific History*, 26(2), 135-150.

Friedman, J.B. and Figg, K.M., 2017, *Routledge Revivals: Trade, Travel and Exploration in the Middle Ages*, New York: Taylor & Francis.

Fryde, E.B., 1983, *Humanism and Renaissance Historiography*, London: The Hambledon press.

Gascoigne, J., 2014, *Encountering the Pacific in the Age of the Enlightenment*, New York: Cambridge University Press

Geiger, J., 2007, *Facing the Pacific: Polynesia and the US Imperial Imagination*, University of Hawaii Press.

Giles, P., 2016, *Antipodean America: Australasia and the Constitution of U. S. Literature*, Oxford: Oxford University Press.

Godwin, J., 1996, *Arktos*, Kempton: Adventure unlimited press.

Goedde, L., 1986, Convention, Realism, and the Interpretation of Dutch and Flemish Tempest

Painting, *Simiolus: Netherlands Quarterly for the History of Art*, 16(2/3), 139-149.

Goldie, M. B., 2010, *The idea of the antipodes*, New York: Routledge.

Gove, P.B., 1961, *The imaginary voyage in Prose fiction*, London: The Holland Press.

Graves, M. and Rechniewski, E., 2012, Mapping Utopia: Cartography and Social Reform in 19th Century Australia, *Portal*, 9(2), 1-20.

Gray, J. M., 2015, *A History of the Gambia*, Cambridge University Press.

Green, J., 2006, *The Carronade Island Guns and Southeast Asian gunfounding*, Department of Maritime Archaeology, Western Australian Museum, Report No. 215.

Griffiths, T, 2007, *Slicing the silence;voyaging to Antarctica*, Cambridge: Harvard University Press.

Gruney, A., 1997, *Below the convergence*, New York: W.W. Norton and company

Guy, R., 2015, Calamitous Voyages: The social space of shipwreck and mutiny narratives in the Dutch East India Company, *Itinerario*, 39(1), 117-140.

Hässler, L., 2009, *Occupation Circumnavigator*, London: Adlard nautical.

Headley, J., 1995, Spain's Asian Presence 1565-1595: Structures and aspirations, *Hispanic American Review*, 623-646.

Hiatt, A., 2008, *Mapping Incognita: Mapping the Antipodes before 1600*, Chicago: The University of Chicago Press.

Hill, D., 2012, *The great race*, London: ABACUS.

Howkins, A. J., 2017, *Frozen Empires: An environmental history of the Antarctic peninsula*, Oxford University press.

Hughes, R., 1988, *The Fatal Shore: The epic of Australia's founding*, New York: Vintage books.

Jennings, W., 2008, Self and Other: Gonneville's Encounters in Terra australis and Brazil, *Viator*, 39(2), 215-266.

Johnston, P., 2015, The tale of the coins: France's eighteenth century claim to Western Australia. *University of Western Australia Law Review*, 39(2), 25-46.

Kamen, H., 2004, *Empire: How Spain Became a World Power, 1492-1763,* New York: Harper Collins.

King, R.J., 2017, Henri Peyroux de la Coudrenière and his plan for a colony in Van Diemen's Land, *Map Matters*, 2-6.

Knobler, A., 2016, *Mythology and Diplomacy in the Age of Exploration*, Leiden: Brill.

Knowles, R. D. 2006, Transport shaping space: differential collapse in time-space, *Journal of Transport Geography*, 14(6), 407-425.

Lamb, J., 2001, *Preserving the Self in the South Seas, 1680-1840*, University of Chicago Press.

Lamb, J., Smith, V., and Thomas, N., 2001, *Exploration and Exchange*, Chicago: University of Chicago Press.

Landis, M.J., 2001, *Antarctica; exploring the extreme; 400 years of adventure*, Chicago: Chicago Review Press.

Larson, E.J., 2012, An *Empire of Ice: Scott, Shackleton, and the Heroic Age of Antarctic Science*, New Haven: Yale university press.

Leane, E., 2012, *Antarctica in fiction. Imaginative narratives of the far south*, New York: Cambridge University Press.

Leane, E., 2016, *South Pole: Nature and Culture*, London: Reaktion books.

Leane, E., Crane, R., Williams, M., 2011, *Imagining Antarctica. Cultural perspectives on the southern continent*, Tasmania: Quintus Publishing.

Leblond, J., 2013, L'abbé Paulmier descendant d'un étranger des Terres australes? *Australian Journal of French Studies*, 50(1), 35-49.

Lees, B. and Laffan, S., 2019, 'the lande of Java' on the Jean Rotz mappa mundi, *The Globe*, 85, 1-12.

Lincoln, M., 2001, *Science and exploration in the Pacific: European voyages to the Southern oceans in the eighteenth century*, Woodbridge: Boydell & Brewer.

Lüdecke, C., 2003, Scientific collaboration in Antarctica(1901-1903): a challenge in times of political rivalry, *Polar Record*, 39, 35-48.

Luedtke, B., 2010, Dividing Antarctica: The Work of the Seventh International Geographical Congressin Berlin 1899, *Polarforschung*, 80(3), 173-180.

Lydon, J., 2018, Visions of Disaster in the Unlucky Voyage of the Ship Batavia, 1647, *Itinerario*, 42(3), 351-374.

Mackay, D., 2013, The burden of Terra Australis: experiences of real and imagined land, in Robin Fisher and Hugh Johnston eds. *From maps to metaphors;the Pacific world of George Vancouver*, Vancouver: UBC Press.

Mackenzie, J., 1988, *Propaganda and Empire: the Manipulation of British Public, 1880-1960*, Manchester: Manchester University Press.

Maddison, B., 2015, *Class and Colonialism in Antarctic Exploration, 1750-1920*, London: Routledge.

Major, R.H., 1859, *Early Voyages to Terra Australis*, London: Hakluyt society.

Manesson-Mallet, A., 1683, *Description de l'univers*, vol. 5, Paris: Denys Thierry.

Mapp, P., 2003, Continental Conceptions, *History Compass*, 1, 1-5.

Marchant, L. R., 1982, *France australe: A Study of French Explorations and Attempts to Found a Penal Colony and Strategic Base in South Western Australia*, 1503-1826, Perth: Artlook Books.

Markham, C., 1899, The Antarctic Expeditions, *The Geographical Journal*, 14(5), 473-481.

Maslen, T. J. 1836, *The Friend of Australia or, A Plan for Exploring the Interior and for Carrying on a Survey of the Whole Continent of Australia*, London: Smith, Elder & Co.

McCready, W.D., 1996, Isidore, the Antipodeans, and the Shape of the Earth, *Isis*, 87(1), 108-127.

McIntyre, K.G., 1982, *The secret discovery of Australia, Portuguese ventures 200 years before Captain Cook*. Picador: Melbourne.

Merle, I. and Coquet, M., 2019, The Penal World in the French Empire: A Comparative Study of French Transportation and its Legacy in Guyana and New Caledonia. *The Journal of Imperial and Commonwealth History*, 47, 247-274.

Meunier, C., 1987, Une politique française pour le Pacifique Sud, *Politique étrangère*, 52(1), 71-86.

Mill, H.R., 1898, Antarctic research, *Nature*, 57, 413-416.

Mitchell, A., 2010, *Dampier's Monkey: The South Seas Voyages of William Dampier*, Kent town: Wakefield press.

Moretti, G., 1994, The other world and the 'Antipodes', The Myth of the unknown countries between antiquity and the renaissance, in Haase, W., and Meyer , R., eds. *European Images of the Americas and the Classical Tradition*, Berlin: Walter de Gruyter, 241-284.

Morgan, B., 2016, After the Arctic sublime, *New Literary History*, 47(1), 1-26.

Mowatt, F., 1899, The National Antarctic Expedition: Deputation To The Government, *The Geographical Journal*, 14, 190-202.

Murphy, D.T., 2002, *German Exploration of the Polar World: A History, 1870-1940*, University of Nebraska Press.

Myers, J. C., 2011, *Antipodal England: Emigration and Portable Domesticity in the Victorian Imagination*, Albany: SUNY press.

Myers, N., 2016, Longitudinal Antarctica: A Continent in the Abstract, *Cartographica*, 51(1), 38-50.

Nansen, F., 1911, *In Northern Mists: Arctic Exploration in Early Times*, New York: Frederick A. Stokes company.

Neill, A., 2002, *British Discovery Literature and the Rise of Global Commerce*, New York: Palgrave.

Noorlander, D.L., 2019, *Heaven's Wrath: The Protestant Reformation and the Dutch West India Company in the Atlantic World*, Cornell University Press.

Padron, R., 2009, A Sea of Denial: The Early Modern Spanish Invention of the Pacific Rim, *Hispanic Review*, 77(1), 1-27.

Peel, M. and Twomey, C., 2011, *A history of Australia*, New York: palgrave macmillan.

Perrone-Moisès, L., 1995, *Le voyage de Gonneville (1503-1505) et la decouverte de la Normandie par les Indiens du Bresil*, Paris: Chandeigne.

Pinkerton, J., 1807, *Modern Geography*, Philadelphia: John Conrad & Co.

Pontharouart, J., 2000, *Paulmier de Gonneville, son voyage imaginaire*, Cahors: France-Quercy.

Pyne, S.J., 1986, *The Ice: A Journey to Antarctica*, London: Arlington Books.

Reinhartz, D., 2019, The Voyage of Captain Don Felipe González to Easter Island, 1770-1, *Terrae Incognitae*, 51(2), 178-179.

Rennies, N., 1995, *Far fetched facts*, Oxford: Oxford university press.

Richardson, W.A.R., 2006, *Was Australia charted before 1606?*, National Library of Austalia.

Roberts, P., 2016, The White(Spuremacist) continent: Antarctica and Fantasies of Nazi surval, in Roberts P. et al. eds. *Antarctica and the Humanities*, London: Palgrave Macmillan, 105-124.

Romer, F.E., 1998, *Pomponius Mela's description of the world*, Ann Arbor: The University of Michigan Press.

Romm, J., 2001, Biblical history and the americas: the legend of Solomon's Ophir, 1492-1591, in Bernardini, P. and Fiering, N., eds. *The Jews and the Expansion of Europe to the West, 1450 to 1800*, New York: Berghahn Books, 27-46.

Roussier, P., 1927, Un projet de colonie française dans le Pacifique à la fin du XVIIIe siècle, *Revue du Pacifique*, 726-733.

Sadlier, D.J., 2010, *Brazil Imagined: 1500 to the Present*, Austin: University of Texas Press.

Salmond, A., 2009, *Aphrodite's island: The European discovery of Tahiti*, Berkeley: University of California press.

Sanderson, 1999, The Classification of Climates from Pythagoras to Koeppen. *Bulletin of the American Meteorological Society*, 80(4), 669-673.

Sankey, M., 2007, Nationalism and Identity in Seventeenth-Century France, *Australian Journal of French Studies*, 44(3), 195-206.

Schmidt. B., 2004, *Innocence abroad; the dutch imagination and the new world, 1570-1670*, Cambridge University Press.

Schurz, W. L., 1922, The Spanish Lake, *The Hispanic American Historical Review*, 5(2), 181-194.

Scott, E., 1988, *Australia,* Cambridge: Cambridge University Press.

Scott, J.,2011, *When the Waves Ruled Britannia: Geography and Political Identities, 1500-1800*, Cambridge University Press.

Seal, G., 2016, *The savage shore*, New Haven: Yale university press.

Shalev, Z., 2012, *Sacred Words and Worlds: Geography, Religion, and Scholarship, 1550-1700*, Leiden: Brill.

Smith, P.M., 2009, Mapping Australasia, *History Compass*, 7(4), 1099-1122.

Spate, O.H.K., 2004, *The spanish lake*, Canberra: Australian National University Press.

Spufford, F., 1997, *I May be Some Time. Ice and the English imagination*, New York: Picador.

Stallard, A.J., 2016, *Antipodes In search of the southern continent*, Victoria: Monash University Publishing.

Sturma, M., 2002, Mutiny and Narrative: Francisco Pelsaert's Journals and the Wreck of the Batavia, *The Great Circle*, 24(1), 14-24.

Sugden, J., 2012, *Sir Francis Drake*, London: Random House.

Sotton, E.A., 2015, *Capitalism and cartography in the Dutch Golden Age*, Chicago: The University of Chicago Press.

Tammiksaar, E., 2016, The Russian Antarctic Expedition under the command of Fabian Gottlieb von Bellingshausen and its reception in Russia and the world, *The Polar Record*, 52, 578-600.

Tench, W., 1979, *Sydney's first four years*, Sydney: Library of Australian History.

The Map House of London, 2012, *The Mapping of Antarctica*.

Thomson, J., 2013, *History of Ancient Geography*, Cambridge University Press.

Tremewan, P., 2013, La France australe: From Dream Through Failure to Compromise, *Australian Journal of French Studies*, 50(1), 100-114.

Trickett, P., 2007, *Beyond Capricorn*, Adelaide: East Street Publications.

Van Duzer, C., 2010, *Johann Schönner's globe of 1515*, Philadelphia: American Philosophical Society.

Van Groesen, M., 2009, Changing the Image of the Southern Pacific, *The Journal of Pacific History*, 44(1), p.78.

Vidal, L., 2000, La présence française dans le Brésil Colonial au XVIe siécle, *Cahiers des Amériques Latines*, 34(2), 17-36.

Walker, J., 1819, *Pantologia: A New Cabinet Cyclopaedia*, London: J. Walker.

Wallis, H., 1988, JAVA LA GRANDE: the enigma of the Dieppe maps, in Williams, G. and Frost, A. eds. *Terra Australis to Australia*, Oxford University Press

Wheeler, S., 1996, *Terra incognita. Travels in Antarctica*, London: Vintage.

Williams, G., 1997, *The great south sea*, New Haven: Yale University press.

Williams, G., 2013, *Naturalists at sea*, New Haven: Yale University press.

Williams, J., 1997, Isidore, Orosius and the Beatus Map, *Imago Mundi*, 49(1), 7-32.

Withers, C.W.J., 2001, *Geography, Science and National Identity: Scotland Since 1520*, Cambridge University Press.

Withers, C.W.J., 2007, *Placing the Enlightenment: Thinking Geographically about the Age of Reason*, University of Chicago Press.

Zalewski Pat, 2013, Maccassans and the turtle dreaming, *Northern Territory Historical Studies*, 24, 26-38.

Zerubavel, E., 2003, *Terra Cognita: The Mental Discovery of America*, New Burnswick: Transaction Publishers .

Ziomkowski, R., 2002, *Manegold of Lautenbach*, Dallas: Peeters.